The Sceptical Chymist

　　化学，为了完成其光荣而又庄严的使命，必须抛弃古代传统的思辨方法，而像物理学那样，立足于严密的实验基础之上。

——波义耳(Robert Boyle)

　　波义耳并不是一个孤独的先驱者，而是一个极大限度地发展了化学的概念体系，使之与他当时的科学思潮主流相协调一致的人。

——美国著名科学哲学家　库恩 (T.S.Kuhn)

　　17世纪前的化学，在最坏的情况下，它是玄妙的秘术；在最好的情况下，它是为医药服务的技艺。但是，在17世纪结束之际，化学家在欧洲科学组织中占有令人尊敬的席位。毫无疑问，波义耳的微粒哲学在这个转变过程中发挥了重要的作用，使化学获得了前所未有的尊敬。

——美国著名科学史家　韦斯特福尔(R.S.Westfall)

本书列入"十四五"国家重点图书出版规划

科学元典丛书

The Series of the Great Classics in Science

主　　编　任定成

执行主编　周雁翎

策　　划　周雁翎

丛书主持　陈　静

　　科学元典是科学史和人类文明史上划时代的丰碑，是人类文化的优秀遗产，是历经时间考验的不朽之作。它们不仅是伟大的科学创造的结晶，而且是科学精神、科学思想和科学方法的载体，具有永恒的意义和价值。

怀疑的化学家

The Sceptical Chymist

［英］波义耳 著　袁江洋 译

北京大学出版社

PEKING UNIVERSITY PRESS

图书在版编目（CIP）数据

怀疑的化学家/（英）波义耳著；袁江洋译.—北京：北京大学出版社，2007.10

（科学元典丛书）

ISBN 978-7-301-09554-6

Ⅰ.怀…　Ⅱ.①波…②袁…　Ⅲ.科学普及—化学　Ⅳ.06

中国版本图书馆 CIP 数据核字（2005）第 096669 号

THE SCEPTICAL CHYMIST

By Robert Boyle

London：J. M. Dent & Sons, 1911

书　　　名	怀疑的化学家
	HUAIYI DE HUAXUEJIA
著作责任者	〔英〕波义耳 著　袁江洋 译
丛 书 策 划	周雁翎
丛 书 主 持	陈　静
责 任 编 辑	陈　静
标 准 书 号	ISBN 978-7-301-09554-6
出 版 发 行	北京大学出版社
地　　　址	北京市海淀区成府路 205 号　100871
网　　　址	http://www.pup.cn　新浪微博：@北京大学出版社
微信公众号	科学元典（微信号：kexueyuandian）
电 子 信 箱	zyl@ pup.pku.edu.cn
电　　　话	邮购部 62752015　发行部 62750672　编辑部 62707542
印 刷 者	北京中科印刷有限公司
经 销 者	新华书店
	787 毫米×1092 毫米　16 开本　17 印张　16 插页　350 千字
	2007 年 10 月第 1 版　2023 年 4 月第 7 次印刷
定　　　价	59.00 元

弁 言

　　这套丛书中收入的著作，是自古希腊以来，主要是自文艺复兴时期现代科学诞生以来，经过足够长的历史检验的科学经典。为了区别于时下被广泛使用的"经典"一词，我们称之为"科学元典"。

　　我们这里所说的"经典"，不同于歌迷们所说的"经典"，也不同于表演艺术家们朗诵的"科学经典名篇"。受歌迷欢迎的流行歌曲属于"当代经典"，实际上是时尚的东西，其含义与我们所说的代表传统的经典恰恰相反。表演艺术家们朗诵的"科学经典名篇"多是表现科学家们的情感和生活态度的散文，甚至反映科学家生活的话剧台词，它们可能脍炙人口，是否属于人文领域里的经典姑且不论，但基本上没有科学内容。并非著名科学大师的一切言论或者是广为流传的作品都是科学经典。

　　这里所谓的科学元典，是指科学经典中最基本、最重要的著作，是在人类智识史和人类文明史上划时代的丰碑，是理性精神的载体，具有永恒的价值。

一

科学元典或者是一场深刻的科学革命的丰碑，或者是一个严密的科学体系的构架，或者是一个生机勃勃的科学领域的基石，或者是一座传播科学文明的灯塔。它们既是昔日科学成就的创造性总结，又是未来科学探索的理性依托。

哥白尼的《天体运行论》是人类历史上最具革命性的震撼心灵的著作，它向统治西方思想千余年的地心说发出了挑战，动摇了"正统宗教"学说的天文学基础。伽利略《关于托勒密和哥白尼两大世界体系的对话》以确凿的证据进一步论证了哥白尼学说，更直接地动摇了教会所庇护的托勒密学说。哈维的《心血运动论》以对人类躯体和心灵的双重关怀，满怀真挚的宗教情感，阐述了血液循环理论，推翻了同样统治西方思想千余年、被"正统宗教"所庇护的盖伦学说。笛卡儿的《几何》不仅创立了为后来诞生的微积分提供了工具的解析几何，而且折射出影响万世的思想方法论。牛顿的《自然哲学之数学原理》标志着17世纪科学革命的顶点，为后来的工业革命奠定了科学基础。分别以惠更斯的《光论》与牛顿的《光学》为代表的波动说与微粒说之间展开了长达200余年的论战。拉瓦锡在《化学基础论》中详尽论述了氧化理论，推翻了统治化学百余年之久的燃素理论，这一智识壮举被公认为历史上最自觉的科学革命。道尔顿的《化学哲学新体系》奠定了物质结构理论的基础，开创了科学中的新时代，使19世纪的化学家们有计划地向未知领域前进。傅立叶的《热的解析理论》以其对热传导问题的精湛处理，突破了牛顿的《自然哲学之数学原理》所规定的理论力学范围，开创了数学物理学的崭新领域。达尔文《物种起源》中的进化论思想不仅在生物学发展到分子水平的今天仍然是科学家们阐释的对象，而且100多年来几乎在科学、社会和人文的所有领域都在施展它有形和无形的影响。《基因论》揭示了孟德尔式遗传性状传递机理的物质基础，把生命科学推进到基因水平。爱因斯坦的《狭义与广义相对论浅说》和薛定谔的《关于波动力学的四次演讲》分别阐述了物质世界在高速和微观领域的运动规律，完全改变了自牛顿以来的世界观。魏格纳的《海陆的起源》提出了大陆漂移的猜想，为当代地球科学提供了新的发展基点。维纳的《控制论》揭示了控制系统的反馈过程，普里戈金的《从存在到演化》发现了系统可能从原来无序向新的有序态转化的机制，二者的思想在今天的影响已经远远超越了自然科学领域，影响到经济学、社会学、政治学等领域。

科学元典的永恒魅力令后人特别是后来的思想家为之倾倒。欧几里得的《几何原本》以手抄本形式流传了1800余年，又以印刷本用各种文字出了1000版以上。阿基米德写了大量的科学著作，达·芬奇把他当作偶像崇拜，热切搜求他的手稿。伽利略以他的继承人自居。莱布尼兹则说,了解他的人对后代杰出人物的成就就不会那么赞赏了。为捍卫《天体运行论》中的学说,布鲁诺被教会处以火刑。伽利略因为其《关于托勒密和哥白尼两大世界体系的对话》一书,遭教会的终身监禁,备受折磨。伽利略说吉尔伯特的《论磁》一书伟大得令人嫉妒。拉普拉斯说,牛顿的《自然哲学之数学原理》揭示了宇宙的最伟大定律,它将永远成为深邃智慧的纪念碑。拉瓦锡在他的《化学基础论》出版后 5 年被法国革命法庭处死,传说拉格朗日悲愤地说,砍掉这颗头颅只要一瞬间,再长出这样的头颅 100 年也不够。《化学哲学新体系》的作者道尔顿应邀访法,当他走进法国科学院会议厅时,院长和全体院士起立致敬,得到拿破仑未曾享有的殊荣。傅立叶在《热的解析理论》中阐述的强有力的数学工具深深影响了整个现代物理学,推动数学分析的发展达一个多世纪,麦克斯韦称赞该书是“一首美妙的诗”。当人们咒骂《物种起源》是“魔鬼的经典”“禽兽的哲学”的时候,赫胥黎甘做“达尔文的斗犬”,挺身捍卫进化论,撰写了《进化论与伦理学》和《人类在自然界的位置》,阐发达尔文的学说。经过严复的译述,赫胥黎的著作成为维新领袖、辛亥精英、“五四”斗士改造中国的思想武器。爱因斯坦说法拉第在《电学实验研究》中论证的磁场和电场的思想是自牛顿以来物理学基础所经历的最深刻变化。

在科学元典里,有讲述不完的传奇故事,有颠覆思想的心智波涛,有激动人心的理性思考,有万世不竭的精神甘泉。

二

按照科学计量学先驱普赖斯等人的研究,现代科学文献在多数时间里呈指数增长趋势。现代科学界,相当多的科学文献发表之后,并没有任何人引用。就是一时被引用过的科学文献,很多没过多久就被新的文献所淹没了。科学注重的是创造出新的实在知识。从这个意义上说,科学是向前看的。但是,我们也可以看到,这么多文献被淹没,也表明划时代的科学文献数量是很少的。大多数科学元典不被现代科学文献所引用,那是因为其中的知识早已成为科学中无须证明的常识了。即使这样,科学经典也会因为其中思想的恒久意义,而像人文领域里的经典一样,具有永恒的阅读价值。于是,科学经典就被一编再编、一印再印。

早期诺贝尔奖得主奥斯特瓦尔德编的物理学和化学经典丛书“精密自然科学经典”从 1889 年开始出版,后来以“奥斯特瓦尔德经典著作”为名一直在编辑出版,有资料说目前已经出版了 250 余卷。祖德霍夫编辑的“医学经典”丛书从 1910 年就开始陆续出版了。也是这一年,蒸馏器俱乐部编辑出版了 20 卷“蒸馏器俱乐部再版本”丛书,丛书中全是化学经典,这个版本甚至被化学家在 20 世纪的科学刊物上发表的论文所引用。一般把 1789 年拉瓦锡的化学革命当作现代化学诞生的标志,把 1914 年爆发的第一次世界大战称为化学家之战。奈特把反映这个时期化学的重大进展的文章编成一卷,把这个时期的其他 9 部总结性化学著作各编为一卷,辑为 10 卷"1789—1914 年的化学发展"丛书,于 1998 年出版。像这样的某一科学领域的经典丛书还有很多很多。

科学领域里的经典,与人文领域里的经典一样,是经得起反复咀嚼的。两个领域里的经典一起,就可以勾勒出人类智识的发展轨迹。正因为如此,在发达国家出版的很多经典丛书中,就包含了这两个领域的重要著作。1924 年起,沃尔科特开始主编一套包括人文与科学两个领域的原始文献丛书。这个计划先后得到了美国哲学协会、美国科学促进会、科学史学会、美国人类学协会、美国数学协会、美国数学学会以及美国天文学学会的支持。1925 年,这套丛书中的《天文学原始文献》和《数学原始文献》出版,这两本书出版后的 25 年内市场情况一直很好。1950 年,沃尔科特把这套丛书中的科学经典部分发展成为"科学史原始文献"丛书出版。其中有《希腊科学原始文献》《中世纪科学原始文献》和《20 世纪(1900—1950 年)科学原始文献》,文艺复兴至 19 世纪则按科学学科(天文学、数学、物理学、地质学、动物生物学以及化学诸卷)编辑出版。约翰逊、米利肯和威瑟斯庞三人主编的"大师杰作丛书"中,包括了小尼德勒编的 3 卷"科学大师杰作",后者于 1947 年初版,后来多次重印。

在综合性的经典丛书中,影响最为广泛的当推哈钦斯和艾德勒 1943 年开始主持编译的"西方世界伟大著作丛书"。这套书耗资 200 万美元,于 1952 年完成。丛书根据独创性、文献价值、历史地位和现存意义等标准,选择出 74 位西方历史文化巨人的 443 部作品,加上丛书导言和综合索引,辑为 54 卷,篇幅 2 500 万单词,共 32 000 页。丛书中收入不少科学著作。购买丛书的不仅有"大款"和学者,而且还有屠夫、面包师和烛台匠。迄 1965 年,丛书已重印 30 次左右,此后还多次重印,任何国家稍微像样的大学图书馆都将其列入必藏图书之列。这套丛书是 20 世纪上半叶在美国大学兴起而后扩展到全社会的经典著作研读运动的产物。这个时期,美国一些大学的寓所、校园和酒吧里都能听到学生讨论古典佳作的声音。有的大学要求学生必须深研 100 多部名著,甚至在教学中不得使用最新的实验设备,而是借助历史上的科学大师所使用的方法和仪器复制品去再现划时代的著名实验。至 20 世纪 40 年代末,美国举办古典名著学习班的城市达 300 个,学员 50 000 余众。

相比之下,国人眼中的经典,往往多指人文而少有科学。一部公元前 300 年左右古希腊人写就的《几何原本》,从 1592 年到 1605 年的 13 年间先后 3 次汉译而未果,经 17 世纪初和 19 世纪 50 年代的两次努力才分别译刊出全书来。近几百年来移译的西学典籍中,成系统者甚多,但皆系人文领域。汉译科学著作,多为应景之需,所见典籍寥若晨星。借 20 世纪 70 年代末举国欢庆"科学春天"到来之良机,有好尚者发出组译出版"自然科学世界名著丛书"的呼声,但最终结果却是好尚者抱憾而终。20 世纪 90 年代初出版的"科学名著文库",虽使科学元典的汉译初见系统,但以 10 卷之小的容量投放于偌大的中国读书界,与具有悠久文化传统的泱泱大国实不相称。

我们不得不问:一个民族只重视人文经典而忽视科学经典,何以自立于当代世界民族之林呢?

三

科学元典是科学进一步发展的灯塔和坐标。它们标识的重大突破,往往导致的是常规科学的快速发展。在常规科学时期,人们发现的多数现象和提出的多数理论,都要用科学元典中的思想来解释。而在常规科学中发现的旧范型中看似不能得到解释的现象,其重要性往往也要通过与科学元典中的思想的比较显示出来。

在常规科学时期,不仅有专注于狭窄领域常规研究的科学家,也有一些从事着常规研究但又关注着科学基础、科学思想以及科学划时代变化的科学家。随着科学发展中发现的新现象,这些科学家的头脑里自然而然地就会浮现历史上相应的划时代成就。他们会对科学元典中的相应思想,重新加以诠释,以期从中得出对新现象的说明,并有可能产生新的理念。百余年来,达尔文在《物种起源》中提出的思想,被不同的人解读出不同的信息。古脊椎动物学、古人类学、进化生物学、遗传学、动物行为学、社会生物学等领域的几乎所有重大发现,都要拿出来与《物种起源》中的思想进行比较和说明。玻尔在揭示氢光谱的结构时,提出的原子结构就类似于哥白尼等人的太阳系模型。现代量子力学揭示的微观物质的波粒二象性,就是对光的波粒二象性的拓展,而爱因斯坦揭示的光的波粒二象性就是在光的波动说和粒子说的基础上,针对光电效应,提出的全新理论。而正是与光的波动说和粒子说二者的困难的比较,我们才可以看出光的波粒二象性学说的意义。可以说,科学元典是时读时新的。

除了具体的科学思想之外,科学元典还以其方法学上的创造性而彪炳史册。这些方法学思想,永远值得后人学习和研究。当代诸多研究人的创造性的前沿领域,如认知心理学、科学哲学、人工智能、认知科学等,都涉及对科学大师的研究方法的研究。一些科学史学家以科学元典为基点,把触角延伸到科学家的信件、实验室记录、所属机构的档案等原始材料中去,揭示出许多新的历史现象。近二十多年兴起的机器发现,首先就是对科学史学家提供的材料,编制程序,在机器中重新做出历史上的伟大发现。借助于人工智能手段,人们已经在机器上重新发现了波义耳定律、开普勒行星运动第三定律,提出了燃素理论。萨伽德甚至用机器研究科学理论的竞争与接受,系统研究了拉瓦锡氧化理论、达尔文进化学说、魏格纳大陆漂移说、哥白尼日心说、牛顿力学、爱因斯坦相对论、量子论以及心理学中的行为主义和认知主义形成的革命过程和接受过程。

除了这些对于科学元典标识的重大科学成就中的创造力的研究之外，人们还曾经大规模地把这些成就的创造过程运用于基础教育之中。美国几十年前兴起的发现法教学，就是在这方面的尝试。近二十多年来，兴起了基础教育改革的全球浪潮，其目标就是提高学生的科学素养，改变片面灌输科学知识的状况。其中的一个重要举措，就是在教学中加强科学探究过程的理解和训练。因为，单就科学本身而言，它不仅外化为工艺、流程、技术及其产物等器物形态，直接表现为概念、定律和理论等知识形态，更深蕴于其特有的思想、观念和方法等精神形态之中。没有人怀疑，我们通过阅读今天的教科书就可以方便地学到科学元典著作中的科学知识，而且由于科学的进步，我们从现代教科书上所学的知识甚至比经典著作中的更完善。但是，教科书所提供的只是结晶状态的凝固知识，而科学本是历史的、创造的、流动的，在这历史、创造和流动过程之中，一些东西蒸发了，另一些东西积淀了，只有科学思想、科学观念和科学方法保持着永恒的活力。

然而，遗憾的是，我们的基础教育课本和科普读物中讲的许多科学史故事不少都是误讹相传的东西。比如，把血液循环的发现归于哈维，指责道尔顿提出二元化合物的元素原子数最简比是当时的错误，讲伽利略在比萨斜塔上做过落体实验，宣称牛顿提出了牛顿定律的诸数学表达式，等等。好像科学史就像网络上传播的八卦那样简单和耸人听闻。为避免这样的误讹，我们不妨读一读科学元典，看看历史上的伟人当时到底是如何思考的。

现在，我们的大学正处在席卷全球的通识教育浪潮之中。就我的理解，通识教育固然要对理工农医专业的学生开设一些人文社会科学的导论性课程，要对人文社会科学专业的学生开设一些理工农医的导论性课程，但是，我们也可以考虑适当跳出专与博、文与理的关系的思考路数，对所有专业的学生开设一些真正通而识之的综合性课程，或者倡导这样的阅读活动、讨论活动、交流活动甚至跨学科的研究活动，发掘文化遗产、分享古典智慧、继承高雅传统，把经典与前沿、传统与现代、创造与继承、现实与永恒等事关全民素质、民族命运和世界使命的问题联合起来进行思索。

我们面对不朽的理性群碑，也就是面对永恒的科学灵魂。在这些灵魂面前，我们不是要顶礼膜拜，而是要认真研习解读，读出历史的价值，读出时代的精神，把握科学的灵魂。我们要不断吸取深蕴其中的科学精神、科学思想和科学方法，并使之成为推动我们前进的伟大精神力量。

任定成

2005 年 8 月 6 日

北京大学承泽园迪吉轩

罗伯特·波义耳（Robert Boyle，1627—1691），英国著名化学家、物理学家、哲学家。

◀ 波义耳的父亲科克伯爵一世——理查德·波义耳（Richard Boyle，1566—1643）在英格兰及苏格兰均拥有大量财产，是一个通过自己的奋斗而受封为伯爵的新兴贵族。他对孩子们很严厉，甚至有些冷酷，但是他却帮助每个孩子去寻找自己的生活志向，为他们聘请优秀的家庭教师，并送他们到国外去学习。

波义耳的母亲凯瑟琳（Catherine Fenton，？—1630）。在波义耳3岁时，母亲不幸去世。也许是缺少母亲的照顾，波义耳从小就体弱多病，这也使他曾经下决心研究医学。

波义耳的姐姐凯瑟琳·波义耳（Catherine Boyle，1615—1691），雷尼拉（Ranelagh）子爵夫人。在14个兄弟姐妹中，她与波义耳的姐弟情最深。

▶ 波义耳的姐姐玛丽·波义耳（Mary Boyle，1624—1678）。

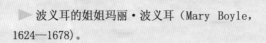

▶ 图为爱尔兰科克市St.Martin教堂，1627年1月25日波义耳就在这里降生。

◀ 童年时期的波义耳和家人一起生活在爱尔兰科克市的利斯莫尔（Lismore）。图为今日的利斯莫尔城堡外景。1602年，波义耳的父亲买下该城堡，后来改造成豪华寓所。

▲ 利斯莫尔城堡的墙上，至今仍悬挂着纪念波义耳诞辰日的蓝色纪念章。

波义耳的母亲去世后，父亲特别制作了波义耳的塑像，放在St.Patrick's大教堂里，以此让波义耳的母亲能时刻感觉到亲人的陪伴。

▲ 波义耳8岁时，父亲将他送到著名的伊顿公学，波义耳在这所专为贵族子弟办的寄宿学校里学习了3年。图为18世纪时的一幅油画，远处可见坐落于泰晤士河畔的伊顿公学的小礼堂。

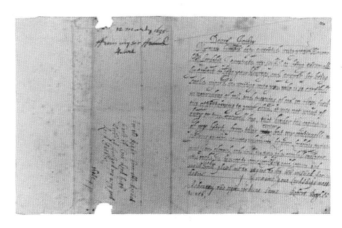

▲ 1635年2月18日波义耳写给父亲的一封信。

▲ 1639—1644年，在家庭教师的陪同下，波义耳到意大利和瑞士等国游历并求学，他被欧洲大陆的自然哲学、数学、医学、人文艺术与宗教传统深深吸引，先后学习了法语、数学和艺术等课程。图为波义耳在日内瓦学习时做的笔记。

▲ 17世纪时的日内瓦城市全景，日内瓦是当时欧洲教育中心之一。

▶ 1645年，波义耳继承了斯托尔布里奇庄园（Stalbridge House）。如今这里的房子已不复存在。斯托尔布里奇庄园位于牛津和伦敦之间，波义耳将这里的许多建筑改建为实验室后，两地的学者经常来这里聚会。

▲ 波义耳在实验室开始进行化学、生物学、医学、物理学等方面的研究工作。

▶ 波义耳拿出很多资金添置设备，聘请了一些实验助手，很快他就成为了实验室的领导人。

▶ 1646年左右，一群对新科学感兴趣的人，其中包括教授、医生、神学家等，定期地在伦敦大学聚会，讨论一些自然科学问题，波义耳也积极地参加这些讨论会。图为今日的伦敦大学俯瞰图。

◀ 1655年，波义耳来到牛津，参加了以约翰·威尔金斯（John Wilkins，1614—1672）为首的 "无形学院"的活动。图为牛津的Catte Street ，从波义耳时代到现在，这里几乎没有什么变化，远处可以看见牛津大学图书馆。

▶ 1662年，经国王查理二世批准，"无形学院"正式成为"以促进自然科学知识为宗旨的皇家学会"。波义耳是最早的皇家学会会员之一。图为今日位于伦敦的英国皇家学会，波义耳的档案资料就收藏在这里。

◀ "皇家学会"成立后，约翰·威尔金斯成为第一任主席，正是他写信邀请波义耳来牛津的。1680年波义耳也被推举为皇家学会的主席，但他因体弱多病又讨厌宣誓仪式而拒绝就任。

▶ *History of the Royal Society*一书的扉页插画，这本书赞扬17世纪科学取得的进步。皇家学会的主席和培根分别坐在查理二世的塑像两边，背景是各种各样的科学仪器。

▲ 威廉·龚贝格（Wilhelm Gomberg，1652—1715）在波义耳的实验室里工作过一段时间。1691年，他当选为巴黎科学院院士。

▲ 波义耳和助手威廉正在进行实验。他们发现，大部分花草受酸或碱作用都能改变颜色。利用这一特点，波义耳用石蕊浸液把纸浸透，烤干后就制成了后来实验中常用的酸碱试纸。

◀◀ 1655年波义耳迁居牛津，有一次他在牛津大学上课，注意到教室外有个扫地的青年在认真地偷听，波义耳很受感动。此后的很多年里，这个名叫罗伯特·胡克（Robert Hooke，1635—1703）的青年就成为波义耳的主要助手，胡克后来也成为一位著名的科学家。

▲ 亨利·奥尔登伯格（Henry Oldenburg，1618—1677）也曾协助过波义耳进行各种实验。他后来担任伦敦皇家学会秘书，并将波义耳的许多著作翻译成拉丁文出版，使整个欧洲大陆的科学家都知道波义耳及其思想。

▲ 胡克的笔记本，记录着协助波义耳做的一些实验。

波义耳认为：实验和观察才是形成科学思想的基础，化学必须靠实验来确定自己的基本规律。他反复强调："化学，为了完成其光荣而又庄严的使命，必须抛弃古代传统的思辨方法，而像物理学那样，立足于严密的实验基础之上。"波义耳的思想曾经影响了牛顿、笛卡儿、拉瓦锡等科学大师。

◀ 由William Faithorne创作的波义耳像，他采用了胡克的建议，在画像的背景加上波义耳的空气泵。

▶ 为纪念波义耳而铸造的黄铜奖章。

◀ 印有波义耳肖像的邮票。波义耳死于1691年12月30日，死之前他捐献自己所有的财产，成立了一个基金，用于协助将圣经翻译成爱尔兰文与土耳其文。

目　录

THE HONᵇᴸᴱ ROBERT B

导　读

袁江洋

（中国科学院自然科学史研究所 研究员）

· Introduction to Chinese Version ·

　　在当代研究中，波义耳也不再只是作为一名杰出的化学家而受人关注，他更是作为 17 世纪英国实验哲学的设计者、倡导者、组织者与实践者而出现的。波义耳除了是当时一流的化学家、物理学家之外，也是热心的医学研究者，是虔诚的宗教家、神学学者，是英国皇家学会的重要组织者，是当时实验哲学的杰出辩护人。一句话，波义耳是现代科学道路的一位探索者与开创者。

ROBERT BOYLE

The Sceptical Chymist

EVERYMAN'S LIBRARY

559

一、《怀疑的化学家》版本介绍和主要内容

怀疑精神是科学永恒的魅力的显现。"摧毁古人的全部自然哲学，并创立自然哲学学派的新学说"〔范·赫尔孟特（van Helmont）语〕，恰恰是 17 世纪前后数代自然哲学家内心追求的真实写照。《怀疑的化学家》是被称为"近代化学的奠基者"的英国化学家、物理学家和哲学家罗伯特·波义耳（Robert Boyle，1627—1691）的一部代表作，它旨在以实验为基础摧毁一切旧自然哲学的物质学说（包括其同时代的化学家们所奉行的各种元素说、要素论以及元素-要素说）的不可靠的实验基础，其中也夹杂有他对物质之谜的构想，一种不同于以前的任何一种原子论或微粒论的构想——这种构想贯穿于其全部自然哲学（包括物理、化学、炼金术等方面）的研究工作之中。

本书英文第一版出版于 1661 年，但其部分内容早在 1648—1649 年间就写成了；1680 年再版时波义耳作了一些增补，如书中"对后一文的序文"这一部分；拉丁文版始见于 1677 年。1744 年，柏奇（T. Birch）将其收入他所编辑的《罗伯特·波义耳著作集》（*The Works of the Honorable Robert Boyle*）；1911 年，登特父子公司将其收入《人人文库》（*Everyman's Library*），作为第 559 卷，并将其原有的冗长的书名 *The Sceptical Chymist or Chymico-Physical Doubts and Paradoxes，Touching the Spagyrist's Principles Commonly call'd Hypostatical；As they are wont to be Propos'd and Defended by the Generality of Alchymists. Whereunto is Premis'd Part of another Dis-*

◀ 1911 年出版的《怀疑的化学家》封面。

---

course relating to the same Subject 简作 *The Sceptical Chymist*，这是现在最常见的版本，本汉译本即是据此译出的。

《怀疑的化学家》是对话体的论战著作，是化学史上的一本"奇书"。在这本书中，"只有绅士才可被推荐为发言人"（见"对后一文的序文"）；其行文方式委婉而繁复，超长的语句比比皆是，文章结构犹如现代计算机程序，"主程序"中有许多"子程序"。英国著名的化学史家柏廷顿（J. R. Partington，1886—1965）曾说《怀疑的化学家》虽相当冗长，但是好读。

《怀疑的化学家》全书共分六部分，外加"序言"和"结论"等，所展现的是波义耳对当时亚里士多德学派的元素理论或化学家们的要素学说的质疑与批判。尽管它在表述微粒哲学见解时，在"用理智来衡度真理"时，显得十分犹疑，但它的批判，基于实验的批判，却是至为清晰的、锐利的。它虽没有促使 17 世纪的化学家们从整体上接受微粒哲学的思维模式，但却使他们感到了震撼。

二、波义耳生平简述

1627 年 1 月 25 日，波义耳（Robert Boyle，1627—1691）生于爱尔兰的利斯莫尔（Lismore），他父亲科克伯爵一世（Richard Boyle）在英格兰及苏格兰均拥有大量财产，是一个通过自己的奋斗而受封为伯爵的新兴贵族。1635 年，波义耳进入伊顿公学学习。1639 年，波义耳和他的一位哥哥在家庭老师的陪同下开始游历、求学于欧洲各国，并被欧洲大陆的自然哲学、数学、医学、人文艺术与宗教传统深深吸引。1641 年，他们来到意大利，在那里，波义耳读到了伽利略（Galileo Galilei，1564—1642）于 1638 年出版的《关于两种新科学的对话》一书。这种以对话形式写成的著作，给波义耳留下了深刻的影响，20 年后，《怀疑的化学家》就是模仿这本书的形式而写成的。

他曾打算学习医学，这或许是因为自幼身体羸弱；后又打算钻研他眼中的"最精密的科学"（the best science）——数学，但一次特殊的经历使他的注意力发生了转变。波义耳在一次出行中遭遇雷击而幸免于难，这促使他从此对宗教、道德生活产生高度关注。因此，在他的青年时代，在波义耳成为一名自然哲学家之前，他先成为了一名严于律己的道德家与虔诚而执著的宗教家。他探讨绅士的美德与操守，他思考个人的获救之路，并将他的想法写成论文公开发表。

1645 年，波义耳居住在继承的祖传领地多塞特（Dorset）郡的斯托尔布里奇（Stalbridge）庄园。斯托尔布里奇庄园位于伦敦西南约百英里处，在这里，波义耳度过了随后 10 年里的大部分时间。波义耳阅读了大量哲学、自然科学和神学的书籍，并建立了实验室，牛津和伦敦两地的学者经常来这里聚会，探讨物理、化学方面的学术问题。也正是在这 10 年里，波义耳接触到后来他将之称为"无形学院"的学术圈。他最初是以道德家的身份介入此一学术圈的，他的一生从未放弃对道德问题的关注，然而在与著名的教育科学家哈特利伯（Samuel Hartlib，1600—1662）等人交往的过程中，他对自然哲学（科学）再次发生浓厚兴趣。（医药）炼金术开始成为他关注的研究领域，这固然与哈特利伯等人关心炼金术有关，与波义耳本人历来体弱多病有关，更与他确立自己微粒哲学并力图揭开物质之谜有关。1650 年秋，美国炼金家斯塔克（George Starkey，1628—1665）抵达伦敦，并迅速与喜爱炼金术的哈特利伯及波义耳等人建立起联系。波义耳宴请斯塔克到家中工作，并跟随他学习赫尔孟特派炼金术及化学，还建起化学炉，进行有关实验。此后，他再未终止炼金术实验。

1654 年，波义耳患上重疾，后虽得治愈，但视力严重受损。随后波义耳迁居牛津。正是在牛津，作为一名年青、富有而慷慨、聪颖而有学识的绅士，他更加积极地投入了无形学院的学术生活，并开始将注意力更多地放在自然哲学方面。从一开始，波

义耳就不但是学术探讨的参与者,而且是学术研究的赞助者与
支持者。他经常在寓所里举行学术聚会。他拿出资金添置设
备、聘请实验助手,进行各种实验。1659 年,波义耳等人开始用
胡克(Robert Hooke,1635—1703)为他制造的空气泵做自然哲
学实验。空气泵实验得出诸多重要科学成果,其中最著名的是
以他的名字命名的"波义耳定律"。1662 年,经国王查理二世批
准,无形学院正式成为"以促进自然科学知识"为宗旨的皇家学
会。波义耳成为第一批最有影响的会员之一。

1668 年,波义耳迁居伦敦,与他刚刚失去丈夫的姐姐莱尼
拉(Lady Ranelagh)一起生活,直到 1691 年 12 月 31 日去世。

波义耳一生留下了大量的著作,其中大约一半论述神学,另
一半论述自然哲学。后者主要涉及化学、炼金术、光学、空气泵
实验、微粒哲学、医学以及自然哲学基础与方法论。1661 年出
版的《怀疑的化学家》是波义耳的主要著作。

三、波义耳的自然哲学蓝图:实验哲学

波义耳留给后人一条著名的"波义耳定律",此外,他还被当
做是现代化学的奠基者而加以颂扬。人们时常误将 17 世纪化
学家所理解的、类似于今天的单质概念的元素概念归结为波义
耳的建树,并以此为主要论据之一来论证"波义耳把化学确立为
科学"这一命题,但实际上,波义耳只是为了提出对此类元素概
念的批判,才特意先行予以归纳,使之明确化。那么,何以使他
在化学史乃至于科学史上享有不朽的声望?

在当代研究中,波义耳也不再只是作为一名杰出的化学家
而受人关注,他更是作为 17 世纪英国实验哲学的设计者、倡导
者、组织者与实践者而出现的。波义耳除了是当时一流的化学
家、物理学家之外,也是热心的医学研究者,是虔诚的宗教家、神
学学者,是英国皇家学会的重要组织者,是当时实验哲学的杰出

辩护人。一句话,波义耳是现代科学道路的一位探索者与开创者。

17世纪的英国是欧洲大陆自然哲学家心目中的有着"思想自由"的国度,尽管这里也并不是没有(宗教)狂热、偏执与压迫的一片净土。当时,摆在自然哲学新道路的探索者面前的两大问题是:如何在基督教社会、文化中为自然哲学找到一个适当的位置(这首先意味着要处理好科学与宗教之关系),使之进入合法的知识体系,拥有坚实的社会-文化基础? 如何确立自然哲学的基本目标、方法与研究进路?

当波义耳开始走向自然哲学,他便开始了对科学与宗教之关系的思考,开始了对自然哲学的基础与方法论的思考。实际上,那个时代欧洲大陆及英国的科学先驱均考虑过这样的问题。中世纪末以后,科学、神学双重真理论——两者均发诸于上帝,同为上帝的真理,因而应该是一致的,这种观点在欧洲大陆颇为流行;然而,当科学取得一定发展,它必定会与神学迎头相撞,此时,双重真理论式的科学辩护即会失效。法国的帕斯卡(Blaise Pascal,1623—1662)在看清这种情形后决定放弃科学研究,专心致力于神学工作。意大利的伽利略则试图探寻将科学与宗教分开处理乃至于另解《圣经》的可能性,终而招致亚里士多德哲学及宗教卫道士们的攻击,遭受宗教法庭的审判。

在英国,在波义耳之先,培根(Francis Bacon,1561—1626)曾在其《新工具》中号召人们扬帆驶向知识的海洋,发展不受数学和神学点染、败坏的自然哲学,并认为这种自然哲学本身即是领悟上帝的一种方式;他还在其《新大西岛》中为人们勾勒出了一幅科学王国的蓝图。17世纪早期及晚期的英国自然神论者提出了上帝在创世之后即不再干预世界的看法。剑桥柏拉图派的思想家们则发展了一种唯理智论神学,宣称上帝的理智而非上帝意志是世界的根源。相反,波义耳及皇家学会的创建者们则选择了以正宗的唯意志论神学世界图景为基础发展自然哲学的途径。

在此，我们可以用以下方式描述波义耳毕生为之奋斗的事业：他试图以自然神学为中介，在自然哲学与神学之间建立起桥梁，以期在基督教神学唯意志论的世界图景上建立起有坚实基础的、真正的自然哲学。若不能理解他的这种信念，则不可能真正理解他的全部工作的价值与意义，不可能理解波义耳其人及其思想。

波义耳说，"我将世界视为一所教堂，并据此陈述自然哲学"。在他看来，自然哲学家是这所大教堂里的牧师，他必须同时阅读自然与《圣经》这两本大书，他的责任是运用上帝赋予自己的智慧去了解上帝的创世意图及行为，并以此膜拜上帝。在方法论上，波义耳以下述方式赋予实验以崇高的地位：自然哲学家通过实验与观察来阅读自然之书，由此了解上帝深置于自然过程中的确凿信息——上帝的暗示；而在一时找不到明确的上帝启示及暗示之处（实际上，前沿的科学探索之处大都缺乏这类启示与暗示），则要"用理智来衡度真理"，并用实验来校准人类易谬的理智。

早期皇家学会接受这样的实验自然哲学，并通过推行这种哲学赢得了广泛的社会支持。这种自然哲学高度关注实验过程，但它也并不排斥理智的运用；它寻求科学与宗教乃至于与政治权力的和解，但从其基本特征来看，它毕竟是一种"实验"哲学，并非"协商"的哲学。

四、波义耳的化学/炼金术与他的微粒哲学

波义耳最终选择化学（chemistry）作为他的主要研究领域，是在他已完成了他的空气泵系列实验研究之后。他的这种选择曾令他的一些从事自然哲学研究的朋友感到疑惑，因为在他们看来，化学还算不上（精密）科学，充其量不过是一种技艺（art）而已。当时，Chemist 一词既可理解为化学家，也可理解为炼金

术士。但是,也正是在这一时期,炼金术,或者说化学,开始在波义耳这样的自然哲学家那里被纳入自然哲学的框架。波义耳宣称他要从哲学的角度理解化学,并要为之作终生的努力。

波义耳通过阅读机械论者、原子论者以及赫尔孟特派的炼金术哲学著作,早早地发展出了自己的物质理论——微粒哲学。这种微粒哲学的核心内容如下:一切物体乃由同一种粒子凝结而成;这种粒子由上帝所创造,它们是实心的,有大小和形状。它们本身没有运动能力,但上帝在造物时已将它们置于运动之中。这种同质粒子可凝结为"第一凝结物"(第一级微粒),继之,又可由"第一凝结物"凝结成"第二凝结物",并通过进一步的凝结形成更复杂的微粒乃至于物体。因此,这种凝结过程的逆操作——炼金术操作,在理论上是可行的:用活性作用剂促使物体腐败、发酵,还原为最小的粒子,再植入"种子"使之按照新的形式凝结,即可使任何物质发生炼金术嬗变。正是在这种意义上,化学/炼金术作为实验性的探索与其微粒哲学发生密切关联,并被波义耳视为其自然哲学的重要研究领域。

在波义耳眼里,化学与炼金术之间只存在着事后的区分:他的大部分实验是围绕炼金术的目的设计的,但如果确认这些实验失败,则这些实验就转化为化学实验,只具有化学实验的意义。

波义耳的微粒哲学并非是纯机械论式的物质理论,因为它不能脱离活性要素。波义耳时常被人们视为"17世纪机械论哲学的重建者",但是,从一开始,波义耳就对机械论哲学持有明显的保留态度。在波义耳的许多著作中(包括在《怀疑的化学家》中),他多次指出世界上有许多现象是不能单用机械论来解释的。他认为,物质本身不具有任何活性与运动能力,活性与真正的运动必然发诸于上帝。因此,在设想完整的宇宙论时,必须考虑活性原则,必须考虑上帝的作用。波义耳在《怀疑的化学家》一书中也谈到"坦白地说,我完全不能想象,从质料出发,仅仅令其运动而不再管它,怎么能够出现像人体和完善的动物体这样巧妙的构造物,又怎么能够出现像生物的种子那样构造更为巧妙的物质系统。"

以往,时常有人根据科学与形而上学之间的现代划分,将波义耳的微粒哲学说成是脱离科学实验的、纯粹的形而上学,不具备任何科学意义。他们认为在波义耳那里,成功地将其微粒哲学与科学实验(包括炼金术/化学实验以及空气泵实验)完美结合起来建立适当的科学解释的范例是并不多见的。譬如,波义耳在描述空气弹性时虽然提出空气的微粒类似于微小弹簧,但他并没有进一步阐述空气微粒的内部构造及其与空气弹性之间的关系,更不可能在空气弹性与他所说的最小粒子之间建立起合理的联系。但是,17世纪时,并不存在今天意义上的科学与形而上学之划分。那时的科学(自然哲学)也不等同于今天的科学,它们在其内部学科构造上、在方法论上乃至于在研究对象上均存在着差别。波义耳的微粒哲学,与其炼金术(化学)、光学、空气性质研究及其他空气泵实验,均同属于一个完整的自然哲学思想体系,而且这些思想又与其自然神学以及神学思想共同构成了一个完整的整体。

五、波义耳是否把化学确立为科学?

我们常常见到这样的评价:"波义耳确立了化学元素概念,因此他把化学确立为科学"。然而,如前所述,通常所说的"单质"元素定义并非波义耳的创造,或者说,他非但不是此概念的始创者,而且是其怀疑者与批判者,此点已在数十年前为科学史家澄清。这样,我们就需要作以下追问:在波义耳那里,到底有没有他自己的元素概念?

我们必须看到:

(1)是波义耳将"单质"元素概念从当时专心于"结合物的火分析"的化学家们的工作中抽提出来,并在《怀疑的化学家》一书中予以概念化,尽管他是为着怀疑与批判的目的而将之概念化的。

(2)波义耳在论证他对此概念的怀疑的过程中,在列举许多结合物(在概念上相当于我们今天所说的化合物与复合物)分析实验(这种实验是要将种种结合物分解成亚里士多德派的水、土、火、气四元素或当时化学家们所说的盐、硫、汞三要素,其中所说的元素或要素均是指物质类别而言的。基于这类分析,化学家们又在盐、硫、汞之外增加了精、油两个概念(请读者不要将这里所说的硫、汞与现代元素表上的元素硫、汞混同)。譬如,当分析矾矿得到某种油状物,他们就说该油为矾的油,简称矾油,即现在所说的硫酸。后来,波义耳最终将视线转向了黄金(在当时化学家眼中,黄金是一种结合物)。而且,波义耳充分认识到,黄金在许多通常的化学过程中保持稳定,从这些化学分析中既分不出金的盐,也很难分出它的硫与汞。因此,他以让步的语气说,金是最合乎化学家们所说的、由他本人所概括的"要素"概念的物质(尽管当时人们认为金是一种结合物)。但是,波义耳始终趋向于相信,在真正的炼金术操作中,金可以被成功嬗变。因此,他趋向于认为金也不是不可嬗变的"简单物质",故不能说是"元素"。反过来说,倘若他对炼金术嬗变失去信心,那么,金就将被认为符合这种元素概念的一种元素。

(3)波义耳的微粒哲学不同于伽桑狄(P. Gassendi,1592—1655)或查尔莱顿(W. Charleton,1622—1689)的原子论。原子论将物质的化学性质直接与物质的基本组成部分(即原子)关联起来,而波义耳的微粒哲学则不同意此种做法。波义耳认为,物质的基本组分只有一种,即他所说的"同质粒子"(这与炼金术里"万物同根生"的思想是一致的);这些粒子有大小、形状,并且上帝已经将它们置于运动之中(运动与活性只能来自上帝)。后来牛顿(Isaac Newton,1642—1727)进一步发展了波义耳的微粒哲学,他补充说,这些粒子有质量,它们之间有力在起作用。波义耳以及牛顿的物质理论均是某种物质层系理论,有别于将化学性质与原子直接挂钩的原子论。波义耳在《怀疑的化学家》中没有就其微粒哲学作完整而规范的叙述,但他曾在其他多处解说并运用这种思想。

(4)波义耳和牛顿均在理论上清楚地知道化学操作与炼金术操作之间的界线。按照波义耳的微粒哲学,炼金术操作是指破坏最大的微粒的结构并使之还原为最初的组成粒子的操作,而化学操作则是指最大微粒的直接组成微粒之间的破裂与重组过程。

(5)在《怀疑的化学家》一书中,波义耳甚至曾从其微粒哲学的角度考虑过元素问题,并且以某种方式考虑过"元素性的微粒"的概念。说得更清晰些:假设组成结合物的微粒是由"元素性的微粒"组成,但这种所谓的"元素微粒"仍有其自身的组成与结构(它们是由最基本的同质粒子凝结而成的第一凝结物),并且它们的结构相当稳定,可以在化学过程中保持不变。说它们像是"元素",是因为它们具有一定稳定性,是用于构成复合物之微粒的材料;而且,如果是这样,它们的数目就绝非像当时的逍遥学派人士或化学家所说的那样只有三五种,而一定会有很多种。但是,它们又称不上"不可嬗变的"元素,它们由最基本的同质粒子构成,其结构虽然相当稳定,但在真正的炼金术操作中其结构仍可被破坏,从而还原为基本的同质粒子,继而能以其他形式逐级凝结,成为其他物体。

由此,我们可以知道波义耳和牛顿思想的深度与创造力,他们的微粒哲学在今天看来可大致算做是一种物理式的基本粒子论,化学性质只是与"最大的粒子"相关;而且,这种学说在理论上承认原始粒子组成的各级微粒(第一凝结物及以下)具有不同程度的稳定性。他们的微粒哲学思想随着他们的著作(如《怀疑的化学家》与《光学》)而传承于世,因此,这些思想也穿透了时间的阻隔,对现代原子论与现代元素嬗变研究,对结构化学的兴起,乃至于对基本粒子物理学与原子核化学研究,都产生了重要影响。

事实上，在 16、17 世纪的那些杰出的自然哲学家中，也不乏否认原子论者，如培根、伽利略均不认同原子论。波义耳所提倡的以微粒哲学为背景的化学研究，并没有在当时以及以后相当长的一段时间里的化学家们当中得到拥护并由此成为化学研究的主流传统。他的化学著作，包括《怀疑的化学家》在内，并没有得到那一时期化学家们的充分解读与利用；相反，成为化学教科书的倒是要素论化学家们的著作。

综上所述，波义耳的确要求要将化学/炼金术作为哲学来看待、来发展，但他所提出的化学研究纲领并不像他所提出的自然哲学总纲领那样有效地为其同时代人所接受。在这种意义上，还不能说波义耳将化学确立为现代意义上的科学，尽管他在思想上远远超越了与他同时代的化学家们。

六、关于波义耳的著作风格

波义耳的大部分著作都不易解读，原因是多方面的。波义耳是一位绅士型的写作者，他的著述保持着 17 世纪英国绅士作家的言谈风格，并体现着近代早期英语著作的某些典型特征。这样一种写作风格是由曲折的超长文句、精心选择的隐喻以及其他各种修辞手法复合而成，它可以用极为详尽的方式表达繁复纷纭的思想或重峦叠嶂的文意，但在一般读者的眼中，由此写成的整个著述却显得难以解读。波义耳的那位最为杰出的同时代人，那位"来自林肯郡格兰瑟姆镇伍尔索普村的少年"，后来的"艾萨克·牛顿爵士"，就不曾以这样的方式写作。在牛顿的《自然哲学之数学原理》和《光学》中，人们找到了现代科技论文的最早的文体模本，找到了精确的概念、严密的逻辑、简练的论证以及被动语态句子——所有这些，在波义耳的著述中却并不多见。

波义耳自 1654 年起患有严重眼疾，这使他不得不采用口述加秘书笔录的形式进行写作。在口述过程中，他会不断地插入或增加从句以及其他各种类型的说明文字以说明他想要述说的思想、概念。而且,波义耳著作的写作周期往往很长,最后出版的著作大多是在初稿完成十几年甚至更长时间以后。在著作初稿完成之后,波义耳会按照他的习惯不断地进行修改或重写,直到著作正式开印为止。这便使他的著作更显得歧途密布,思维若断若续;同时,也使其著作的前后不同版本在文字乃至于思想上出现一些差异。

波义耳素以"实验哲学家"自称,然而,他的许多实验是由他与他的实验助手共同设计并完成的。在他的实验生涯里,他通常都雇用数名助手进行各种实验。早期英国皇家学会的两位秘书,罗伯特·胡克(Robert Hooke,1635—1703)与亨利·奥尔登伯格(Henry Oldenburg,1618—1677),早年都曾协助波义耳进行科学实验研究。由于波义耳所依赖的大量的、直接的实验记录也并非出自他本人,因而在科学写作中,他必须对实验进行系统的重新陈述。这样,波义耳与他的实验助手观察、理解实验的角度之间的细微差异,也可能导致最后的科学论述在写作思路与文字表达上出现涩滞。

波义耳的思想既宽阔、深邃,又时常变动不居。作为人类思想的勤奋的思索者与探索者,波义耳在他所涉足的各个领域,必然面临着形形色色的不确定性与疑惑。因此,他通常以相当谨慎、犹疑而委婉的方式表述自己的见解,一般不肯以确切无疑、不留余地的口吻将他的思想以及他所形成的最后判断(即使有的话)公之于众。在《怀疑的化学家》这样的对话体著作中,波义耳式的犹疑表现得更加明显。卡尼阿德斯也并不等于波义耳本人,尽管在许多场合下,他的确扮演了波义耳的代言人的角色。

对后一文的序文

· Introductory Preface to the Following Treatise ·

> 总之，我所提出的那些概念以及我所报告的那些实验，是否值得人们重视，我情愿留待他人来判断。而我只须为自己申明，我一直致力于忠实地表述事实真相，以使自己能够帮助那些不太熟练的读者考察化学假说，同时能够激发炼金术哲学家们以实例阐明该假说。

THE
SCEPTICAL CHYMIST:
OR
CHYMICO-PHYSICAL

Doubts & Paradoxes,

Touching the
SPAGYRIST'S PRINCIPLES
Commonly call'd

HYPOSTATICAL,

As they are wont to be Propos'd and
Defended by the Generality of

ALCHYMISTS.

Whereunto is præmis'd Part of another Discourse
relating to the same Subject.

BY
The Honourable *ROBERT BOYLE*, Esq;

LONDON,

Printed by *J. Cadwell* for *J. Crooke*, and are to be
Sold at the *Ship* in St. *Paul's* Church-Yard.
MDCLXI.

欲向读者说明，何以容许后面这篇如此残缺不全的论文广为流传，我就得告诉读者：远在很久以前，我便就我本人不至于完全盲从于关于结合物（mixt body）之物质要素的逍遥学派学说或化学学说，摆出了某些理由，以满足心智敏慧的绅士们的愿望。十分有幸，这一对话录在落人某些学人之手后的若干年里被他们欣然接纳并给予好评，鉴于有许多非同寻常的请求嘱我将其公之于众，我决定对其进行重审，从而得以删去某些看起来不宜面呈于每一位读者的内容，并代之以从我自己曾做过的试验和观察中所发现的另一些东西：我的这些论文又会有一番怎样的际遇呢？我曾在别处，在某一篇序言①里，提及这一问题并为之担忧：但自从我写下它们以后，我发现有许多出版物都涉及我现在正要讨论的问题。由此可见，有必要描述一个实例，以作为卡尼阿德斯（Carneades）和埃留提利乌斯（Eleutherius）之间的讨论以及其他对话的导言，因此，当时我已备好几份此类第一次对话稿，但由于某些原因我没有将它们与正文一道发表，后来，我决定尽可能给予弥补，以相当于一篇论文的分量并入后面这些对话录的第二版中，然而这是全部对话中提纲挈领性的东西，可能无论如何也难以完全补救。就此残缺之作，我曾再次征询朋友们的意见，但他们的看法并不完全相同，而我觉得，遵照他们的一个共同愿望，这不仅应该出版，而且应该尽快地出版，如此，才堪满足。在第一篇论文中，会谈将由他们来掌握，我只是冒昧地在最开头提了提哲学上的有关问题，因此在全部对话中我当然以第三人称来提及我自己；在我为他们代笔之前，我有

---

① 指波义耳 1680 年出版的 *Experiments and Notes about the Producibleness of Chymical Principles* 一书的序言。——译者注。

◀1661 年出版的《怀疑的化学家》一书的扉页，该书出版后曾多次再版。1680 年再版时，波义耳作了一些增补，如书中《对后一文的序文》这部分内容。

理由要求，就像画师一样，*latere pone tabulam*①，听听人们会对它们谈些什么。我知道多数人并非不知究竟是谁写下了它们，除此之外，我已准备承认，万一它们被认为是出自于一位十足的化学事务门外汉之手也无不可。我之所以毫无顾虑地让它们状若残文地流传出去，一方面是因为我另有出版好几篇别的论文的一些事务和预约，这使我难以指望有很长的一段时间来完成这些对话，另一方面是因为我恰恰倾向于认为，它们的流传可能正合时宜，不过这并非是为作者换取声誉，而是为了其他目的。因为就我的观察而言，近来的化学正如其当之无愧地那样，开始受到那些以前曾蔑视它的学者们的关注；并受到许多从未关注过它的人们的青睐，而这些人则得以借此掩盖了他们对化学的无知：正是由于这一缘故，导致若干个与哲学上有关的问题相应的化学概念被人想当然地接纳和运用，甚至那些十分著名的学者们，既有自然主义者，也有医生，都如此这般地采纳这些概念。这可能表明了某种征兆，不利于殷实的哲学之进步，而我则对此不无担忧：因为，尽管我十分喜爱化学实验，极为看好多种化学药物，但我仍然要将这些东西与它们的那些关系到事物的原因及其形成方式的概念区分开来。迄今为止，我仍然弄不明白，世界上除了与人体有关的大量事件之外，还存在着许许多多的现象，他们既很难明晰而满意地予以说明，又偏偏要划地自狱，仅仅从盐、硫和汞以及化学家专用的其他概念来推断事物，而未曾超乎于他们的习惯做法之外，对运动和形状，对物质的微小组分和物体的另一些更普遍、更有效的特性给予更多的关注。因此，这并非不合时宜，让我们的卡尼阿德斯去告诫人们，在他们未对其作过一番检查，并考虑怎样才能剔除其中的缺陷之前，不要赞同化学家们关于他们的三个本体要素的全部学说，而这些化学家们可能从来就不曾想到过这些的确可能存在的缺陷，因为他们很少愿意这样想。可是，除了化学家之外，别无他人能够指出

---

① 拉丁文，意为"隐身于画布之后"。——译者注。

这些缺陷。我希望那些心智敏慧的人们，亦即如不预先考虑好
双方可以讨论哪些问题，便不会同意对任何重要争论作出限制
的那些人们，将不会拒绝上述做法，并且我还抱有更大的期望，
要弄清化学上的问题而不仅仅是要辨明研究它们的适宜性。与
此同时，找出除了我自己特意用来弄清元素学说的那些实验之
外的另一些实验，它们大都难得一遇，要不然就是零星地出现于
许多化学书中。进而找出那些相互关联且表述得当的实验，以
使任何普通读者，即使他只了解一点常用化学术语，也可轻而易
举地理解它们，就连谨慎的学者，也可放心无误地信赖它们。我
所以要补充这些东西，是因为任何一个精通化学家们的著作的
人不会不对此了然于胸，化学家们以晦涩、模糊乃至于玄妙莫测
的方式表述他们想要讲述的东西，不过是因为他们压根就不期
望取得旁人的理解，而那些技艺之子（他们借此自称）则属例外，
但即便是这些人，若不做许多困难而危险的实验，同样休想理解
它们。由此致使他们之中的一些人在其他任何时候都未能有如
在此时能够这般坦直地陈言，亦即在他们引用那句著名的化学
格言之时：*Vbi palam locuti fumus，ibi nihil dixims*①. 正如某些
作者所表述的文字中的晦涩使之太难以理解一样，太多太多的
人们对原著的不忠实也同样使之不足以信赖。尽管这并非吾
愿，但为了真理以及读者的利益起见，我必须告诫读者，不要轻
易相信那些仅仅依照传统的方式来记述的且互不相关的化学实
验，除非其表述者提到他是依据他个人的认识，或是依据某位公
开宣称其叙述是依据于某个人经验的可靠人士的叙述，来记述
这些实验的。由于我对此尤为担忧，所以我必须对那些十分著
名的作者，既有医生，也有哲学家，提出指责，如果需要的话，我
可以毫不费力地说出他们的名字，他们近来任由自己受人蒙蔽，
以至于竟然依赖和采用那些他们无疑从未做过的化学实验；因
为他们如果做过的话，就会像我一样发现它们并不可靠。鉴于

---

① 拉丁文，意为"夸夸其谈之时，即是言之无物之时。"——译者注。

这些人已开始引述那些不是由他们自己通过化学操作了解到的化学实验,便只好但愿他们将会不再沿用那种援引化学家们这样宣称、那样断言的不确切说法,而宁肯对他们所引出的每一实验,指出其作者或作者们的名字,并以这些作者的信誉为保障来进行转述。因为,通过这种办法,他们可以为自己洗脱说谎之嫌(与此相反的习惯做法则将他们置于此种嫌疑之下),他们还可以让读者去判断,在他们所表述的实验中,有哪些东西是他宜于信赖的,同时无须以他们自己的鼎鼎大名支持那些可疑的叙述,进而能够同样公正地对待那些可靠实验的发明者或公布者,以及那些伪实验的强行推行者。反之,援引化学家们如何如何的笼统说法,常常致使坦率的作者的殊荣被人骗夺,而骗子却逃避了他个人应得的耻辱。

此序的余下部分还得用来替卡尼阿德斯说点什么,也替我自己说点什么。

首先,卡尼阿德斯希望,以他所扮演的争辩者和怀疑者的身份而言,他将被认为是一直在以文明而谦恭的方式进行辩论。如果说他在什么地方仿佛十分轻视其论敌们的信条和争辩,那么他乐意人们将此看做是一种诱发行为,这与其说是出自于他对他们的评价,不如说是出自于忒弥修斯(Themistius)和菲洛波努斯(Philoponus)的样板以及这类辩论的惯例。

其次,假使他的某些争辩不能被视为那种可能存在的最有说服力的论辩,他希望,人们将会考虑到,他们本不应当希望这些争辩应当如此。因为,他的首要职责不过是提出怀疑和疑虑,只要他揭示了其论敌们的争辩并不能强有力地结束这一辩论,便已做得很充分了,纵然他自己的争辩也同样不能做到这一点。而且,如果在他于各个不同的段落里所表述的内容之间存在着不一致的现象,他希望人们将会认为,并无必要要求一个怀疑论者提出的全部内容应该保持一致,既然他的任务是提出怀疑以反对他所怀疑的观点,就应该允许他对于同一事物提出两种或多种假设,并宣称他可以以各种各样的方式来说明这一事物,尽管这些方式彼此之间可能并不一致。因为对他来说，只要他提出的任一假设都有可能切中他所怀疑的东西，便已足矣。而且，如果他提出了许多假设且每一假设都可能切中目标，那么，要肯定正确路径在这些路径之外则显得更加困难，由此他无疑愈加认定了他的怀疑。再者，卡尼阿德斯因持有否定的论辩态度而有着这么一项便利条件：如果在所有的例证中，他都使得与他一起辩论的人们的通俗学说失效，且使其每一例证都无可辩驳，那么，仅凭这些便足以摧毁那些处处宣扬他所要反对的东西的学说。须知，他可以认为凡是被看做是完全结合物的一切物体都是由数目确定的这样或那样的组分复合而成的说法不可能是正确的，只要他能够造出任一并非这样复合而成的完全结合物；而且，他还颇为希望，人们将较少地以精确性来希求于他，因为他的使命并且主要是因为化学争辩迫使他保留了化学中的一些与化学家们的绝对要素恰恰相反的见解。另外，除了从那位大胆而敏慧的赫尔孟特（Holment）的某些文字中，他当然再不会有目的地从其他人的著作中寻求任何帮助，而对赫尔孟特，他在许多地方也不同意（这导致他根据其他概念来解释种种化学现象）：关于赫尔孟特的推论，不光是那些看来十分放肆的推论，就连他其余的推论，都常常并非犹如他的实验那样值得考虑。诚然，某些亚里士多德主义者对于卡尼阿德斯所质疑的化学学说，也曾偶尔著文予以批驳，这无疑是正确的，但他们只是根据自己的原则来完成这类工作。而我们的卡尼阿德斯必须既反对炼金术士们的假说也同样反对亚里士多德主义者的假说，因此，他不得不以他自己的武器与其论敌们论战，而逍遥学派人士的那些质疑即便无伤于他的宗旨，也不会同他的宗旨相符。这些曾著文批驳化学家们的亚里士多德主义者（至少是他所遇到的那些亚里士多德主义者），在化学问题上看起来是如此缺乏实验知识，除此之外，他们还由于老是出错以及其笨拙的质问方式，而过于频繁地将他们自己置于其论敌们的嘲弄之下，因为他们是如此自负地著文驳斥他们看起来知之甚少的那些东西。

　　最后，卡尼阿德斯希望他能够富于独创性地完成这一部分工作，亦即通过将化学家们的学说从灰暗且烟雾迷蒙的实验室中析取出来，不仅使之成为一种公开的见解，而且对那些迄今为止仍常常夹杂于其中的弱点，亦即对他们的证据中的弱点，加以揭示，从而不仅使得那些贤明之士从此以后得以泰然自若地根据适当的信息来怀疑这一学说，就连那些热心维护这一学说之名誉的、更能干的化学家们，也会被迫较为明晰地谈吐，一改他们今天仍在采用的谈吐方式，并以比卡尼阿德斯曾考虑过的实验和论辩更好的实验和论辩来维护这一学说。所以，他希望，爱好求知的人们能从他的努力中以这样或那样的方式获得他们所需要的东西或是教训。而且，由于他已做好准备，履行他在讲话结束时所作的关于他将准备接受较好的批评的承诺，所以他希望，人们要么实实在在地向他提出批评，要么便不要去打扰他。也就是说，如果有任何有真知灼见的化学家们决定以一种文明而理智的方式向他指出任何关于他在论辩中尚未辩明的问题的真理，卡尼阿德斯将不会拒绝承认这一点或者拒绝承认自己的一个失误。然而，假如有哪位傲慢的先生，他若是为自己换取声名，或是为了其他任何目的，而有意无意地误解论战的性质或卡尼阿德斯的论辩的意蕴，或是就像某些化学家们近来在著述中所做的那样，以责骂代替论辩，最后或是以暗指的方式撰文反对他的论辩。我指的是，他们以模糊或晦涩的措词来表达他们自己的意思，或从实验角度来论辩，但其表述却不够明晰，那么，卡尼阿德斯声明他非常珍惜自己的时间，以至于没有闲工夫来考虑此类不值一顾的东西。

　　此刻，在替卡尼阿德斯说了许多之后，我希望读者允许我转而替我自己说点什么。

　　首先，如果某些乖僻的读者对我让参加谈话者有机会相互补充，以及对我几乎始终采用一种比纯粹学究所惯常采用的方式要较为时新的方式来叙述这些对话，不无挑剔，那么，我希望他们能谅解我并将会认为，在这本由一位绅士所撰著的著作中，在其全部会谈中应当保持一种恰当的礼貌，并且在书中只有绅士才可被推荐为发言人，与那种用比较富于学究气的方式来撰述的著作相比，此书的语言应较为流畅，表述应较为礼貌。当然，我很高兴有此机会给出一个例子，以说明怎样安排这些十足的论战而不失于礼貌。可能有些读者能够从中得到某些帮助，看清有理不在声高的道理，并且发现，一个人可以成为一名维护真理的斗士而无须与礼貌为敌，而且可以驳倒某一观点而无须嘲骂持有这一观点的人们。对于这些人，一个希望使其信服而不是要对其进行挑衅的人必然会出于礼貌而向他们个人略示歉意；而且当他说他们犯了一个错误的时候，他必然会尽可能少说一些别的令其不快的话。

可能另有一些并不像化学家们那样喜欢对我的那些论辩者的礼貌问题吹毛求疵的人们，在读了后一对话的某些段落之后，也会指责卡尼阿德斯过于严厉。然而，倘若我已让我的那位怀疑论者说起话来常常蔑视那些为他所反对的观点，我希望人们能够发现，我并不曾让他干过任何逾越于他所扮演的反对者角色之本分的事情，尤其是在人们将我让他所说的一切与罗马演说家中的那位王子①在他的极为优秀的对话《论神性》（*De Natura Deorum*）中让两位伟大的朋友谈及彼此的观点时所说的一切加以比较之时。在此情形下，只要他们注意到，与卡尼阿德斯论辩的那些人在谈话中所享有的蔑视其论敌之宗旨的自由是足够充分的（即使不是极其充分的），他们就会极少怀疑我有偏袒之心。我只须让对话者在谈话中无拘无束地交谈，而无须使之受到任何约束，在此，我要充分予以说明的是，我并非是要表明我自己关于那些已被提出的论题的观点，更非要表明我自己关于全部论辩的观点，而只是要表明一个留心的读者可以从卡尼阿德斯的某些段落中猜出的东西（我之所以要标明"某些段落"，是因为他所说的一切，尤其是在论辩很激烈时所说的东西，并不

---

① 　这里所说的"王子"是指西塞罗（M. T. cicexo，公元前106～前43年）。——译者注。

总是能够代表我的看法），我已将这些说明部分地安置于本文之中，部分地安置于由同一群谈话者参加而我未介入的另一些对话①里（虽然他们并没有直接论及种种元素），并且期望此刻的这些谈话将能得到人们的理解。毫无疑问，那些从我现在所发表的那些谈话中得到结论说我十分蔑视化学或者试图引导读者这样看待化学的人，对我有着极深的误解。我希望我最近出版的试图向喜欢沉思冥想的哲学家们揭示化学实验作用的 Speci-mina②，将会使曾阅读过它的那些人们以另外的一些观点来看待我，并且我怀有这样的愿望（但有待于机会），将我写的一篇其大部分是替这类化学家辩解的文章，并入这些论文中出版。

最后，至于那些认识我的人们，我希望，我在那场火灾后所承受的痛苦将向他们证明，我绝非是要与化学家所从事的技艺为敌（尽管我对许多正因其宣称自己信奉化学而蒙受耻辱的人们绝无好感），并将促使他们相信，我是将那些化学家们分为两类，一类是骗子，但另一类却是实验家和真正的行家。我承认，正是通过这些真正的行家，我才能欣赏到他们的会谈，并甘愿满怀感激地接受他们的训导，尤其是与金属的本性和增殖有关的训导。或许，那些知道我一如既往地醉心于进行化学实验的人们，可能很容易相信，这篇充满怀疑的论著的主要意愿并不是要诋毁化学，而是要向那些较为著名的行家们指出，他们也有必要将他们所保留的一些东西搁到一旁，并说明或证明那种比那些庸俗化学家们曾说明的通常化学理论要好的化学理论，或是以他们所掌握的某些宝贵的秘诀充实我们的知识，并借此证明，他们的技艺是能够补偿其理论之不足的。而且，我要大胆地补充以下内容，如果我们不能指望化学能够教给我们以比庸俗化学家们所知的要更为有用的、既是对于医学亦是对于哲学的东西，

---

① 这里所提出的这些对话是关于热、火、火焰等内容的对话（曾为皇家学会的两位秘书所见），作者每每抱叹，在那次伦敦大火连夜匆匆抢搬财物过后，它们便一直混于其他文件之中而不知所在。——作者注。

② 原文系一著作名的简称。——译者注。

那么我们便应该大为看低它的价值。至于那些水平更次的炼金术士们，在我看来，就他们的劳动而言，倒是很值得学术界嘉奖的，但他们总是放过了他们一直在如此勤奋地探寻的真理，这真是太遗憾了。纵然我对他们的技艺的理论部分颇不欣赏，但我希望其实验部分能得到人们的重视，但倘若其实验部分此后并未得到比其迄今为止已得到的关注要多得多的关注，且既不为医学亦不为哲学所用的话，那么，我的前一推想则可能完全错了。虽然我一向以从事其他研究和事务为消遣，但人们不应以我在大多数化学家们毫无疑虑地加以默认的那些学说之中挑出如此之多的错误为由而认为我是想成为一个学识渊博的炼金术士。因为提出理由以反对已提出的任何假说一般都要比提出一种毋庸置疑的假说容易得多，除此之外（亦即除开我说的这件事），这算不得什么大不了的事情。亦即，纵然化学上的初学者老是常常从一开始便深受他们这项职业中的理论和实际操作的影响，而我，作为一个曾有幸向那些不读书写字的人们学习操作，并能以名誉担保自己抵抗了诱惑而未采纳其任何观点的人，则应该区别于大多数初学者，尽量不带偏见地考虑问题，并经常更换看问题的视角；而且应该更多地属意于用能够区别于炼金术士们的概念的另一些概念来梳理我所碰到的种种现象。我从开始便一直抱有某种怀疑，亦即怀疑通常的那些要素可能并不像人们所相信的那样是一些普遍而广泛的要素，并不能从化学操作中一一得出，因此，对我来说，既要注意到种种为怀有偏见的人们所忽视的、看起来与炼金术学说不太协调的现象；又要设计出一些可能为我反对该学说提供依据的，且并不为许多现在仍然活着的、从事化学事业或许要比我更久、对于某些特殊过程可能要比我更有经验的人们所熟知的实验，倒算不得什么难事。

　　总之，我所提出的那些概念以及我所报告的那些实验，是否值得人们重视，我情愿留待他人来判断。而我只须为自己申明，我一直致力于忠实地表述事实真相，以使自己能够帮助那些不太熟练的读者考察化学假说，同时能够激发炼金术哲学家们以实例阐明该假说。而且，即便他们做了这些工作，并且就关于元素的化学见解或逍遥学派的主张或其他任何不同于我所较为赞同的看法的理论对我给出了明晰的阐释和充足的证明，迄今为止我所谈及的那些东西也不会妨碍一个在观念上喜欢动摇不定因而不怎么愿意借助于正确的东西来消除这种摇摆以形成自己的主见的人转而信奉他们的学说。

涉及惯常被用于表明结合物的四种逍遥
学派元素或三种化学要素的各种实验的

自然哲学思考

*Physiological Considerations Touching the
Experiments Wont to be Employed to Evince
Either the Four Peripatetick Elements, or the
Three Chymical Principles of Mixt Bodies*

MOSO·DOCTOR   PARE

帕拉切尔苏斯,炼金术士、神秘主义者。

首次对话的一部分

· Part of the First Dialogue ·

　　那是在这个夏天的一个相当晴朗的日子里，喜好探求的埃留提利乌斯来邀我和他一道去造访他的朋友卡尼阿德斯……

My dearest Brother,

I thought I had a very iust re[ason]
to quarrel with my Sicknes, for d[epri]-
ving me the happines of wayting [on]
my Sister: but now I am willing [to]
consent to a Reconciliation, si[nce]
the Enioyment of her Company [I]
haue had so short a Date, as [wou]=
ld seru'd but to haue taught me [the]
greatness of my Losse. for a Lat[e Ordi]-
nance of Parliament, (which [it]
seems is very ambitius of the ho[nor]
of your Companys) depriuing a[ll th]-
ose of the benefit of the Article[s of]
Oxford, & ranking them with [the]
greatest Enemys of the State, [if they]
shal not com hither to prosec[ute]
their Compositions by the first [of]
August next; dos seem to exa[ct]
your very speedy Repairs to L[ondon]
where your presence wil be ver[y lo]-
ngingly expected by, & extrea[mly]
wellcome to

Dearest Brother

Your most faithfu[l]
humble Serua[nt]
Robert Boyl[e]

　　我察觉到，我的几位朋友在听我论及那些被一些人当做是一切结合物的元素（element）而另一些人当做是它们的要素（principle）的东西时，对于我总是这般未敢断言地谈吐感到十分惊奇。然而，我并不羞于承认，每当我感到怀疑时，便将我怀疑的东西表达出来而很少有什么顾虑，这可不比要我去妄言连我自己都知道自己并不了解的东西。而且，我应该怀有比我现在所敢于抱有的希望要更加强烈的希望，以期哲学被坚实地建立起来，假若人们能够更仔细地对他们熟知的观点与他们忽略了的或从未想到过的见解加以区分，然后，对他们所抱有、所理解的那些观点给予明晰的分析，对他们所忽视的见解明智地予以承认，并极其坚定地表述他们的怀疑，以使有才智的人们的事业能够在进一步的探讨中得到延续，并使得他人不能利用辨识能力较弱的人们易于轻信的弱点钻空子。但是，人们可能会期望我对于我既不满于关于物体原始组分的逍遥派学说，亦不满于化学学说，给出一个更详细的说明。因此，仔细阅读随后的叙述很可能会有助于人们认清我的这些不满是言之有据的，这些叙述是关于几位持数种不同见解的人士在前不久的一次聚会中所讨论的一些内容。至于其地点，则没有必要指明，而我们一直在谈论的论题在其中得到了充分而全面的讨论。

　　那是在这个夏天的一个相当晴朗的日子里，喜好探求的埃留提利乌斯来邀我和他一道去造访他的朋友卡尼阿德斯。我欣然赞同这一提议，但同时请求他一定要答应我，届时先去替我通禀一声，而我则在附近某处在某一约定的时间里等候，这段光景纵非片刻，但也不要拖得太久，然后，我才好随他一道去见卡尼阿德斯，因为我知道，卡尼阿德斯对于自然和技艺都十分熟悉，且绝不囿于世俗之见，他很可能会提出一个又一个的机智的反

◀ 1646 年 7 月 14 日，波义耳写的一封书信。

论,这对我们的心智而言至少是一种愉悦的熏陶,并且,他还可能以某些实质性的训导来充实我们的心智。于是,在埃留提利乌斯首先和我一道前往某个地方并由他代我通禀之后,我和他一同来到卡尼阿德斯的寓所。然而,我们一走进去,佣人便告诉我们,卡尼阿德斯及其两个朋友(佣人还将他们的名字也告诉了我们)同在花园的一个凉亭中,以避开酷热而享受一角清凉。

凭其与卡尼阿德斯之间的亲密友谊,埃留提利乌斯十分熟悉这个花园,并迅速领我前往那个凉亭。他可不管我对这种看起来颇似扰人清静之举的踌躇,用手拖着我,贸然进入凉亭,在那里我们看见卡尼阿德斯、菲洛波努斯和忒弥修斯围坐在一个小圆桌旁,桌上除纸、笔和墨水外,还有几本打开的书籍。卡尼阿德斯看起来对此一点也不反感,他从桌旁起身,分外喜悦而热情地欢迎他的朋友,也以其惯有的坦诚和礼貌来欢迎我,并邀我们坐在他身旁,而我们在按这类场合下的惯例和他的两位朋友(也是我们的朋友)互相致意之后,便坐了下来。待我们坐下后,他合上那些开着的书籍,随即略带笑意地转向我们,似乎准备聊几句无关紧要的话题,仿若人们常常和漫无目的的访客聚在一起度过或消磨时光的那样。

然而埃留提利乌斯不等他开口,便这样揣测他的意图:我觉得,卡尼阿德斯,由于你刚刚合上那些书,更多的是由于我发现你们这几位老是讨论某些严肃问题的仁兄分明又处在讨论这类问题的情形,因此,你们三人在我们到来之前,一定是在进行哲学上的聚谈,我希望你们要么继续谈下去,并允许我们参加,以德报怨,原谅我们冒昧打搅了你们的自由,要么让我们离开,以弥补这种过失,我们没有其他办法来补偿你们,只有将那份不再有我们打搅的自在还给你们,并自认无此荣幸参加你们的聚谈以处罚我们的冒昧。当他说到最后几句时,他和我一起站起身来,正要准备辞行,但卡尼阿德斯突然握住他的手臂以阻止他离开,并微笑着对他讲道,你好像以为,我们巴不得要坐失良朋佳宾,可我们才不会这样,尤其是在你言中了我们所关心的问题并愉快地表示愿意在场参加我们的讨论之时。这个问题，亦即元素、要素或物体的物质组分的数目问题，一直是个疑问，它可能不仅需要而且十分值得许许多多的像你们这样熟练的自然探索者去探究，因此，我们恨不得遣使去邀来那位大胆而深刻的留基伯(Leucippus)，请他以其原子论悖论给我们提供一些见解，以期从中获得一些重要启示，可是，要免除那一大堆麻烦又谈何容易，我们刚才还在拿话点醒我们自己，斯人已去不可追。于是我们转而祈助于你们的光临和指教，欲达于留基伯虽无使能遣，促请两位到来却是有人可差，此人告诉我们，他刚要上路便看见你们两人正经由另一城区匆匆而来。而且，就在昨晚，我梦见留基伯对我说，如果我愿意的话，他准备在第二天赐予我一次聚会，尽管不能指望他到场。今天，我们这个关于刚刚提过的主题的聚会固然被拖了许久，但毕竟在刚才，就在你们进来之时刚刚得以开始，所以，我们实在用不着向你们重复我们在你们到来之前所谈的任何内容。你们来得这样及时，使我不能不认为这是一种意外的恩赐，我们希望你们不光是来当听众，而且要做我们这次聚谈的发言人。因为我们不仅欢迎你们到场，而且需要你们的帮助。由于其他原因，我还要对此补充两句，那就是，虽然说这些学者(他说着转向他的朋友)在陈言时无须忌讳有听众在场，并能十分明智地表达以使人能够理解他们，但对我来说(他又笑了笑，接着说道)，我可不敢面对两个这样的批评者肆谈我的那些事先未经充分考虑的见解，除非你们答应轮流参与谈话，并乐意容许我就我们曾谈过的那些问题发表不同见解。他和他的朋友又说了好些东西以使我们相信，他们不仅十分期望我们能留下听取他们的见解，而且非得要我们答应，时常让他们听听我们的意见，以使他们在我们的评说之下达成某种一致。埃留提利乌斯在费了不少口舌试图使他们同意让他保持沉默但终告无效之后，允诺他将不会总是保持沉默，同时他要求他们允许，在争论的过程中，他可以自由地本着他个人的才识和天性来支持他们之中的某一方，而且，在进行另一争论时，他可以支持另一方,不要限制他仍得支持在前一争论中他所赞同的任何一方的观点。而我自知才疏学浅,便坚决地告诉他们,在这样一群名家面前,并且是在这样深奥的问题上,我尤为愿意且较为适合于听而非讲。这样,我便恳求他们勿要逼我当众出丑,勿要将我默听他们当场论辩而不发一语视为对他们的不恭,并体谅到,我这样做并无什么其他的动机,只不过为了更好地从他们那里领受教益,做个聪明一点的学生而已。我还表示,在他们忙着的时候,我并不想完全袖手旁观,倘若他们允许的话,我想用速记记下他们的发言,以便将那些我觉得值得留存下去的谈话留存下来。卡尼阿德斯和他的两个朋友起初坚决反对上述提议,但我认定自己在他们论辩时只应当用用自己的耳朵而绝不是舌头,这迫使他们接受了埃留提利乌斯的建议。埃留提利乌斯觉得自己难以置身事外,因为是他带我来的,所以还得帮我点小忙,他同意我记下他们的论辩,并且最好是能够在他们的会谈结束时对他们谈谈我对这个问题(元素或要素的数目)的看法,对此他担保如果时间允许的话,可在这次论辩结束时谈,否则则在我们的下一次聚会之时谈。尽管我并不同意他以我的名义所作的这一允诺,但大家都颇以为是,也不再接受我的任何抗辩,他们都立即把眼光转向卡尼阿德斯,不约而同地沉静下来,以此静候他开言。(片刻之间,他转向埃留提利乌斯和我)他以下述方式开始了他的谈话。

尽管我在逍遥学派人士的书籍中遇到过精微的推理,并在化学家们的实验室里看到过美妙的实验,但因我疑犹而迟钝的天性而不禁觉得,如果他们都拿不出比通常拿出的更为有力的论据来证明他们的主张的正确性的话,那么,人们便有足够理由,对于结合物的那些物质组分(material ingredient),亦即一些人要我们称之为元素,另一些要我们称之为要素的东西的确切数目是多少的问题,保留一些怀疑。毫无疑问,在我看到关于元素的种种宗旨之对于自然哲学的种种学说正如元素之对于世间万物一样重要之时,我希望能够目睹这些主张被坚实地建立起来,并且睹另一些学说也能在此基础之上被建立起来。然而,当我以公正的态度不辞艰辛地考察被人们认为是由元素混成的种种物体以求探明其组成要素之时,很快便不由自主地感到,哲学家们一直在进行的关于元素数目的争论更像是一场意气之争,难以有什么结果。我的这种不满在这两位先生看来一直是件怪事(他在说这些话时指了指忒弥修斯和菲洛波努斯),虽然他们之间对于我们所考虑的这个问题的看法也存在着很大的不同,犹如我之不同于他们之中的任何一人,但是他们两人都完全同意这么一点,亦即,对于诸如我刚刚谈过的那些物质组分而言,存在着一个确定的数目,然而,我可说不出这个数目是多少,它或许有之(凭什么就不能说是像他们所说的那样呢?),但一般说来,通过理性和实验是能够对此给出足够清晰的证明的。于是,我们便有了现在的这次聚会。就我们今天下午的谈话来说,在换了一个又一个的主题并终于选定这个主题之后,他们两人为了证明各自的观点的正确性,曾分别就我刚才所点明了的那两个论题向我作了论证。然而,关于前一论题(指严格的理性论证)我们暂不往下谈,以免在晚餐之前我们没有足够的时间来仔细考虑各种推理和实验。而后一论题才是我们一致认为最需要加以严格审查的论题。先生们(卡尼阿德斯继续说道),我必须提请你们时时注意,我现在的任务并非是要我公开我自己在这个有争议的论题上的观点,也不是要维护或否认关于元素数目的逍遥学派学说或化学学说,而只不过是要向你们揭示,对于这些学说,历来都不能用它们自己通常所宣称的那些论据来给予满意的证明。当然,要是我能辨明(哪怕只是我自己觉得自己辨明了)其中有一种见解可以给出比通常所给出的要更为合理的证明,那么,我便有义务公开我自己对这种见解的看法,然而,我刚才已指出,人们通常在断言这种牢固的真理时,所依据的只不过是一些不适当的论据,这在你的观察而言也是很清楚的。我倒希望自己无须赘述以下的这些声明,迫于我的任务之所使,我将对忒弥修斯或者菲洛波努斯从与实验相对的理性论题角度提出的论辩不予答复。因为我所要审查的只限于实验方面，且并不包括所有的实验，而仅仅是指他们俩觉得应该坚持的那些实验，以及迄今为止一直被用来证明所有的复合物都是由逍遥学派的四元素或化学家们的三要素所组成的那些实验。（卡尼阿德斯补充说道）这些话，我觉得自己不得不事先予以禀告，一方面是免得你们仅以他们（他指了指忒弥修斯和菲洛波努斯，并朝他们微笑着）将要提出的论据来估量他们的才能而伤害了这两位先生，是我们这次会谈的规则规定他们采用那些平平庸庸的哲学家们（因为即便是哲学家当中也不乏庸俗之辈）老是挂在嘴边的那些论据；另一方面希望你们不要因我在与他们论辩时没有承认他们的任何长处而指责我傲慢无礼，至此，我已不必再去从我们的争论的性质或规则中一一指明，在哪些地方我还会不予答辩，在哪些地方我偶尔还可能从我这两位意见并不一致的朋友中的一位对于另一位的反对意见中寻求帮助。

菲洛波努斯和忒弥修斯立即以同等的礼貌答谢了卡尼阿德斯的褒扬，与之同时，埃留提利乌斯意识到他们应尽快防止时间白白流失，以免他们没有充足的时间可用，他提醒他们，他们现在的任务不是互致敬意，而是论辩。于是，他对卡尼阿德斯表达了他的意见，（他说）今晚，我有幸在场觉得十分高兴，因为在你们现在正要讨论的论题上，我过去一直被一些疑虑所困扰着。现在，这个重要的论题已被提交大家讨论，在此问题上，大家尽管持有各种不同的见解，但只要能探求到真理，大家都准备予以接受，而无论是由谁、也无论是在何种场合下将它们表述出来的。鉴于此，我不能不希望自己将会在我们分手之前打消疑虑，否则，便不再指望能看到这个问题被解决了，并且我更高兴看到你们坚持以实验而不是以演绎推理来解决这一问题。这样说，绝非是不信任你们，而是因为我曾发现经院哲学家们在论及自然哲学上的种种奥秘时过于频繁地采用种种微妙的逻辑论证，他们惯常以这些东西炫耀其才智，而不是为了增进知识或消除那些诚心热爱真理的人们的疑虑。这些难以捉摸的东西固然常常令人们感到迷惑并弄得他们哑口无言,但却并不能令他们满意。譬如魔术家们的戏法,对此人们知道自己被瞒过去了,虽然他们常常并不能指出魔术师是以何种方式来瞒过他们的。所以,我认为你们规定你们的任务仅仅在于考虑由实验所提供的关于眼下的问题的种种现象是十分明智的,尤其是当我们似乎感到凭借理智活动来获取关于种种有形物体的诸多知识,如求助于牵强而抽象的推理以弄清那些在日常生活中看得见摸得着的实际物体有哪些实际组分,以及弄清哪些物体总可以被设想为能够解开成(如果我可以这样说的话)组成它们的原始质料,可能反而会有害于我们的理智之时,则更应如此。他还进一步表示,如果他们并没有像他所担心的那样疏忽了论辩的某些重要的准备工作,那么,他便希望他们能够尽早将这件为他所期望的快事付诸于实施,亦即对要素或元素这两个词自始至终应如何理解作出规定。卡尼阿德斯感谢了他的忠告,转而告诉他,他们绝不曾漫不经心地对待这样一件如此紧要的事情。既然他们都是绅士,远没有那种喜好为某些空洞的词或术语或概念而争吵的习性,所以,他们早已在他到来之前异口同声地欣然同意在辩论时将元素和要素当成等同术语加以使用,两者不分彼此,都是指那些原始而简单的物体,而结合物则可说成是由它们组成的,并将最终分解成它们。于是,在此统一理解的基础之上(他又说道),我们准备将我们曾注意到的、以由元素说的绝大多数拥护者为一方以及接受三要素说的人们为另一方而分别加以维护的种种观点提出来加以讨论,而无须强迫我们自己刨根问底地考察亚里士多德(Aristotle)或帕拉塞尔苏斯(Paracelsus)以及这两位大人物的形形色色的诠释者或追随者所提出的元素或要素概念。我们的意图并不是要考察形形色色的作者们所思考或训导的那些东西,而是要考察我们在那些愿意被看做是关于这一问题的逍遥学派学说或化学学说的拥护者的人们身上所发现的、显而易见的和最普遍的观点。

我不明白(埃留提利乌斯说道)你为什么不能立即开始辩

论,莫非你难以确定在你的两位友好的论敌之间应该由哪一位首先发言。于是,大家很快就此达成决定,鉴于忒弥修斯年事稍长且职位较高,所以由他首先就其观点提出证据,他也并没有让大家等太久,便像对一个与论辩毫无牵连的人一样对埃留提利乌斯表明了他自己的态度。

卡尼阿德斯所作的最后声明(虽然他出于礼貌而在字面上采用了极其谦恭的言辞)道出了他的一些强制性的要求,这是他的正当权利,但如果你曾对此给予足够的注意的话,我想你就不难觉察我是在非常不利的条件下来进行这次争论的,不用说,他才华出众而我平庸无能,要维持对他的这场争论又谈何容易。他对真理之意蕴的适当理解,也与我所谈的相去不远,由此规定了我们之间的争论的首要条件,那就是,我应该将我所掌握的最好的武器以及我掌握得最好的武器都放在一旁。反之,如果允许我在为四元素说辩护时自由地使用理性提供给我的论据以证明它们,那么,正如我毫不怀疑你的公正态度和鉴赏力一样,对于说服你转而信奉那两位不可区别对待的导师,真理和亚里士多德,我同样地充满信心。因此,我希望你无论如何能够看到,自然的伟大宠儿和诠释者,亚里士多德,作为万世不朽的最伟大的逻辑大师[正如其《工具论》(Organum)所揭示的那样],曾否定了一些平庸的哲学家们(古代的和现代的)所采取的论述过程,这些哲学家们不注意观点之间的一致性和因果关系,他们更急于得到一个个具体的似乎不同于他人的观点,而不打算对所有这些观点加以整合,不仅使之组合到一块,而且使之相互论证。由于这位富于远见卓识的巨人如此这般地将其一个个概念加以整合,使这些概念奇妙地构成了一个系统,它们彼此的一致已为它们每一个都提供了充足的论证,而不需要任何其他的辩护。这正如在一个拱桥那里,由于各个局部构成坚牢而完整的整体构造,使得单个石块都被牢固地固定在那里,但倘若将单个石块与其他石块分开,它便会失去依托。假如允许我向你表明,亚里士多德的元素学说与他的其他哲学原理是多么一致。他从简单物体的简单运动的种类导出四种基本的质,再从这四种基本的质的组合导出元素的数目又是多么合乎理性,以及不知还有多少彼此之间相互加强、相互支持的自然现象和原理,恰恰都与他的元素学说协调一致,我就不难向你揭示,将这种方式应用到现在的辩论中去,应该是正当的。然而,既然禁止我坚持这种见解,我便只得转过来告诉你,纵然四元素说的拥护者是那般看重理性的价值,他们从理性入手获取充足的论据,以此确信四元素一定存在着,纵然从来没有人曾做过任何感性的试验以弄清元素的数目,但他们也并不缺乏用以满足那些惯常受感觉摆布而疏于理性考虑的人们的种种经验。因此,我将转而考虑经验的证明,在此之前我还得首先向你奉告,倘若人们都像他们所希望的那样有着完备的理性,那么这种感性的检验将会是多余的,因为它总是不完备的。须知,先验的认识($a\ priore$)要远远地高于后验的发现($a\ posteriore$),且更富于哲理。因此,逍遥学派人士历来不大重视收集实验证据以证明他们的学说,他们相信这些学说是不可能得到更完美的证明的,并在某种程度上对此感到满足。当然,他们是想用实验来说明而不是证明他们的学说,这就像天文学家用纸壳做的天球,由表及里,他们凭感觉而知其内部天体的存在,只是不能到达有如纯粹数学概念和命题那般明晰的理解。我这样说,埃留提利乌斯(忒弥修斯又说道),只不过是说要公正地对待理性,并不是说我对自己将要提出的实验证明缺乏自信。这样说吧,即便我将要列举的例子只有一个,那么,仅此一例也足以使其他一切实验证明成为多余,足以令众人满意。你只要注视一段绿枝在烟囱里的燃烧情形,你就会立即分辨出它分解得到的一些组分,亦即四元素,于是我们知道,木头和其他结合物是由这四种元素混合而成。火焰发光表明其中有火;从烟囱顶部逸出烟雾,它迅速消散于空气之中,就像河水入海而失却自身,这足以表明它属于那种元素并复归于其中。水在烧着的木头的两端鼓泡并嘶嘶作响,以其独有的形式展示着自己,这一点也不出乎于我们的意料之外。而灰烬具有重量、不可燃性和干性,毫无疑问,它们属于土元素。如果我是对着笨伯们谈话,倒是不难对我何以立足于这样简单而平易的分析来推达结论作出某种解释,但这样的解释不可用之于对你的谈话,不这样看恐怕是对你的不敬,你极其审慎,不至于一口咬定,用实验证明显而易见的真理这种本属牵强附会的做法是必要的,而当你看到,在由四元素复合而成的如此之多的结合物中,有些结合物只须略作分析便可明确地找出它们所含的组分,也不至于感到怪异。这样讲,主要是有鉴于,揭示那些不容人们忽视的极其重要和必要的真理,哪怕这种揭示是在人们所做的最为简单的实验的基础上来进行的,都恰恰是对自然的真谛的顺应。再者,我们的分析做得愈是简单明了,就愈能切中被提交证明的学说的本质,从而使之在理智的感悟之下变得那般清楚明白,如同于在感觉之中一目了然,于是,人类学术界还将会极其普遍持久地信奉这一学说便不足为怪了。因为这一学说与化学家们和另外一些新学说创立者的种种古怪想法有很大的不同,我们应当可以看到,这些人的假说,如同自然主义者们还没有搞清楚动物的情形便匆匆提出的假说一样,都不过是昙花一现,难能持久。就这些假说而言,它们有的常常在前一星期里被构建出来,到了下一星期便成了人们的笑料;有的只是以两、三个实验为依据而提出来的。在第三或第四个实验上即遭灭顶之灾,反之,四元素学说,则是亚里士多德在从容不迫地考察了在他之前的哲学家们的种种理论(这些理论在最近一些时期里得以复活并备受人们推崇),并极其审慎地检查了以前的关于元素的假说的缺陷与不足并予以弥补之后提出来的,所以,长期以来,他的元素学说一直为人类学术界所推崇是理所当然的。因为所有的在他之前的哲学家在其各自生活的时代都曾贡献于此项学说以使之臻于完善,对此,后世哲学家们无不默认。这样一种通过深思熟虑建立起来的学说,一直没有招致任何非议,直到上个世纪才有帕拉塞尔苏斯和另外一些为数极少的被煤烟熏出来的经验主义者开始对此提出异议,他们都谈不上是哲学家(虽然他们喜欢以此自称），因为他们被他们自己炉子里的烟雾蒙住了双眼，搅昏了心智，对于逍遥学派的学说，他们连必要的素养也太过于缺乏，因而不能理解这一学说，反而对此进行百般挑剔，并且告诉这个易于轻信的世界，他们发现，在混合物中只有三种组分。他们以此为自己捞取创始人的荣誉，并通过将这些组分说成是盐、硫、汞而非土、火、气，将盐、硫、汞名不符实地冠之以基本要素的头衔，以极力掩饰这种用心。但是，当他们开始描述这些要素时，彼此之间却老是相互反对，争执不休，其性质正与他们一致反对四元素说并无两样，由此可见，他们对于他们所说的要素的含意实在懂得太少。于是，他们在表述他们的假说时便做得相当隐晦，犹如是在进行他们的神秘工序。任何一个严肃的人要弄懂他们的意思就好比要他们去找出他们的万能酊剂一样，简直比登天还难。而且，贯穿于他们的哲学的都不过是他们的一些大话和空话。尽管如此（忒弥修斯不无笑意地说道），尽管我从未觉得他们所表述的任何内容应受赞赏，但他们若能将菲洛波努斯拉入他们一方，叫他来捍卫这一晦涩难解的假说的话，则应另当别论，因为菲洛波努斯深深懂得，应当使要素犹如钻石一样，既晶莹剔透亦无比坚牢，并懂得如何去做。

忒弥修斯在说完这最后几句话后便归于沉默，表示他已结束了发言，卡尼阿德斯随着他的论敌的发言的终结，便对着埃留提利乌斯开始了他的讲话以作回答。我希望听到的是一种证明，但我发现忒弥修斯却试图以其长篇的高谈阔论来对我敷衍了事，他谈话中没有向我给出一种堪与其才华相匹配的观点，反而只能使我对他的假说感到怀疑，一个这样有学问的人也不能提出较好的论据，居然会是这种结果。对于他的谈话里的那些雄辩，虽然它们并非其中最无足轻重的一部分，但我仍将不予作答，我只想考察他的论辩，并且把其中涉及帕拉塞尔苏斯或化学家们的那些片断留予菲洛波努斯作答。我必须向你指出，我认为他的这一番谈话，无非是说他尽职尽力地做了以下两桩事情。一件事是要提出并详细勾画出一个实验以证明通常的关于四元素的主张；另一件事，就是要从经验角度极其巧妙地勾勒出在他看来可以弥补其论据之薄弱的几件事例，并通过另外一些论述将某些荣誉归功于他所坚持的那个缺乏其他证据的学说。

还是从他的树木燃烧实验开始谈起，在我看来，对于这个实验，不考虑某些重要的例外情况是不行的。

首先，倘若允许我严格地对待我的论敌，我便会在这里就他和其他一些人所采用的那种一成不变的鉴定方式提出一个大大的疑问，他们毫不顾虑地以此方式来证明通常被称为结合物的所有物体都是由他们喜欢称为元素的土、气、水、火所组成；亦即以假想的关于前述种类的有形物体的火法分析通常得到类似于被他们当做是元素的物体的某些物体来证明这一点。在此，我不想预先说出我所预料的东西，在我和菲洛波努斯开始讨论那种一定要认为火是分析结合物的专门的和万能的工具的观点是否恰当的问题之前，我有理由坚持不预先把结果说出来，我是说，要是我有意争吵的话，我就可能提出，忒弥修斯的实验与其说是在揭示结合物由元素组成，倒不如说是在揭示那些被他称之为元素的东西是由那些被他称之为结合物的物体所组成。在忒弥修斯所作的树木分析中，以及在火的作用下其他物体的分解和改变中，都显示着，并且他坚信，被他当做是火元素和水元素的东西都是从被分析物体中得到的。然而，无论是他，还是未必和他一派的任何人，都还没有证明，物体在火作用下绝不可能得到任何并非先在地存在于该物体中的东西。

对这个意外的反对，非但忒弥修斯，就连其余的对话者都并不怎么显得吃惊。过了一会儿后，菲洛波努斯开始表达他的见解，就像亚里士多德考虑这种反对时曾做过的一样，你也不能（他对卡尼阿德斯说道）确凿无疑地提出这一反对，因此，这即便不能算作是吹毛求疵，也只能被当做是一个智力问题，无须对此过于看重。试问，从物体中分离得到的东西怎么可能不是该物体中原有的东西呢？例如，一个精炼者将金和铅混熔后，将所得混合物（mixture）置于灰吹炉中用强火作用，又可将其离析为铅和纯净的光灿灿的金[与金的浮渣一道离析出来的铅被称为铅黄（*lythargyrium auri*）]，看到这两种截然不同的物质从熔块离析出来，谁人能够怀疑在熔块被火作用之前，它们本来存在于熔块之中呢？

如果（卡尼阿德斯答道）我们确实能够就像人们目睹精炼人员通常预先将铅和金制成你所说的熔块一样，目睹造物主将大团火元素击碎，使之依照其意图有秩序地分散开来，其方圆究竟有几千里格（league，旧时长度单位）我不清楚，大概接近于月球轨道的大小，进而使之以各种不同比例与其他三种元素混合，组成一切结合物，这些结合物在火作用下又能向我们给出火、土以及其余的元素，如此，我倒会承认你的论辩很有说服力。我再补充一点，菲洛波努斯，你如果要使你的推理有说服力，就先得证明，火只会使各种基本组分分离，而不会使它们另外发生任何改变。否则，物体可能产生出并非先在地存在于其中的物质则是显而易见的了。考虑到肉类以及奶酪久置会生蛆，我建议你不要断言这些蛆必定是那些物体的组分。火并不总是仅只对种种元素成分起分离作用，至少也有时会对物体的组分起改变作用，即使我不能指望在不久以后找一个更好的机会来证明这一点，就你刚才的例子我也能证明，在那里并没有任何元素在精炼人员施加的强火的作用下被分离出来。经由分析分离得到的两种组分，金和铅，都无疑仍然是完全结合物，而铅黄固然是铅，但这种铅在密度和其他性质上都不同于原来的铅。对此我必须补充的是，我时常见到有些玻璃颗粒粘附在烤钵或烤盘之上，毫无疑问你们更是常常见到这种东西，然而，尽管在你们的分析中既出现了金或铅黄，也出现了这种玻璃，但我料想你们不会承认，这种玻璃原本就是金、铅熔块的第三种组分，是在火作用下从这种熔体中产生出来的。

菲洛波努斯和忒弥修斯俩人都准备作答，此时，埃留提利乌斯意识到应该可以更有效地利用时间来进行辩论，他觉得最好还是不让他们发言，而由自己来对卡尼阿德斯讲话：在你刚开始提出这种反对理由时,你至少曾在某种程度上承诺,(至少现在)你将不会死死抠住这一点不放,显然,这一理由并不是你必须坚持的不可少的理由。因此,你应该姑且承认元素存在着,但可不必相信元素恰好只有四种。所以,我希望你能够将你针对忒弥修斯之见解的其他更值得考虑的反对理由及早告诉我们。须知,若把土、水、气作为一方,把由火从凝结物(concrete)中分离出来的那些均匀的物质作为另一方,两者相较,则众寡悬殊,完全不成比例。鉴于此,当你为保住反对你的论敌的有利条件,似乎要否认将那些十分简单的物质归结为元素而不是复合物的种种产物的做法的合理性时,我很难认为你的这一举动是审慎的。

长久以来(卡尼阿德斯答道),促使我愿意承认土和水是在这个世界上所能见到的最大的、最主要的物质聚集体的原因就是你所提到过的土和水数量庞大这一事实。然而,如果你允许的话,我想我能够向你揭示,这只能证明你所指的这两种元素是这个世界的相互邻接的两个主要组成部分,但并不能证明它们是每一种结合物都必须含有的组分。然而,既然你坚持要求我遵从某种承诺,尽管它并非一种无条件的承诺,但我仍然乐意履行。在我开始提出这一反对理由时,我的确不打算在目前坚持以此来反驳忒弥修斯(从我提出这一反对理由所采用的方式即可清楚地看出这一点),我只是想要你了解,尽管我明明知道有许多事例可资利用,但我仍然甘愿放弃其中的一些,也不愿因如此对待一个这样软弱无力的、无疑应该受到善意对待的论证,而显得像是一个苛刻的论敌。但我必须在这里声明,并且希望你注意到,即使我转而进入另一论辩,也并不是因为我觉得我的第一个反对是无效的。随着我们的论辩的进展,你将会看到,我对逍遥学派人士和化学家们为了证明元素的存在和数目所采用的那种鉴定方法进行质疑是有一定道理的。须知这两个学派无疑都认为元素这类东西的存在以及通常可以通过火法分析将它们分离开来是理所当然的事情,可是,无论哪个学派都似乎连想都不曾想过要去证明一下。在我们就要转入以下的讨论,就要围绕这个问题进行讨论和思考之时,我希望你记住我刚刚说过的那些话,而且,我绝不是要将我所怀疑到的那些东西当做是真理,只不过是将其作为一个暂时的假定,这样,我才好进而提出另一反对理由。

于是,埃留提利乌斯就此事向他保证,只要时间还在运转,就不会忘记他所声明的这些东西。

接下来(卡尼阿德斯说道),我便要指出,存在着一些物体,而武弥修斯不能轻易证明,利用火恰好能够从这些物体之中提取出多达四种的元素。而且,万不得已时,我恐怕还得麻烦他来回答一些问题,譬如,我会向他问起,逍遥学派能否向我们揭示,黄金在何种强度的火的干馏之下才能得到四元素(我不是就全部的四种元素而言的,这样提问或许太过于苛刻了,我只是就其中的一种而言)。在自然界里,并非只有金这种物体(在火作用下不再分解成一些元素性的物体),会使得试图在火作用下将其分解成一些元素性的物体的亚里士多德主义者感到困惑,因为,无论如何,我曾观察到,银和煅烧过的威尼斯云母,以及其他一些在此无须一一指明的凝结物,都是那般牢固,以致迄今为止,将其中任何一种物体分解成四种异质物质(heterogeneous substances)的工作仍然是一项异常艰难的任务,这不仅是对于亚里士多德的追随者们而言的,而且也是对于武尔坎^①(Vulcan)的信徒们而言的,只要后者还在坚持只用火来进行分析。

(卡尼阿德斯继续说道)我所要用来反对武弥修斯的见解的下一个论据将是,既然存在着若干个物体,在火作用下分解时并不能分解成不多不少恰好四种的异质物质或组分,也就同样存在着另外一些物体,可能被分解成更多的组分,如人和其他动物的血液(或其他的一些组织),在分解时就产出五类不同的物质,黏液、精、油、盐和土,这已为我们在蒸馏人的血液、鹿茸以及从属于动物王国的其他的一些富含不难分离的盐的物体时的一贯经验所证实。

---

① 火神之名。——译者注。

怀疑的化学家

· *The Sceptical Chymist* ·

第一部分

· The First Part ·

　　所以，如果我们的化学家们不想驳斥这位不可不被列为他们所引以为豪的最伟大的炼金术士之一的巨人反复谈到过的严肃的证词，就必然不能否认，除火以外，在自然中还可以找到能够分解复合物的作用剂，其作用不像火那般剧烈，但要比火更为有效、更为普遍适用。

　　我极不愿意拒绝埃留提利乌斯的任何要求（卡尼阿德斯说道），以至于虽然我决意要在大家面前演好我所扮演的一个怀疑者的角色，但既然你如是要求，我仍然乐意暂时放下作为逍遥学派人士和化学家们之论敌的身份；而且在我将我个人对他们的见解的反对理由告诉你以前，索性先向你告知，还有哪些东西可以（不管是否真的可以）勉勉强强地并入那种立足于复合物（compound body）的分析的、堂皇而著名的、但我以后很可能能够将其驳倒的论据中去，以支持结合物的要素具有某一确定数目的说法。

　　而且，为了使你能够更方便地审查我不得不谈到的那些东西并作出较恰当的评价，我会将其概括成数个明晰的命题，对于这些命题，我不作任何保证。由于我认为这是理所当然的事情，亦即我无须告诉你你也明白，我所要提出的许多东西，不管它们是支持还是反对结合物的组分具有确定数目的说法，都可不分彼此地适用于逍遥学派的四元素说和化学家们的三要素说，尽管我的某些反对意见可能更多地偏重于后列出的三要素说，但这不过是因为化学家们的假说看起来似乎要比另一个得到了更多的经验支持，因此，着重围绕这一学说进行反驳才是当务之急，尤其还要看到，绝大多数的被用来反驳该学说的论据，只须略作变更，即可被用之于反对亚里士多德学派的学说，并足以强有力地驳倒这个缺乏根据的学说。

　　该谈谈我的那些命题了，我要首先提出的是——

　　命题 I——下述假设似乎并不荒谬：在结合物形成之初，赖以构成结合物乃至世界上其他物体的普遍质料（matter），实际上被分成了种种微小的粒子，它们有着不同的大小

◀沉思的炼金术士。

和形状,且已被置于形形色色的运动之中。

我想(卡尼阿德斯说道),这个命题你是很容易接受的。撇开发生于物体的生长、腐败、滋养以及废弃过程中的事情不论,仅从我在利用显微镜观察凝结物的极其微小部分甚至是难以感觉到的部分时,在结合物的化学分解过程中以及在利用炼金术上的火来完成的关于结合物的种种其他操作过程中所发现的情况来看,似乎已足以表明,结合物的组成部分极其微小且具有不同的形状。所有这些都无疑涉及了上述微小物体的种种位置移动,这几乎是不容否认的;不管我们在其起因或过程上如何作出选择,同意伊壁鸠鲁(Epicurus)的论断也罢,同意摩西(Moses)的表述也罢。正如你所熟知的那样,前者设想一切结合物,连同一切其他物体,都是在原子的种种偶发事件中产生的,这些原子由其内在本性的作用而在广袤无垠的虚空中往来运动不已,而那个可通达神意的年代史学家则告诉我们,伟大而明智的万物创造者并不是直接创造出那些植物、兽类、鸟类及其他生物,而是利用原先就存在着的、虽然也是被创造出来的物质造出来的,他将这些物质称为水和土,是他使我们能够设想这些新的凝结物赖以形成的组成粒子,被置于各种各样的运动之中,从而使得它们能够联结起来,以种种结合方式和结构,组成它们所要组成的物体。

然而,(卡尼阿德斯说道)倘若无须再行赘述第一个命题的话,我将转而向你道出第二个命题——

命题 II ——就这些微粒而言,其中的一些最小的、相邻的粒子,并非绝不可能在四处被联结成微小的团状物或簇状物,而且正是通过这类结合,它们才构成了为数众多的、微小的、不易分解成组成它们的那些粒子的第一凝结物或团状物。

固然从一命题本身即可推出某些东西来支持这一断言，但我还是要从经验的角度作某些补充，尽管我并不知道我的这些补充能否起到这种证明作用，但在我看来，用这些东西证明可能存在着某些元素性的物体，总要比逍遥学派人士和化学家们以一些不大可靠的实验来证明这一点来得正当一些。而我所考虑的是，鉴于金不但可与银、铜、锡以及铅，而且可与矿物锑、星锑（regulus martis）以及许多其他矿物共混并共熔，可知它与这些物体构成了既不同于金、也极不同于导致凝结物生成的另一组分的物体。而且，金还可以在通常的王水（aqua regis）以及若干种其他溶媒（我想特意指出这一点）的作用下变成某种表观上的液体，而当金的微粒与溶媒的微粒一道通过滤纸，又可与之凝结成晶状的盐。我还曾做过进一步的试验，利用少量的由我自制的某种含盐物质（saline substance），我就能轻而易举地促使金升华，成为针状的红色晶体的形式，用许多其他办法可以将金隐蔽起来，使其构成在性质上既极不同于金，而且彼此之间也不大相同的一些物体，然而，这些物体以后又都可以还原成未形成共混合物（commixture）前的、同一数量的、黄色的、固定的、相当重的而且可延展的黄金。我不仅可利用一些最固定的金属，而且还可以利用最易挥发的金属以支持我们的假定：水银可与若干种金属构成汞齐，在若干种溶剂作用下都似乎可被变成液体，在锶水（aqua fortis）作用下会变成红色或白色的粉末或沉淀物，在矾油作用下会变成淡黄色的沉淀物，可与硫黄组成血红色的易挥发的朱砂，在某些含盐物体作用下则以盐的形式呈现出来并可溶于水中；我曾发现，用锑、银熔体可使水银升华成一种晶体，用另一种金属混合物可使之变成一种可延展的物体，再用另一种金属混合物又可使该物体变成一种坚硬易碎的物质。还有些人断言，他们可以用一些适当的附加物将水银转变成油，甚至转变成玻璃，等等，这里不再一一提及。从上述的那些独特的复合物中，我们还可以分离出完全相同的可流动的汞，它是作为这些结合物的主要组分而被隐蔽于其中的。我之所以要表述出这些关于金和水银的东西,其理由是在于,作以下设想可能并不怎么显得荒谬,亦即,我们的命题中曾提到的那些微小的粒子第一凝结物或凝结团,即便它们在嵌入各种各样的凝结物的结构时,仍能保持为整体而不被分散,因为,纵然人们公认金和汞的微粒不过只是一些结合物,而不是物质的最小粒子所组成的第一凝结物,但它们却可以广泛地参与构成许多截然不同的物体,而不丧失它们本身的性质或结构,否则它们的内聚性应已随其联结在一起的成分或组分的相互离解而遭到了破坏。

借此机会(埃留提利乌斯说道),请允许我对你刚刚表述过的那些东西作以下补充,就像某些化学家们一样,哲学上一些现代的革新者们惯于以只有为数极少的复合物是四元素的混合物来反对逍遥学派;然而,倘若亚里士多德主义者能够像他们精通其祖师爷的著作那般精通自然这部著作,哪怕只有一半,也足以使得前述异议难以如此这般一帆风顺地取得胜利,而他们正是由于缺乏实验知识才不得不听之任之,默默承受。因为,如果我们给组成种种元素的种种微粒赋予特殊的大小和形状,就可以十分容易地说明,这些构造各异的微粒可以以各种不同的比例混合,并可以以多种方式结合,从而使得它们可以组成为数极其惊人的具有不同特性的凝结物。尤其要看到,同一元素的微粒可以彼此直接联结起来构成在结构上具有不同大小和形状的微小聚集体;无须其他必要条件而只须这类微小聚集体在其一部分表面之间直接相互结合即可以形成其紧密结合体。而且,无须使用其他任何附加物,只须使同一种物质以种种不同的方式排列或排置,便能够展现出为数众多的形形色色的现象,而熟练的技师和能干的工匠凭其创造性和技巧能够仅只利用铁制造出大量不同的装置,这或许在某种程度上揭示了上述可能。然而,在现在的情形下,说复合物起源于四种特性极不相同的物质是被允许的,因此,仅就你刚刚谈过的那些关于由矿物混成物得到的那些新凝结物的内容而论,任何人都难以怀疑,在造物主的精心设计下,四元素可导致大量不同的复合物。

到现在为止（卡尼阿德斯说道）我同意你的这一见解，亦即，倘若亚里士多德主义者们不再徒劳地试图从联结和调节被（他们）赋予了四种第一性的质的四元素来导出大量性质各异的完全结合物，而代之以从这些假想的元素的那些最小成分的大小和形状入手以求达到这一目的的话，那么，他们倒是有可能从他们的四元素的混合导出为数众多的复合物的，而根据他们现有的假说是不能实现这一目的的。因为，大量不同的结构可能发端于那种基本质料的那些更普遍、更有效的特性之中，而大量的复合物彼此之间则可能因这种结构上的不同而出现很大的不同。而且，*mutatis mutandis*①（此系借用他们的套话），我这里所表述的针对逍遥学派人士的四元素而言的东西，同样适用于化学家们的要素。然而，（顺便提请大家注意）无论是逍遥学派人士，还是化学家们，都离不开某种存在物的帮助，这种存在物并非基本物质，但可激发或调整物质的组成部分的运动，并依照适于构成种种特殊凝结物的方式来调节它们。除非他们能够就为数众多的结合物的起源向我们给出一个非常完备的描述，否则，我认为，他们若要不花时间、不兜圈子地说服你认可他们通常提出的那些东西恐怕是件颇为困难的事情，他们把结合物的结构与性质的起源归于某种实体形式（substantial form），却没有对结合物的结构与性质赖以起源的这种实体形式详加说明，反而留下了许多疑点。

请继续看一个新命题。

命题Ⅲ——*我不会断然否认，借助于火可从绝大多数带有动物或植物特性的结合物中得到具有某一确定数目的（取三或四，或取五，或取更少或更多的数目）、堪以不同名称来指称的物质。*

---

① 拉丁文，意为"在细节上作必要的修正后"。——译者注。

至于促使我作出这项让步的那些实验,我想我有足够的理由放到我以后的谈话中再去一一提及。因此,此刻我仅只希望你将会在这类实验被提到之时注意到它们,并将它们印在你的脑海之中,免得以后我还得以一些不必要的重复来麻烦你我。

在作出以上三项让步之后,我仅想再作一项让步,此即是——

命题 Ⅳ——姑且假定,将通常得自于凝结物的或赖以构成凝结物的那些各不相同的物质称之为凝结物的元素或要素,可能不会造成太大的不妥。

当我说不会造成太大的不妥时,在我脑海中浮现出了盖伦(Galen)温和的告诫,*Cum dere constat, de verbis non est litigandum*.[①]因此,我之所以迟迟不谈元素或要素,一方面是因为化学家们通常把结合物的组分称为要素,而亚里士多德主义者们则将它们称为元素;在此,我对这两种指称都不便拒绝。另一方面是因为将种种同一的组分既称之为要素,因为它们不由任何更基本的物体构成,而鉴于完全结合物都是由它们复合而成,又称之为元素,是否能够这样做似乎还有些疑问。然而,我之所以认为绝不能作无限制的让步,要在不妥一词之前饰以太大的一词,则是因为,尽管把这个命题中曾提到的种种各不相同的物质称为元素或要素不至于造成重大的不妥,但这毕竟是一种用词不当,而且,在这种重要时刻,人们未必对此一概不闻不问,予以放过。等你听完我下面的谈话后,你或许会像我一样这样想的,而我下面的谈话会促使你真正地看清我是以怎样的态度来解释前述种种命题的,充其量我不过是要你将它们当做是我姑且承认为真的东西,不过是要尽量将它们描述成似乎有理、因而值得作一番考虑的样子,如此而已。

---

① 拉丁文,意为"当事实清楚时,无须再作言辞之争。"——译者注。

　　至此(卡尼阿德斯说道),埃留提利乌斯,我必须重新恢复怀疑论者的身份,并以此身份指出庸俗化学家们的假说中的那些令人生厌之处,或者说至少是颇值怀疑之处;如果我在审查这一学说时略略有些放肆,我希望,我用不着请求你(十分有幸,你对我是这样深知),你也能视此举为适合于完成大家给我规定的在这次聚会中的任务的某种努力,而非出于我个人的禀性或习惯。

　　虽然我能够向你描述出许多事例以反对关于三要素的通常的化学见解以及老是被当成是对这一见解的证明而被提出来的种种实验,但为了方便,我不妨将我即刻就要对你提出的那些东西概括成四类最重要的思考。总的说来,关于这些思考,我只能这样预先交代一下,既然我现在的任务不是要提出我自己的假说,而只是要就我何以怀疑化学家们的假说的正确性给出一番理由,所以,不应当期望我全部的反对理由都应该达到最为无可辩驳的程度,须知,足以对某种已被提出的、看起来缺乏无可争辩的理由来支持它的见解构成怀疑的东西即成其为理由。

　　以下转而谈我的反对理由。首先,我认为,在何种程度以及何种意义上,才应当将火视为真正的且是万能的分析结合物的工具,这可能恰恰还是一个有待质疑的问题,而不论庸俗化学家们曾作过怎样的证明或训示。

　　你可能还记得,这一质疑在前面就已经提出来了,但我这样变着法子来叙述,则是为了便于以后坚持这种质疑,并且表明,这种质疑并非犹如我们的论敌所想象的那样不值一提。

　　然而,在我开始对这个问题作进一步的讨论之前,不可不在此声明,我们一向期待着我们的化学家们能够明确地告诉我们,在火作用下,物体以何种形式分解才必然决定着元素的数目。须知明确地确定热的效用绝非犹如许多人所想象的那般容易,这一点,是不难予以说明的,倘若我有空向你揭示火的作用在不同的情形下可以有很大的不同的话。然而,鉴于这个问题是如此重要,完全不可忽视,我要首先提请你注意的是,在烟囱下敞开燃烧愈创树木(以此为例)可使其分离成灰烬与烟油,而在曲颈瓶中蒸馏同样的树木却产出了一些极为不同的异质（此系借用赫尔孟特主义者的术语）产物，或者说使之分离成油、精、醋、水和炭。要将列于最后的炭变成灰烬，在一个封闭的容器里则是不可能完成的，而必须作进一步的煅烧。再看另一个例子，点燃琥珀之后，取一支洁净的银匙，或者是其他某种具凹面的光洁的器皿，置于其火焰上方的烟雾之中，我发现由这种烟汽在那里凝结而成的油状物大大不同于我曾观察到的源自于以特意封闭容器蒸馏琥珀（这当然不同于寻常的燃烧）所得的琥珀蒸气中的任何东西。为了确实起见，再点燃樟脑并收集随火焰上逸的大量烟雾，这些烟雾可凝成黑色烟油，不能凭樟脑所具有的气味和种种其他性质来鉴定这种烟油。然而，取适量的那种挥发性凝结物置于适度的热作用下（我将在其他地方对此作出更详细的说明）使之升华，并未发现它丧失洁白的颜色及其性质，即便我后来又加强火力使之熔化，它也保持着其原有的颜色和性质。而且，除樟脑外，还存在着若干种其他物体（其名称将另行指出），在密闭容器中加热这些物体，通常不能造成任何异质化的分离，而只能使之解体，所得分化物无论发生分化的先后，即便被进一步分化成更小的粒子，都无一不具有相同的构造。因此，升华法，历来又称为，化学家们的精研法。然而在这里不必赘述普通的硫石的升华与再升华，而在其他地方我将会详细谈及，将硫石置于升华釜中以适度的火来作用，它全部升华成干燥的而且几乎是没有味道的华；然而它经过火的直接灼烧之后却可以大量产出某种含盐的、腐蚀性的液体。无须赘述，我是想说，我能够进一步向你揭示，正如在分析结合物时不容忽视物体是露置于空气之中还是隔离于密闭容器之中来接受火的作用一样，对于完成分析所必备的火的作用强度也不可等闲视之。（例如）温热的水浴（*balneum*）仅能将未发酵的血液分成黏液与残渣（*caput mortuum*），而（我常常发现）后者硬而脆，常具不同颜色（就像玳瑁壳一样为半透明的），将其置于曲颈瓶中用文火作用可产生一种精、一种或两种油以及一种易挥发的盐，外加另一种残渣。看看在肥皂的制作和蒸馏过程中会发生的事情，大概也无悖于我们现在的目的。为了制造这种人工凝结物，通过一定强度的火作用，使盐、水、油或油脂发生共沸即可轻易地使之混合并结成一体；然而再施以更强烈的热作用，这一产物又可分解成一种既含油也含水的成分、一种含盐成分以及一种土状的成分。我们还可看到，正如化学家们所述，不纯的银和铅共同置于适度的火作用下可以被熔化到一块，并通过微小组分（*per minima*）相互混合；然而，极为剧烈的火却可以将种种贱金属（我指的是铅和铜或其他合金配料）从银中逐出，尽管它看起来似乎并不能将这些贱金属彼此分离开来。此外，在用明火对富含固定盐的植物进行分析时，在某种程度的热作用下可使之化为灰烬（正如化学家们教导我们的那样），而在更强的火作用下，这些灰烬又可以被玻璃化并转变成玻璃。我并不想停下来考察一个地道的化学家在此场合会作何设想，如果说一个亚里士多德主义者鉴于在某种强度的火作用下得到了灰烬而将灰烬认为是一种元素（他错误地将其认为是纯粹的土）是完全合法的，那么，为什么一个化学家不能根据同样的原理，根据仅在火作用下同样可以从物体中得到玻璃而争辩说玻璃是许多物体中的一种元素？我说过，我不想浪费时间来考察这个问题，不过我要指出，借助于某种运用火的方法，有可能从某种凝结物中得到这样的物体，而化学家们无论是靠将其置于明火之下灼烧的办法，还是靠将其置于密闭容器内进行蒸馏的办法，都不能使之发生分离。有件事对我来说显得非常重要，但奇怪的是人们却一直很少对此发生关注，亦即，采用通常的在密闭容器中来进行蒸馏的方法，我们都从未观察到某种挥发性的盐发生任何分离，这种盐得自于树木，首先将树木置于明火作用下使之分离成灰烬和烟油，然后再将烟油置于牢实的曲颈瓶中，在强火作用下迫其分解而得到其精、油和盐。尽管我不敢断然否认，就依照通常方法于曲颈瓶中对愈创树木或其他树木进行干馏所得到的那些液体之中可能含有的某些含盐成分而言，似乎可以根据某种相似性而将这些盐归之于某类挥发性盐的名目之下,但毫无疑问的是,在这些盐与我们常常通过烟油的第一次蒸馏(尽管烟油的绝大部分在第一次或第二次精馏中并不离解,甚至在第三次精馏中也不离解)所得到的那些盐之间存在着很大的不同。须知,仅仅依照通常方法于密闭容器中分析树木,我们从未发现所得的任何挥发性盐具有盐的固态形态,而我们从烟油中得到的盐则常常是完好的结晶并具有几何形状。而且,就愈创树木以及其他树木的精中的种种含盐成分而论,它们在蒸馏时显得十分黏稠,而烟油中的盐看起来似乎是整个自然界中最易挥发的物体之一。如果处理得当,采用热量适中的热源,即便是以只有一根灯芯的灯来进行加热,这种盐也可以迅速向上挥发,直至通常被用于蒸馏的那种最高的玻璃器皿的顶端。除上述诸项内容以外,烟油中的盐在味道和气味上也与愈创树木以及其他树木的精中的含盐成分有着极大的不同,前者不仅在尝闻之下不像植物盐而更像是鹿茸以及其他动物凝结物中的盐,而且在若干种其他性质上也似乎是更接近于动物盐类而远不同于植物盐类,对此,(但愿)我可能在别处找到机会作更详细的论述。同样,我能够凭借另一些例子阐明,如果化学家们要想让我们判定借助于火来完成的一次离解是一次得到他们的要素的真正的分析,而且其产物是名副其实的元素物体,那么,他们应当更清楚更详细地说明,他们使用了何种强度的火以及是以何种方式来运用火的。然而,在现在这种时候,我应该转而谈到促使我怀疑火能否算是结合物的真正的万能的分析者的种种详细理由,而已被提出的以上反对理由可以被当做是这些理由中的一个。

其次,我发现,存在着某些结合物,看起来似乎以任何强度的火都可以从这些结合物中分离出盐或硫或汞,但这种可能却从来就不曾被实现过,更不用说要将所有这三要素一起分离出来。关于上述事实的一个最为显著的例子是金,这种物体非常固定,其元素组分(倘若金有组分的话)彼此之间的结合是如此牢固,以致我们在操作中,甚至在将金置于无论多么剧烈的火的灼烧之下时,也不能发现金在其固定性或重量上出现了某种可察觉到的减弱或损失,更不用提要将金分解成那些元素了,何况这些元素中还包括一种被公认是很容易挥发的要素,所以,这正如某位炼金诗人所感叹的那样:

Cuncta adeo miris compagibus hæreut. [1]

埃留提利乌斯,我必须趁此机会详细地向你描述一个我所难忘的实验,我记得我碰到这个实验是在加斯特·克拉维斯(Gasto Claveus) [2] 那里,虽然此人是个职业律师,看来对化学事务不太感兴趣并且缺乏经验,但恰恰是他阐述了这个实验:将一盎司(1 盎司=28.349 5 克)的最纯的黄金以及同等重量的纯银分别放到两个小小的陶制坩埚之内后,他将这两者置于一个熔制玻璃的熔炉的熔室之内,由工人们保持加热使他们的金属(就像我们英国工匠保持他们的液态玻璃一样)在那里总是处于熔化状态之中,就这样让金和银都保持熔化状态两月之久后,他又将它们从熔炉和陶制坩埚内取出,并再次对这两者进行称重,发现银的重量的减轻不超过原重的十二分之一,而金则全无损失。我们的作者虽然旨在对此实验向我们给出一种故弄玄虚的解释,对此种解释我想你会像我当初读到它时一样不会感到满意的,然而他向我们保证,这件事本身虽然奇怪,但正是经验使他确信,这是千真万确的事实,而对我们来说,它现在正好派上了用场。

虽然可能再也难以发现任何一种像金那般完全固定的物体,但却有若干种其他物体也非常固定,起码也是由结合得非常紧密的成分组成的,以致我从未见人用火将化学家们的任何一种要素从这些物体中分离出来。我无须向你描述那些坦率而明智的化学家们常常是怎样抱怨那些大言不惭之辈的,这些人狂妄地宣称,他们已从水银中提取出了盐和硫,然而他们是用附加

---

① 拉丁文,意为"其中的一切都如此巧妙地结合在一起。"——译者注。
② Gasto Claveus, *Apolog. Argur. and chryfopern.* ——作者注。

剂将水银隐蔽起来,得到类似于已被命名的某些凝结物的东西。因为通过精巧而严格的检查工作(*examen*),很容易将其伪装剥去,并使之再次以流动的汞这种原有形式出现。这些所谓的盐或硫都远远还谈不上是从汞这种物体中析取出来的元素成分,反倒是(借用语法学家们的术语)一些再复合物,它们是用所投入这种金属的作用剂或用来隐藏汞的其他附加剂制得的。另外,就银而论,我发现无论用任何强度的火都不能将其分解成其三要素中的任何一种。虽然从刚刚提过的源自克拉维斯的实验中可能得出这样一种猜测,亦即,如果火的作用十分剧烈并且非常持久,银就有可能被火分解,然而,并不能因为火的长时间作用可导致银失去它的一些重量,就一定要将火能够将银分解成它的种种要素视为其必然结果。首先,我要指出,我曾发现,在那些曾长期存留熔化状态的银的坩埚的微小空穴中藏有细小的银粒(银粒或许是在足以熔制玻璃的热作用下钻进去的),我认识的一些金匠就常将这样的坩埚捣成粉末重新找出那些潜于其中的银粒以捞点好处。因此,我敢说克拉维斯搞错了,可以设想被火逐走的银无疑以细微的颗粒藏于他的坩埚之内了,而他不曾想到在坩埚的那些如此细小的微孔之中竟可以隐藏住相当有分量的物体。

其次,虽然说剧烈的火作用可驱走银的某些成分,但有哪些证据可表明这些成分不是这种金属的盐就是其硫或汞,而且绝不是与剩下来的银完全相同的那种成分呢?须知,曾一度消失的银看不出有任何显著变化,这或许已能说明,所谓从银中分离出银的任何一种要素都不过如此而已。此外,我们还发现,火可以将另一些耐久性尚不如银的矿物分成一些微小的部分,这使得我们能够凭借火将这些矿物取出,且完全不破坏它们的性质。而在银的精炼过程中,我们发现,将铅和银混熔(以从中取出铜或不利于银的成色的其他贱矿物)后,如果在隔离状态下进行试验,那么铅最终将会被蒸发掉。然而如果用灰吹器从银中灰吹出铅(这是最常用的大批量精炼金属的方法),那么,那些要不然就要以不可见的蒸气形式逃逸的铅，则将以浅黑色的粉末或灰粒的形式成批地聚积在银旁。这种东西因为是从银中灰吹出来的，人们就称之为银铅黄。再如阿格里柯拉（Agricola）曾多次告诉我们，当铜或铜矿物在强火作用下与锌共熔时，金属火花大量地向上飞溅，其中一些粘在熔炉的拱顶上，（其大部分）为白色的小斑点，所以，希腊人以及我们这里的药剂师们也模仿他们称之为锌华（*pompholyx*）。而另一些较重的金属火花既有粘在炉壁之上的，也有溅落到地面上的（如果不把炉盖一直盖在熔炉上的话），由于它们较重且有着灰色的颜色，那些希腊人就称之为 σποδòς[①]，无须我告诉你，这个词在他们的语言里意味着灰渣。但我要补充的是，在我所认识的人们中，尽管有人作过种种努力，但我却不曾发现他们能够用火从威尼斯云母（我列出威尼斯云母，是因为我曾发现其他种类的云母更适合于用来说明这一点）、从 *lapis ossifragus*［这在商店里叫骨质项链（*costeocalla*）］、从莫斯科玻璃、从可熔的纯砂（在此不再列举其他凝结物）中分离出三种基本要素（the hypostatical principles）中的任何一种要素。这一点，如果你考虑到仅靠熔融残留于燃烧植物的灰烬之中的盐和土就可制得玻璃，而且，即便是普通玻璃，一经制得，也足以承受住强烈的火作用，以致大多数化学家都将其视为一种比金更难以摧毁的物体，那你就不难相信，并无疑虑。既然工匠能够将那些比较粗大的粒子，诸如构成普通的灰烬的土粒子和盐粒子，这样坚固地结合起来，构成不能由火来分解的物体，那么，造物主何以不能将她所握有的那些更加微小的基本微粒在若干物体内部极其牢固地结合起来，以致不能用火将其分解？值此机会，埃留提利乌斯，请允许我对你讲述两三个实验，我希望你能发现，这些实验与我们现在的谈话大有关系，而绝非有如乍看之下的那样似乎显得无关紧要。第一个实验是，将适量的樟脑这种易挥发的物体（为了实验的方便）放入一个玻璃容

---

① 希腊文，意为"灰土"，可能是一种锌氧化物。——译者注。

器之内，再将其置于文火上加热，我发现樟脑升华至容器的顶部并成为华。这种华是白色的，有气味，等等，看起来与樟脑无异。赫尔孟特曾做过另一个实验，他多次指出，煤被置于密封完好的玻璃容器后，用强火作用无论多长时间，都绝不会燃烧成灰。对此结果，我想向你提出我自己曾做过的类似的试验予以支持，在对某些树木诸如黄杨木反复进行干馏之时，即便是用陶制的曲颈瓶并用强火加热到赤热状态，曲颈瓶中所残留的木骸仍为黑色，类同于焦炭。然而，一旦将其从炽热的容器中取出，即便不对其施加火力，它也可立即在空气中着火燃烧，并迅速分崩离析成为纯白的灰烬。在这两个实验之后，我只想再补充以下众所周知且显而易见的观察经验，即，普通的硫（只要它是不含硫醋的纯品）在封闭容器内很容易升华，成为干燥的华，这种华可被直接熔化成块状物，其性质与制备这种华所用的硫完全相同。然而，如果在空气中燃烧硫石，你当然知道，会得到一种刺激性的烟雾，这种烟雾收集于玻璃钟罩内后则凝结成一种酸性液体，被称为通过钟罩制得的（*per campanam*）硫油。我之所以要列出上述与我不久前所告诉你的出自于阿格里柯拉的实验形成对照的诸项实验，其目的是在于说明，即便在那些非固定物体中，也有着一些物体，其结构很难弄清，化学家惯常祈助于火分析，但火又何尝能够将它们分解成元素物质？对于某些具有此类结构的物体来说，用火易于将它们从盛装它们的容器的一处赶至较冷和不太热的另一处，如有必要的话，还可以通过将它们赶来赶去以散发高热，但却难以用火将它们分成元素（尤其是在没有空气介入之时），我们知道，我们的化学家们不能在密闭容器中分析它们，并且尚有其他一些结合物，直接用火灼烧也很难分离出元素。如果说结合物的组成要素非常微小，并且结合得非常紧密，致使结合物的微粒在未来得及受到使之分解成它们的要素所必需的高热作用之前便已逃逸出去了，那么，凭什么说用明火灼烧能够完成结合物的分析呢？结果有些物体在密闭容器中完全不能用火来进行任何分析；而另一些物体，在明火作用下未及等到证实热作用能够将它们分解成它们的要素便以华或液体的形式逃逸掉了。这或许已说明了一凝结物中的各种相似成分是否可出于造物主使然或人工使然而相互结合的问题。因为就人造硇砂而言,我们发现,普通的盐与汞所含的盐已完全混在一起,以致无论是在明火作用下,还是在升华器皿中,它们都一同升起,如同同一种盐,这种盐于升华器皿中在火单独作用下似乎是不可分解的。譬如我能向你揭示,硇砂在经过第九次升华后仍然保持着它的复合本性。实际上,我简直不知道有哪种矿物,化学家们仅仅用火即能常常从中分出任何一种简单的、堪称一种元素或要素的物质(substance)。他们虽然从天然朱砂中蒸馏出了水银,从古人称之为火石的种种硫铁矿中升华得到了硫石,但这种水银以及这种硫都与商店里以这些名称来出售的普通的水银和硫完全相同,都不过是些被当做是元素了的复合物而已。埃留提利乌斯,上述内容,只是作为我的第一类考虑中的第二项理由;至于其他理由,鉴于我在陈述此项理由时已拖得太久,我就不过多述及了。

下一项,我们着手考虑,仅只使用火,有些分析要么完全不能进行,要么不能很好地完成,而利用其他方法却能够完成。譬如将金和银熔为一体后,让精制人员或金匠们利用火法分析来分离金银,这使他们倍感棘手,毫无疑问,他们只能勉勉强强地将它们分开。其实,注入硝石的精,亦即镪水,很容易将金银分开,法国人则把镪水叫做分离剂(*eau de depart*)。又如,即便在强火作用下要将矾中的金属成分同其含盐成分分离开来,也绝非犹如在矾的水溶液中加入某些含碱的盐(alkalisate salt)的方法那样来得容易、方便。因为这种酸味的矾盐在舍弃了原先所含的铜成分后与所加入的盐发生了结合,而这种金属成分则沉淀于底部,酷似泥浆。我还想就另一类型补充一个不无用处的例子,因为我不应仅就再复合物来举例。(众所周知)仅仅用火,化学家们一直未能从矿物锑中分离出真正的硫,非但如此,你们还可以在他们的著作中找到许多似是而非的提取硫的操作过程，我认为，绝大多数像我一样曾经做过这类试图从矿物锑中提取硫的徒劳无功的试验的人，都很容易相信，这些操作过程的产物，名义上倒是从矿物锑中提取出来的硫，其实不然。虽然说矿物锑直接经过升华之后会变成一种挥发性粉末或锑华，就像用来制备它们的那种矿物一样仍有着一种复合的本性。但我却记得，多年以前，我曾采用某种方法从矿物锑中升华得到了硫，如此从矿物锑制硫，其产量之大为我平生所见，这种方法我随后即要向你详述，因为化学家们似乎不曾注意到，这类实验在探究元素的性质尤其是元素的数目时该有多么重要。为了实验的稳妥起见，于密封完好的玻璃容器中以 12 盎司矾油煮解 8 盎司精研成粉状的矿物锑达六七周之后，再取出其中的块状物体(已变得又硬又脆)装入曲颈瓶中，置于沙浴下以强火进行蒸馏，我们即可发现矿物锑在所加溶媒的煮解作用下已发生了离解和变化，虽然天然矿物锑受火作用升华时只得到锑华，但我们这种矿物经上述处理之后却能在接受器中以及在曲颈瓶曲颈部位和顶部产生大约一盎司的硫，色黄易脆，就像普通硫石，还有着强烈的硫气味，以致去掉容器的密封之后便弄得整个房间都充满一股难闻的臭味。而且上述硫除了颜色和气味之处，还像普通硫一样具有良好的可燃烧性，它(由蜡烛火焰)一点即着，燃烧时也像硫石一样呈蓝色火焰。虽然说长久的煮解可使矿物锑和溶媒(*menstruum*)融到一块，无疑有助于矿物更好地离解，但如果你没有时间进行这般长久的煮解，则不妨以适量的矾油与粉状矿物锑混合之后，旋即对它们进行蒸馏，即可得到少量犹如普通硫石一样的硫，而且你会发现，这种硫经过一次着火燃烧之后，就更容易燃烧了。我就曾观察到，虽然(在第一次点火之后)火焰常常很快自行熄灭，但如果将同一块硫再放到烛焰之上，它就会再次被点燃并持续燃烧好一阵子，而且不光是第二次点火时，在第三次、第四次点火时，情形也同样如此。埃留提利乌斯，我想，你在听完我的这种从矾油中发现某种含硫物质的方法之后，或许会有所猜测，你或者觉得，这种物质是藏在矾油中的某种富于活性的硫,通过这种操作而被还原成了某种显在的物体;或者鉴于有些学者认为硫不过是由矾精和某种特定的可燃物质在地底深处所形成的某种混合物而已[如冈特尔(Gunther)告诉我们的那样],而认为这种物质是由锑矿中的含油成分与矾中的含盐成分所形成的某种复合物。不过,我们通过煮解所获得的硫的数量却相当大,而矾油中所潜藏的硫不可能有如此之多。而且,种种矾盐的精的存在对于我们制备这样的一种硫来说并不是必不可少的,从矿物中制硫,另有种种方法,如果要谈的话,我本不难向你表明,我曾用这些方法制得了硫,它像普通硫石一样,有颜色且可燃烧,只不过在量上没有这么多。虽然我现在并不打算说明这些方法,但我仍想告诉你,蒸馏制得的矾精对于制备我们刚才所谈的那种硫来说不是必要的,为了让某些心智敏慧的人们满意,我曾采用仅用硝石的精处理后即行蒸馏的方法,在短时间里从矿物锑的原矿体中分离出了一种黄色、易燃的硫①,也许,这种硫就是惯于用火的化学家们试图从矿物中分离得到的那种堪可冠之以一种元素的头衔的东西。或许我本可告诉你另外一些关于矿物锑的操作,通过这些操作可以从中提取出某些物质,而这些物质却不能用火来从中提取,但我想把这些操作放到一个更适当的机会来讲,此刻,我只想附带谈谈下面的这个并非离题千里的小实验。不久前我曾对你讲过,尿盐和普通的盐组成硇砂后在火作用下可历经多次升华而不分解,但即便完全不用火,只需要在这种精研成粉末的凝结物上浇上酒石盐或各种木灰的盐的水溶液,即可将它们分开。你在不停地搅拌这些东西时,会觉得有一股极为强烈的尿气味直冲你的鼻子,或许你的眼睛同样受到了这种物体所产生的恶臭气味的刺激,而不得不用水来清洗。出现上述两种情形都是因为,在这些含碱的盐作用下,已成为硇砂成分的海盐受到束缚而被固定下来,从而致使海

---

① 矿物锑(antimony)与铁作用成为星锑,与矾精(H₂SO₄)或硝石的精(HNO₃)作用被还原,析出硫黄,而用矾精时的产量更大。——译者注。

盐与挥发性尿盐彼此之间发生了分离，后者随即被释放出来并开始运动，亦即立刻开始上升，它在上升途中触及人的鼻腔和眼睛便引起了不适。倘若关于这些盐的上述操作是在适当的玻璃容器中通过加热来进行的，哪怕只是通过水浴来加热的，则很容易收集到升上来的蒸气，这些蒸气可变成一种具灼痛作用的精，其中富含一种盐，我时常发现这种盐可形成晶体，很容易加以分离。我想就上述两个例子再补充一个例子，是关于升汞的，正如你所知道的那样，升汞所含的一些盐和水银已在热作用下结合或聚集在一起，因而可升华，而且，我还发现，在同样强度的火作用下无论经过多长时间也不能促使其各种组成物体彼此之间发生分离，然而，若是利用酒石盐或生石灰或诸如此类的含碱的盐对升汞进行蒸馏的话，则很容易将汞与那些混杂在一起的盐分离开来。此外，埃留提利乌斯，我想再向你讲述一件使得许多心智敏慧的人们都为之奇怪的事情，这就是，某种凝结物在火单独作用下都很容易分解成被人们想作是一切植物的种种组成成分的那些元素，但这种凝结物在某种看起来只对离解起到促进作用的附加剂作用下，却很容易得到某种匀质物质，该物质与前述种种产物在许多方面都极不相同，结果使得许多最最明智的化学家也一直都在否认，所用结合物中原先即含有此种成分。譬如，我知道有一种方法，并曾就此作过试验，按照这种方法，于陶制曲颈瓶中蒸馏普通的酒石，除了加入硝石之外，不再添加其他任何非矿物的东西，只须一次蒸馏即由此制得大量的盐，这是一种真正的盐，它易溶于水，我发现它既没有酸味，也没有酒石的气味，但却几乎像酒精那样易于挥发，毫无疑问，其性质远远不同于人们通常用火从酒石中分离得到的各种物质，我曾对许多学人谈起这种盐，但要不是我用我自己的认识向他们证实了这一切，则很难使他们相信，这种易挥发的盐是从酒石中得到的。对于那些未必可靠的东西，我宁愿采取慎之又慎的态度也绝不会匆匆地确认或断言它们，我要不是希望你能这样看待我的话，则尽可以不把我对于这种异乎寻常的盐的那些看法搁到一旁，而是以此来说服你。

我将要提出第四点理由以支持我的第一类思考，这就是，火即便有时能将某种物体分解成稠性各不相同的种种物质，但通常情况下并不能将其分成种种实体性的要素，而只是重组其成分形成种种新的结构，由此产生的种种凝结物，无疑有着新的性质，但仍然不外乎是复合物性质。在以后的论述中，我不仅有必要而且将会尽可能充分地阐明上述论点，所以，我希望你届时将会承认，我现在并不是因缺乏好的证据才请求你允许我暂不提出自己的证据，而是要待我的谈话进行到一个更恰当、更适宜的时机时再提出这些论据。

为了进一步对我的第一类思考给出某种支持，我不妨指出，不用火也可以从某些凝结物中得到如同化学家们在剧烈的火作用下强行获取的许多物质一样称得上元素的一些各不相同的物质。

我们都知道，那种可燃烧的精，亦即化学家们所说的酒的硫，用水浴施以适度的加热即可将其从酒中分离出来，非但如此，即便利用阳光乃至于一个粪堆，也可将其蒸出，这无疑是因为这种精有着一种极易挥发的性质，即便不对其施加任何热作用，也不易防止这种物质自行逸出。我还曾发现，将一个装满尿的容器埋于粪堆之中，最好是经过数周的腐败作用之后再将其取出，如果启开容器，那么，用不了多久，可释放出那种含盐的精的种种成分都会自行释放出那种精，以致我再对这种尿液进行蒸馏便只能单单得到一种令人恶心的黏液，而得不到那种活泼的、具腐蚀作用的盐和精。如果一直将容器仔细密封，一启开便置于火作用之下，此时则先得到那种含盐的精。

第五，上述实验促使我认为，很难证明，除了火以外，再也找不到其他任何物体或办法，能够将凝结物分解成数种匀质物质，而这些物质如同用火分离得到或产生的那些物质一样，无疑应称为是凝结物的元素或要素。因为，既然我们刚才已经看到，造物主能够使用火以外的其他工具，从一些结合物中成功地分离出一些各不相同的物质,那么,若不是造物主已经造出了或者说凭这门技艺可以造出某种可作为分析结合物的适当工具的物质,若不是人们可能凭其化学技艺或碰巧发现某种方法,并可借助这种方法将一些复合物分解成一些不同于在火作用下分解这些复合物所得到的那些物质的物质,我们又何尝能够知道这一切呢?而且,人们也不易揭示,为什么偏偏不能将这样一种分析的那些产物称为分解成这些产物的那些物体的组成要素?须知,此后我还将会证明,化学家们通常称之为物体的盐、硫、汞的那些物质,并不像他们所想象的那样以及他们的假说所要求的那样是一些纯一的、元素性的物质。因此,不妨强迫化学家们接受以上见解,因为无论是帕拉塞尔苏斯的信徒,还是赫尔孟特的追随者,都不可能单单拒斥这一见解而不公然损及他们所尊敬的两位导师。而赫尔孟特曾不止一次地告诉他的读者,无论帕拉塞尔苏斯还是他自己都拥有那种性能极好的液体,万能溶媒(*alkahest*),这种液体有着一种奇异的效能,可以分解通常用火不能分解的物体,有时他似乎也将其称为 *ignis Gehennæ*①。他还描述了这种液体的一些妙用(大部分是依据于他自己的经验),如果我们假定他的这些描述都是正确的话,那么,凭着对于知识而非财富的挚爱之心,我将会认为,这种万能溶媒比之于哲人石,更是蕴有一种高深而值得探求的奥秘。他描述到,这种作用剂在用之于对一块栎木制成的焦炭进行为时充分的煮解之后,便变为两种不同的新的液体,可据其颜色与外观的不同来辨别,而整块炭则消融在这两种液体之中,但他所用的溶媒,又可从这两种液体中分离出来,历久而不灭,恰如未用过的一样,仍然适用于上述操作。此外,他还在其著作中多次告诉我们,利用这种强有力且可反复使用的作用剂,他能够将金属、矿物、石头、无论何种种类的植物体和动物体,乃至于玻璃(先要将其研成粉末),总之,将世界上一切种类的结合物,都分解成与之相应的数

---

① 拉丁文,意为"地狱之火"。——译者注。

种匀质物质,而不留下任何残存物或残渣。最后,我们还可以进一步从他的论述中得知,利用这种腐蚀性的液体从复合物中所得到的各种匀质物质,比之于通常用火分解同样的复合物所得到的那些物质,无论在数目上还是在性质上,都常常有着极大的不同。就此见解,我在此用不着另找依据而只须借用我们已知的以下证据,这就是,在我们对复合物所作的那种通常的分析之中,总是留有某种类似于土的非常固定的物质,这种物质常常与某种固定盐有关。而我们的那位作者则告诉我们,他用自己的办法能够对一切凝结物完成蒸馏而不留下任何残渣,这就是说,他能使凝结物的那些在通常的分析之中始终保持固定的成分也一概变得易于挥发。所以,如果我们的化学家们不想驳斥这位不可不被列为他们所引以为豪的最伟大的炼金术士之一的巨人反复谈到过的严肃的证词,就必然不能否认,除火以外,在自然中还可以找到能够分解复合物的作用剂,其作用不像火那般剧烈,但却要比火更为有效、更为普遍适用。至于我本人,虽然此时此刻必须重复我们的朋友波义耳(Boyle)先生在有人问起他对一个陌生的实验的看法时常说的话(你知道的),见者有相信它的理由,而未见者总不比见者更有理由相信它。但是,我一向觉得,赫尔孟特是一位极其诚实的作者,这种诚实尤为突出地体现在他依据自己独创的实验所作的表述之中,即便是就他所表述的一些不大可能发生的实验而言(我这样说,当然并不包括他的那本极其放肆的论著,*De Magnetica Vulnerum Curatione*[①],他的一些朋友断言,这本论著是由他的敌人首先出版的),我认为要说他是在说谎也未免有些鲁莽。另外,我曾从一些非常可靠的目击者那里听到过一些东西,并曾亲眼看到另一些事情,它们都无一不在强烈地显示着,某种可循环使用的盐或溶媒可使一些复合物发生分解(确有这种可能),且可以从中回收出这种盐或溶媒,而那些复合物既有矿物类的,也有动、植物类的,但这

---

① 拉丁文,意为"《魔法疗伤》"。——译者注。

在一个谨慎的自然主义者看来可能是难以置信的，因此，我既不敢擅以许多著名化学家在分析物体时至今仍常常使用的种种溶媒和其他工具所显示的效能来衡度造化之功与技艺之力；也不想否认我们至少可以利用某种溶媒，从此种或彼种特殊的凝结物中得到某种匀质物质，它显然与无论以哪种方式和强度应用火从同一凝结物中得到的任何一种产物都极不相同。而且，我更不会断然否认，这类分解复合物的工具是可能存在的，因为在所有那些促使我必须这样慎重地讲话的实验当中也并不缺乏这样的一些实验，就这些实验所得到的不能用通常所用的火和溶媒分离得到的种种物质而言，未见其中有任何一种物质可能含有实验所用的赖以完成分离的那种盐的任何成分。

谈到这里，埃留提利乌斯（卡尼阿德斯说到），若非料到我刚才表述的这些东西在遇到以下两类貌似强大的反驳意见时似乎显得很单薄，致使我在未对这些反驳意见作出考察之前，不能安心地继续谈下去，我倒想就以我刚才的谈话来结束我先前提出的第一类思考。

首先，可能有一类反对者急于向我指出，他们并没有宣称单单用火就能从一切复合物中分离他们的三种基本（hypostatical）要素①；但是，火却是足以将它们分成要素的，尽管此后他们还利用其他物体来收集被分析复合物的种种匀质成分。譬如，大家都知道，虽然他们是通过将陆生植物的灰烬混入水中的办法来收集灰烬中的种种含盐成分，但他们在煅烧物体、并将物体的固定成分变成灰烬中所含有的盐和土时，却只用到了火。应该承认，这种反驳并非不值得考虑，对此，倘若我满足于作下述回答，即这种反对不是针对那些同意我刚才所作的论辩的人们而言

---

① 帕拉塞尔苏斯及其追随者以"hypostatical principles"指称他们所说的作为物体的基本要素的盐、硫、汞三要素，偏于理论的炼金家们时常以此种类似于肉体、灵魂、精气三位一体的概念解释物体乃至于宇宙的生成问题以及医学理论问题；而偏于实用的炼金家们则以此表示他们在火法分析中得到实际产物。在本书中，此词系指物体由之构成的盐、硫、汞三要素，试译成"三种基本要素"。——译者注。

的,而是针对那些庸俗化学家们而言的,恰恰是这些人,他们相信并希望其他人也能这样看,火不仅是一种万用的,而且是一种适当的、合格的分析结合物的工具,那么,我倒是可以在大体上表示同意,且并不认为它是冲我而来的。显而易见,就他们通过注入水来从灰烬中提取固定盐的实验而言,可以断定,水只是用来收集盐的,而火早已将盐与土分开了。正如一个筛子只是将混杂在粗面粉中的精华与麸皮的粉粒筛成了两大堆截然不同的东西,但并没有把小麦弄得更细。我想,我本可以提出这些辩护并就此了事,无须再对人们所提出的那种反对意见作进一步的考虑。但是,我刚才的探讨可能涉及一个我考虑已久的问题,而要说明这个问题现在正是良机,因此,我愿意趁此机会对此问题作一番简要的考察。

刚才已作的答复我不再重复,在此,我想进一步谈以下见解,虽然我作为一位争辩人强调礼仪谦恭,以致愿意退让并承认化学家们的以下说法,亦即火已竟全功在先,再用清水来进行抽取,在这类情况下水并没有协同火一道来进行分析。但是我只是在假定水只不过洗出了早已在火单独作用下而从被分析物体中游离出来的种种含盐粒子时才同意上述说法,这就是说,这种有条件的认同不适于被推广到另外一些可以加到他们所分析的东西中去的液体,甚至还不适于被推广到刚刚提过的那些情形之外的其他情形。我希望,在我不久以后将要用到这一限制之前,你能乐意将其谨记于心。这一请求如蒙应允,我将开始作以下评述。

首先,在我于前面的论述中所提出的各种例子里,有许多例子是我们正考虑的反对意见丝毫未曾涉及的。譬如,无论是否借助于水,火都不能从金、银、汞中分出三要素中的任何一种要素,也不能从上述三种凝结物中分出任何其他物质。

由此我们可以推出,火并不是一切结合物的万能分析工具,因为化学家们在训练他们自己时最为常用的那些金属和矿物中,简直找不出有哪一种是他们用火所能够分析的,更不用说要他们确凿无疑地将他们所说的那三种基本要素——从中分离出来了。毫无疑问,这对于化学家们的假说以及他们的主张都是一种莫大的讽刺。

利用一些不同于通常的火法分析的方法,可从某种复合物中分出一些物质,这些物质就像化学家们毫无犹疑地列入他们的 *tria prima*(有些化学家为了方便起见,便这样称呼他们的三要素)之中的那些物质一样,也是匀质物质,这种见解,纵有人提出前述异议,也仍不失为一种正确的见解。

再者,采用适当附加剂并辅之以火作用,似乎可分离得到一些在火单独作用下得不到的物质。如从锑矿中制硫即为明证。

最后,必须指出,既然火似乎只是分解物体时所必须用到的种种工具之一,那么我们便有权做以下两件事情。须知,无论何时用何种溶媒或另用何种附加剂与火共同作用并从某一物体中得到了某种硫或盐,我们都有权核实一下,溶媒的作用是否仅只在于促进物体离解并由此得到要素,或者说,其间是否并未涉及某种发生于被分析物体的各种成分与溶媒的各种成分之间的结合,这便要看是否产生了由这两类成分的结合而产生的凝结物。另外,即便我们所用的附加剂可能并不曾参与组成产物并成为其成分,而只是增强了火对凝结物的离解作用。并且,即便我们所用的凝结物在火单独作用下也可能分解成不同的物质,而且我们所遇到的化学家无一不告诉我们,这些物质的数目即是元素的数目。然而,仅就以同一类方法来处理同一种结合物而言,采用此种性质的一类附加剂和此种处理方式所得到的这些物质,可能不同于采用彼种性质的另一类附加剂和彼种处理方式于同一物体中得到的那些物质,非但如此,它们还可能不同于不用附加剂只采用火分解该凝结物所得到的任何一种物质(这一点,不难从我先前告诉你的那些关于酒石的内容中看出),所以,同样应该允许我们考虑,在哪种情况下,才可以将借助于满足上述条件的附加剂分离得到的任何一种物质都当做是三要素中的一种要素。关于某些化学家们很可能提出的这种反对意见,就只谈到这里,我现在要探讨的是我所预料到的、许多逍遥学派人士很可能提出的另一种反对意见,为了证明唯有火才是物体真正的分析工具,他们很可能会辩护道,唯有亚里士多德所给出的、并且得到广泛接受的下述热定义,*Congregare homogenea, et heterogenea segregare*[①],亦即,热可使性质相同的物质聚集并使性质不同的物质分离,才是热的绝对定义。对此,我将答道,这种作用对于热来说,还远远未能有如人们所想象的那样能够称其为热的基本作用,因为热的真正本性更像是在于导致某种运动,从而使物体各部分之间发生离解,且无论它们是匀质的还是异质的,都一概将其再分为微小的粒子,这在水沸腾时、在蒸馏水银时或是将物体置于火作用下时(在此种程度的热作用下尚看不出其组成部分有什么不同),都是显而易见的事情,在这些场合下,火所能做的一切,都只是将物体分成许多极其微小的部分,这些部分仿若原物体缩成的缩小物体,彼此之间有着相同的性质,且都与它们原来聚在一起时所形成的整体有着相同的性质。而且,即使是在看似最能说明火 *congregare homogenea, et heterogenea segregare* [②]之处,也只是出于偶然才发生这种效应。须知火只是分化了物体的内聚作用,更确切地说,只是破坏了物体的机构或结构,而这种机构或结构是指依照某种均一的形式来组合物体的各种异质成分。经上述分解作用后,凝结物得以自由游离的各种组成粒子,无疑会各自凭其本性而与类似的粒子聚在一起,且常常并非出自于火的影响,说得更确切些,种种组成粒子的轻重各异,其固定性或挥发性(无论这一性质是粒子固有的,还是在火的影响下获得的)有别,这便规定它们必定在不同的地方逐类集聚。所以,在蒸馏人的血液时(以此为例),在火刚开始分化血液的网络组织或内聚作用之时,其中最易挥发且易于提取的成分——水,则在火原子的作用下,或者说

---

① 拉丁文,意为"使匀质物质聚集并使异质物质分离。"——译者注。
② 同上。

是在火的驱使之下，最先被蒸出来，并将一直上升，直到它摆脱了火的作用之后，才在其重力作用下落入接受器中。然而，与此同时，该凝结物的种种其他要素尚未分离，而要将其中的较为固定的那些元素分离出来，则需要更强的加热作用；因此，必须加强火力，方可将其中的精和挥发性盐一同蒸出，而这种物质尽管被认为是两种不同的要素，并且无疑有着不同的密度，但它们的挥发性却大致相当。在这两种物质之后被蒸出来的是更不容易挥发的油，而留下来的则是土和碱，无论学术界怎样定义，这两种物质总归是不能用火来将它们分开的，因为它们有着相互等同的固定性。另外，如果你将血液倒入炽热的陶制或铁制曲颈瓶中进行蒸馏，你就可观察到我常常见到的下述现象，这种强有力的火可将其中所有的可挥发的元素混成一道蒸气同时蒸出，此后，这些元素按其轻重级别，或是按其个体结构上的要求而分别出现在接收器的不同部位。其中，盐，大部分粘在接收器的边上和顶部，黏液，也大滴大滴地挂在那里，而油和精，则上下分层，孰浮孰沉，全凭孰轻孰重而定。值得注意的是，通过上述剧烈的分析分离得到的油或称液态的硫，即便可以说是元素当中的一个，也不能说热总是以这种形式来发挥作用，因为热将种种不同的挥发性要素的粒子聚在一起只是一种偶然结果，须知存在着若干物体可产生两种油，一种沉于物体的精之下，另一种则浮于其上。譬如，我可以告诉你，我曾从同一种鹿血中制得了这样的两种油；此外我还可以告诉你，只须仔细一点即可从人的同一批血液中制得两种油，它们不仅在颜色上极为不同，而且可以彼此分层而不发生混合，即便在搅拌下混在了一起，也会再次自动分开。

所以，火之所以能将物体分成一些成分，是由于这些物体中有些成分较为固定，有些成分却较易挥发，而不问这两类性质中任何一种都与真正的元素本性之间相距有多么遥远，所有这些，人们只要看看树木的燃烧情形，即可明白，燃烧中火将树木烧成了烟和灰烬，在这两者当中，非但后者无疑是土和盐这两种截然不同的物体所组成的，而且前者可凝成烟油挂在烟囱上，其中显然既含有盐和油，也含有精和土（甚至还含有一些黏液），这些成分一同被蒸上来，因为它们相对于强度足以迫使它们上升的火来说，几乎是同样地易于挥发（类似于火的逼迫作用，那些最容易挥发的成分或许有助于那些最固定的成分上升。譬如，为了制得成色较好的铁丹，我常常在其中掺入硇砂，再升华以使之纯化），但此后利用不同强度的火，亦即逐级增强火力以保证这些成分在挥发性上的差异得以充分显现，则可将它们逐一分开。再者，倘若两种不同物体均非常固定，那么火对于它们熔融而成的整体则完全不能起到分离作用，因为未发现任何可挥发的成分在火作用下被驱逐或蒸出来；这可通过熔化银和金所形成的一种混合物来说明，（根据银或金的含量何者居多）选用镪水或王水很容易将该混合物分离成其金属组分，但在火单独作用时，即使十分剧烈，这两种金属仍不会被分开，所以，火并没有将该物体分成一些基本要素，而仅只分成较小的粒子（根据这些粒子的流动性可说明它们何其微小），而小巧的火原子，或是这种原子对容器数次又轻又快的撞击作用，则使得这些粒子免于静止、联结。有时火非但不使物体分离，反而将不同性质的物体结合起来，其前提是，这些物体有着大致相当的固定性，从它们的成分所具有的形状来看，也是适于结合的，正如我们在许多石膏制品、软膏以及许多其他物件的制作中所看到的一样。从许多金属混合物来看也是如此，譬如熔融两份优质黄铜和一份纯铜所得到的那种金属混合物，以此为材料，有些聪明的工匠可浇铸出许多样品（以示金、银制品的样式），皆极为精巧，常令人叹为观止。有时，在固定性和挥发性上有着很大差距的一些物体也可以在火作用下混合，而且它们在火的作用之初即行复合，后来也很难在火作用下分离，而只是发生碎化。这里，有一个相关的例子可供我们使用，通常制备甘汞，要用矾、海盐，有时还有硝石，用这些可用以制备升汞的物质中的含盐粒子与所加入的汞的粒子结合在一起，先行制成升汞，再使之甜化，这样，其中的含盐成分和金属成分在连续多次升华之中总是一同升起,它们看起来就好像组成了单一的物体。同样地,火有时非但不将物体的种种不同的元素分离开来,还反而将它们异常紧密地连在一起,如果说造物主本人还曾造成比这更难分离的结合,那也是颇为难得的事情。须知,火在遇到某些近于完全固定的物体时,并不会引起一场分离,倒是会促成一种极其固定的结合,以致单单用火绝无可能促其分离开来。譬如,我们知道,灰烬中的某种含碱的盐和土质残留物与纯净的沙砾结合后,通过玻璃化作用则得到一种永久物体(我是指那种略带浅绿色的粗质玻璃),可耐受最为剧烈的火作用,这种作用只能将其成分紧密地结合在一起,而不能将它们分开。我可以向你出示我特意用极为剧烈的火对一只内装有银的陶坩埚进行长时间的作用之后所得到的一些玻璃物块,当时,我亲眼看见这些玻璃从坩埚上流落下来。而这些玻璃的出现大多牵涉到金属熔体的存在,这使我明白,坩埚被置于精炼炉中时,其中有很大一部分熔化成玻璃是无足为怪的。我记得,熔炼铁矿石制铁时,要利用大量的焦炭(因为焦炭可以提供海运煤所不能提供的强火焰)并用大鼓风机(采用水驱动的大水车来促其运转)鼓风,这样,火势则异常剧烈,从而熔炼出大量的铁。但与此同时,我注意到其中也有一部分物料,在火的作用下不但没有分解,反而被结合起来,形成一种黑色的、固状的且相当沉重的玻璃,且为数甚多,以致我发现许多靠近铁厂的地方都是用大量的这类碎玻璃来铺路,而不用砾石或卵石。我还曾注意到,有一种耐火石,在用以建成熔炉并在那里历经了极为强烈而持久的火作用后,其各种固定成分最终在火的锻炼作用之下被完全玻璃化,我曾用力将这种耐火石打成相当大的一些碎块,发现它们显然都是些玻璃。埃留提利乌斯,你可能认为,这个被质疑的热定义,可以利用早已被提出、被接受的关于热的反面性质即冷的定义来予以说明,而冷的本性据说是在于

*tam honogenea，quam heterogenea congregare*①，为了促使你打消上述念头，请允许我向你指出，这个定义亦绝非是毋庸置疑的。尽管一个逻辑学家遇此情形可能会提出种种逻辑上的反驳，但我并不打算这样做，而只想指出，虽然人们认为异质物质之间的结合纯粹是出于冷的作用，但这种结合却并非在各种程度的冷作用下都可以发生。例如，健康人的尿液经过一段时间的放置之后，我们可以看到，由于冷却作用，尿液分成了两个液层，一者较稀，一者较浓，后者沉在底部并逐渐变浊；然而如对其进行加热，这两个液层则又迅速混溶，整个液体变得清亮透明，如同当初一样。而且，可以认为，在冰冻作用下，木屑、稻草、灰尘、水以及其他东西一起结成一团冰，此时，冷并没有在这些物体之间引起任何真正的联合或融合（adunation）（假若我可以这样说的话），而只是将先前的悬浮液中的水成分冻成了冰。另一些留存于其中的物体则是被冻在里面，而不是真正地发生了结合。相应的，如果我们将由金币、银币、铜币所组成的一堆钱，或者是将另外的一些有着不同性质的、但不含有可冻结的水分的物体，置于酷冷条件下，我们也根本不会发现这些不同的物体能够由此变得相当紧密，如同它们已被结合在一起一样；而且，即便就各种液体而论，我们也可找到一些可促使我们对我们正在审查的定义产生怀疑的现象。在这类问题上，倘若帕拉塞尔苏斯结论性的论断可以被引为充足的证据的话，我倒是可能会在此认可并引证他在宣讲可借助于冰冻作用将酒中的精华成分与其不怎么重要的成分亦即黏液成分分离开来时所引为证据的操作过程。这一过程不仅得到了帕拉塞尔苏斯主义者的高度重视，而且得到了另一些作者的重视。然而，其中有些作者显然没有仔细阅读过他所描述的有关过程。因此，我想对你给出我所摘录的作者的整段原话，这是我最近在他的 *Archidoxis* 第六版中所看到的，它是这样说的，"De vino sciendum est，fæcem

---

① 拉丁文，意为"使物质聚集，无论匀质与异质。"——译者注。

phlegmaque ejus esse mineram, et vini substantiam esse corpus in quo conservatur essentia, prout auri in auro latet essentia. Juxta quod practicam nobis ad memoriam ponimus, ut non obliviscamur, ad hunc modum: recipe vinum vetustissimum et optimum quod hahere poteris, calore saporeque ad placitum, hoc in vas vitreum infundas ut tertiam ejus partem impleat, et sigillo hermetis occlusum in equino ventre mensibus quatuor, et in continuato calore teneatur qui non deficiat. Quo peracto, hyeme cum frigus et gelu maxime sæviunt, his per mensem exponatur ut congeletur. Ad hunc modum frigus vini spiritum una cum ejus substantia protrudit in vini centrum, ac separat a phlegmate: congelatum adjice, quod vero congelatum non est, id spiritum cum substantia esse judicato. Hunc in pelicanum positum in arenæ digestione non adeo calida per aliquod tempus manere sinito; postmodum eximito vini magisterium, de quo locuti sumus. "[①]

　　但是,埃留提利乌斯,我倒希望你不会太看重上述过程,因为我已经发现,即便这一过程是真实的,但就我们这个国度里的最好的酒而论,这也是极难实现的过程。譬如,这个冬天以来,尽管天气一直冷得出奇,但届此冰天雪地时节,我却一直未能找到任何办法,以使盛满白葡萄酒的薄瓶整瓶冻结,即便使用雪和盐,也只能促其表面冻结。所以,埃留提利乌斯,我认为,并非各种程度的冷冻作用都可以使种种液体冻结起来,借以完成对液体的分析,这种分析是指液体分离成含水成分和含精成分。这

---

　　① 拉丁文,其大意是说,就酒而言,其中的黏液成分并不怎么重要,不过是无机物而已,而酒的精华则藏在促使其成为酒的关键成分当中,这就如同金的精华藏于金的关键成分当中一样。将这一点谨记于心,再来做一个实验:在夏天时,取陈年老酒,也就是人们所能弄到的最好的酒吧,将其装入一玻璃容器中,至容器的三分之一,密封放置,任其受自然热作用四个月。随后,冬天来临,再任其受严寒冷冻,一个月后,酒会发生冻结,然而酒的精华成分却未发生冻结,它们聚积在冻结体的中部,显然不同于发生了冻结的黏液质。取出这种液体,沙浴蒸馏,即得酒精。——译者注。

样说是因为，我虽不能时常成功地将红酒、尿和牛奶分别冻结起来，但毕竟有时可以做到这一点，即便如此，也不能观察到人们所期望的那种分离。再说那些曾被迫在靠近北极圈的名叫新赞巴拉（Nova Zembla）的冰原上度过冬天的荷兰海员，虽曾谈到，继 11 月中旬左右他们的啤酒发生冻结并被分离成其成分之后，其白葡萄酒也于 12 月内发生冻结，但我们随后即可看到，他们对此只作了以下描述："而且，我们的烈性白葡萄酒也被冻成非常坚硬的固体，以致当我们想要在一起干上一杯时，就不得不先用火将酒化开。这样，为了使每人每天分到大约半品脱（旧时容积单位，1 品脱＝0.56826 升）的酒，我们都不得不费一番手脚。"可见，他们的这些话并没有暗示，他们的白葡萄酒受冰冻之后也同样依照啤酒的那种分解方式分解成了不同的物质。埃留提利乌斯，尽管上述的一切无不在这样暗示着，我们有必要看到，即便是冷作用，也有时可以 *congregare homogenea，et heteroghnea segregare*①；但要详细阐明这一见解，我还应告诉你，我曾有一次特意取一种富含含硫成分和含精成分的植物，用清水煎熬，再取其煎汁露置于寒夜凛冽的北风之中，到了第二天早上，我发现其中的那些含水较多的成分均已被冻成了冰，而那些含硫的和含精的成分则正如我当时所设想的那样，在冰的纵深处浓缩起来，以尽可能地避开四面袭来的寒冷，这样，它们便得以免遭冻结而以一种深色液体的形式存在；由于在煎汁中含水成分和含精成分结合得极为松散（不如说是混合），致使它们在此种程度的冷作用下即行离解。须知，这种冷作用尚不足以使尿或酒中的种种成分之间发生离解，而我倒是从实验中得知，在发酵和消化作用下，尿和酒中的种种成分之间通常会更加紧密地结合起来。然而，埃留提利乌斯，我早已说过，我并不打算死抠上述实验结果，这不仅是因为，这一实验我只做过一次，所以其间或许会有弄错的地方，而且（更重要的）是因为，前面提到过的

---

① 拉丁文，意为"使匀质物质聚集并使异质物质分离。"——译者注。

那些曾在新赞巴拉过冬的荷兰海员们在无可奈何之中已经完成了一个可以更加完全、更加突出地体现酷寒的分离功能的实验。而他们的航海记在今天已成了一本奇书，其中有一段涉及我们所面临的问题的文字必然会给你留下深刻的印象，所以，我从这本航海记的英译本中摘录了这段文字并引述如下：

"公元 1596 年，热拉尔·德·威尔（Gerard de veer）、约翰·科内利森（John Cornelyson）和另一些人从阿姆斯特丹出发，同年 10 月 13 日，因天气恶劣而不得不在靠近冰原（ice-Haven）的新赞巴拉度过冬天，我们仨人（记述者说）走出船外，装了一雪橇啤酒。但当我们把啤酒卸下来，准备搬进我们的屋子时，突然刮起了一阵风，风寒交加，甚为猛烈，由于别无他法可御风寒，我们只好再次躲回船中，而且我们顾不上把啤酒再搬到船上，只得任其留在雪橇上经风受冻。当我们 14 日从船上下来，发现啤酒桶仍立在雪橇之上，只是两头都被紧紧地冻住了，就连清醇的啤酒也因严寒之故而冻凝在桶壁上，仿佛已粘到了桶壁之上。鉴于此情形，我们便将酒桶拖到我们的屋子里，竖立安放，准备饮用。但是我们先得将啤酒溶开，因为桶内的啤酒未凝固的已寥寥无几，而啤酒中的精蕴却恰恰潜藏于那些未遭冻结的泡沫状物质之中，以致其酒性甚为浓烈，不得直接饮用，而那些被冻结了的东西尝起来则像是水。所以我们只有通过熔化将这两者彼此混合起来才可以饮用，然而这玩意品尝之下却是淡而无味的。"

此时，我不由得记起，去年寒冬，我曾用玻璃瓶分别装上不同的液体，置于雪和盐的作用之下以使之冻结，后来我发现，在装有某种酒性适中的啤酒的玻璃瓶颈口，出现了某种混浊的物质，该物质的御冻能力似乎要比啤酒中的其余成分（我发现这些成分结成了冰）强得多。而且，从颜色和稠度来看，该物质显然可以说是泡沫状物质，在此，我承认当时我曾稍稍感到有点意外，因为这种啤酒口味甚鲜，完全适于饮用，无论怎样品尝或回味，我都未能查出或发现有什么不对之处。我还可以借用我的一位挚友不久以前的一番遭遇，进一步证实前述的荷兰海员们的叙述，他曾向我抱怨过，他在荷兰时（当时他正在那里居住）曾酿造了一些供自己饮用的啤酒或淡色啤酒，但这些饮料在去年寒冬里受寒冻成了冰，以及少量浓烈的富含酒精的液体。至此，关于冷作用，我可不能再对你作任何赘述了，因为你可能已在想，我谈来谈去，已把话题扯得太远，与我当前的任务并无直接关系；在我则是因为我已经极尽己之所能地扩展了我所要谈的第一类思考，虽然这听起来似乎有些自相矛盾，我也似乎有必要费一番唇舌以使人们相信这并非是纯粹的狂言呓语。但是无论如何我的任务只是要揭示我们的化学家们和亚里士多德主义者们通常所用的假说中的破绽，我相信我已经恰如其分地实现了我的目标，所以，现在我不再在第一类思考上纠缠下去，就此转入随后的一些思考。

原来的波义耳学校,后来这里成了一个修道院。

第二部分

· The Second Part ·

　　于是，我所解释的这一论题的真正含意便是，在火的离解作用下得自于某一凝结物的种种不同的物质，它们原先是否恰恰是以我们在作完分析之后发现它们所具有的那种形式（这起码是针对这些物质的种种微小组分而言的）而存在于该凝结物中？亦即，火的作用是否仅只在于将一要素原本混在另一要素的微粒之中的微粒分离、释放出来？就上述问题来进行质疑，应绝无荒谬可言。

J. LOCKE

我想我曾经提及过，我的第二类思考是，以下见解，亦即借助于火从某一物体中分离出来的每一种看似均一而独特的物质无不作为该物体的某种要素或元素而先在地存在于该物体之中，绝非犹如化学家们和亚里士多德主义者们所想象的那样确凿无误。

我将尽力论证上述反论，但并不打算将其变成一个更强的反论，所以，在我开始进行论证之先，我想就此论题的含意先作一简要解释。

我想你大概不难相信，我的意思并非是说，利用火从一物体中分离出来的任何一种物质都不是原本即存在于其中的物质，因为纯天然试剂，以及火，都只能调整、改变物质，而不能创造物质，积两者之功，亦绝难企及造化，就连物质的一个原子也造不出来。这是一条显而易见的真理，几乎各宗各派的哲学家们全都拒绝将这种造物之能归于第二性的原因，况且伊壁鸠鲁主义者以及其他一些人也同样是将这种造化之功归之于他们的神祇本身。

前述论题也不是要断然否认，利用火从某一结合物中得到的某些东西，可能并非仅仅在质料意义上可说是先存于该结合物中的，因为，有些凝结物，我们无须用火直接灼烧亦可从中获得一些产物，有的含盐、有的含硫，从而查明了这些凝结物的构成。须知，如果用火直接灼烧某一结合物所得到的一些不同的物质不同于该结合物先前给出的那些组分，那么，现在的问题则会迎刃而解，因为如果这一点能够被确定下来，我们就有充足的理由这样认为。化学家们在作出绝对而普遍的下述结论之时，有可能是在自欺欺人，而这一结论是，在火直接作用下所得到的那些物质无一不是原物体的元素组分，对此结论，我们至少可以

◀ 洛克·J（John Locke，1632—1704），英国著名哲学家、思想家，与波义耳的交情深厚。1668 年，当选为英国皇家学会会员。

就其正误进行质疑，直到我们能够运用并非源自于火法分析的其他证据来解决这一质疑。

于是，我所解释的这一论题的真正含意便是，在火的离解作用下得自于某一凝结物的种种不同的物质，它们原先是否恰恰是以我们在作完分析之后发现它们所具有的那种形式（这起码是针对这些物质的种种微小组分而言的）而存在于该凝结物中？亦即，火的作用是否仅只在于将一要素原本混在另一要素的微粒之中的微粒分离、释放出来？就上述问题来进行质疑，应绝无荒谬可言。

对我的论题作出上述解释之后，我便要致力于做以下两件事情，并给出相应的证明。第一件事是要揭示，再造（to be produced *de novo*）（借用化学家们的字眼）化学家们称之为要素的那些物质是可能的。另一件事是要阐明下述可能，亦即在火作用下，我们确有可能从某些结合物得到一些物质，这些物质在刚才曾详加阐释的那种意义上可以说是并非先在地存在于其中的物质。

还是从第一件事开始谈起，我认为，如果各种复合物之间的区别，恰如其可能的那样，确实是在于结构上的不同，而这种结构上的不同又是源自于各种复合物的微小组分在大小、形状、运动以及排列上的差异，那么，设想完全相同的一团普遍物质，经过各种不同的改变和组构，时而成为一种含硫物体，时而成为一种土状物，或一种水状液体，且皆堪以不同的名称来指称，则应该是不无道理的。我本可以对上述内容作出更加详尽的阐释，但是，我们的朋友波义耳先生曾答应我们要对此问题作本质性的论述，而且我相信这一问题在他那里将会得到详细的探讨并乐意听从他的见解。因此，我只想从我多年以来所做的那些实验中导出证据，以支持我刚刚表述过的设想。第一个实验，如果不是由于某种偶然原因使我错过了一年之中进行我所设计的这类实验的最佳时间，则可能会有着更值得考虑的价值。等到 5 月中旬，我能够开始进行实验时，已晚了两个月。尽管如此，就

此实验对你作详细描述仍可能是不无适当的。在我刚提到过的
那一时间里，我叫我的园工（由于要务缠身我难以亲自动手）掘
出适量的净土，在烘炉里将其烘干，称重，装进一个陶罐之中，差
不多装至罐口，然后种上我先前交给他的一颗精选的南瓜种子，
这种南瓜系印度种，生长迅速，故此选用，我还吩咐他只能用雨
水或泉水来浇灌这颗种子。（当我有空察看这一作物时）我不无
愉悦地看到，它虽然种得不合季节，但生长起来却是很快。只是
冬天渐渐逼近，致使它未能结出接近正常大小的南瓜（那个秋
天，我还发现，种在花园里的同一种作物所结的南瓜，论尺寸大
约有我腰那么粗）。迫使我决定将其挖出来，这一工作大约在
10月中旬由同一位园工仔细地加以完成，不久他给我送来了下
述报告。"我连梗带叶称过了整个南瓜作物的重量，共重3磅欠
1/4磅。然后，我又像以前那样将土烘干、称重，发现它恰好像
上次一样重，这使我想到，可能是土的干燥还不彻底：所以，我又
将其放入烘炉再三烘烤，待干燥彻底后，再称重，仍然未观察到
重量有丝毫减轻。"

　　实话实说，埃留提利乌斯，同类的实验，今年夏天还做过一
个，有关结果，我不必对你隐瞒，从这一实验来看，土似乎有所消
耗。这可以通过同一位园工于最近送交给我的下述报告来说
明，上面写着，"现向你报告一下种植葫芦的结果，我摘到了两个
大葫芦，彼此大小相当，一共有十磅半重，根与藤差两盎司则有
4磅重。称过这些东西之后，我取出土，用几个陶制小碟盛装，
再置于烘炉内烘烤。当我做完这一切后，我发现土的重量比原
先少了一磅半。我仍不感到满足，怀疑土是否还不很干。我再
次将其放到烘炉里，（待彻底干燥后）取出称重，发现它仍具有同
样的重量。所以，我认为，并无潮气存留于其中，而且我还认为，
缺少了的一磅半土也不能说是被这种作物吸收了，其中有很大
的一部分是在浇水过程中以细小颗粒的形式（以及诸如此类的
形式）而流失掉的。（而葫芦总是按照它们自己的本性来生长
的，不需要我们替它们安排）"。埃留提利乌斯，在这个实验中，

看起来虽然失掉了一些土,更确切地说,是土中所含的可溶性
盐。但无论如何,这种作物基本上是由嬗变了的水(transmuted
water)组成的。我还要补充的是,在我做完前面提到过的关于
大南瓜的实验之后的一年里,我又重复了这个实验,并且极为成
功,如果我没有记错的话,这个实验不仅远远超越了我以前所做
的许多实验,而且不可思议的是,它似乎还给出了我所企盼的结
论,尽管我尚不敢肯定这一结论(因为我已不幸丢失了我的园工
所写给我的关于实验情况的详细报告)。这类实验,采用生长很
快、形体粗大的任何植物的种子即可方便地完成。譬如,烟草在
种种寒冷气候下在无须施肥的泥土中亦可很好地生长,用来做
实验自然错不了,因为它是一年生植物,生长起来十分茂盛,常
有人那么高,而且我曾在花园里收下叶阔达一英尺半的烟叶。
但我下次做这类实验,将采用若干粒同类的种子,在同一钵土中
来进行,这样,效果可能会更加显著。鉴于无论谁做这类实验都
会在时间和地点上碰到不便,我便在室内做了一些较为短暂、迅
速的实验。我截取绿薄荷的顶芯,大约一英寸长,插入装满了泉
水的适当的玻璃瓶中,恰好使其上半截位于玻璃瓶的颈口之上,
下半截则浸在水中。几天之内,这株薄荷开始在水中生根,并舒
展开它的叶子,向上生长。而且它不久即长出了许多根和叶,散
发出强烈而芬芳的薄荷气味,然而,想是房内太热,致使这种植
物死亡。当时,它的主茎已长得相当粗,并连有须根,这些须根
在水中伸展,宛如植根于土中,密密麻麻,纵横交错,在透明的花
瓶里呈现出一片令人愉悦的景象。我用茉乔栾那做过类似的实
验,并且发现,用柠檬香薄荷和唇萼薄荷来进行实验也同样可以
成功,只是时间上要略为慢一些而已,在此,还有一些植物没有
列举出来。上述植物仅用水来培育,皆可获得足够的生长,其
后,我曾出于实验的考虑而取其中的一种置于一小曲颈瓶中进
行蒸馏,并由此得到一些黏液、一些焦臭的精、少量的成油
(adult oyl)以及某种残渣。这种残渣看起来像是炭,我断定它
可转变为盐和土。但其数量甚微,所以我没有对其进行煅烧。

我不曾倒移或更换培育这种植物的水，而且我之所以选用泉水而不用雨水，是因为后者无疑更像是一种 $\pi\alpha\upsilon\sigma\omega\epsilon\rho\mu\iota\alpha^{①}$，这就是说，虽然雨水不含颗粒较粗的混合物是无可否认的，但是，其中似乎含有许多物体的蒸气，因为这些蒸气在空中飘荡，可以渗透到雨水之中去，除此之外，它似乎还含有某种特定的含精物质，这种物质可从雨水中提取出来，但被某些人错误地当成是促使世界成为统一整体的那种世界之精，这样说，凭什么理由，有多少把握，我可能会在其他场合对你谈，但现在还不是谈的时候。

或许，我可能已替自己省去了一大堆口舌。就我所知，赫尔孟特（就其实验而论，这位作者值得许多学人给予他们未肯给予的更高的重视）曾有机会完成过一个实验，其性质与我一直在谈论的那些实验相同。他前后共花了 5 年时间，最终得到一定数量的水嬗变物，极为闻名。因此，若非做此实验需要很长时间，使人们望而却步，打消了好奇心与兴趣，若非这些实验所揭示的真理在某些程度上看似似是而非，从而需要以更多的证据而不只是以一条证据来给予证实，更重要的是，若非在赫尔孟特的《魔法疗伤》(*the Magnetick Cure of Wounds*)这本论著中可以碰到的一些放肆而不真实的言论，已促使人们对他在其他著作中的一些证明也产生了怀疑。而我又确实担保过，即便他在这些著作中表述了一些未必真实的东西，仍要为之担负起辩护人的职责，那么，我便决不至于把自己的实验与他的实验相提并论而不感汗颜。在此，我将就他所叙述的那个实验向你作以下转述。他取 200 磅已在炉中烘干了的土，装入一个陶缸中并用雨水浸湿，然后他在里面插栽一截 5 磅重的柳树干。每当需要时，他便给它浇上雨水或蒸馏水，而且他还用打有许多小孔的马口铁板来防止邻近的尘土混入缸中。5 年过后，他取出柳树，称重，发现它重达 169 磅 3 盎司余（以往 4 个秋天里的落叶一并计算在内）。他又将种过柳树的

---

① 希腊文，系指"元素混合物"(mixture of elements)。——译者注。

土再次弄干,然后发现原先的 200 磅重量大约只少了 2 盎司。所以,构成了柳树的 164 磅树根、树木和树皮,看起来都是由水生成的。虽然未见赫尔孟特有心对这种植物作任何分析,但是我刚刚告诉过你的那些东西,亦即我对自己单单用水培育出的一种植物所作的分析,恐怕会让你相信,倘若他曾对这一柳树进行过蒸馏,那么他便会得到一些性质各不相同的物质,与用另一柳树来进行蒸馏所得到的那些物质并无两样。我不再赘述,除了植物之外,我还曾就另一些物体设想过哪些实验,以便看看这些实验比之于我曾告诉过你的那些实验,能否达到同样的目的,但因要务缠身,至今仍未能将我的设想付诸于实施。所以,我只能说,这些设想据推测是有可能成功的:而最好的说法是,无须借助于新的实验,就凭我所告诉给你的那些曾经做过的实验,已足以证明我现在的任务所规定给我的、要用这类性质的实验来予以证明的全部内容。

根据你所谈到的那些内容(已沉默了许久的埃留提利乌斯开口说道),人们可能会怀疑,你关于复合物的起源的见解与赫尔孟特的见解相去不远,而且你也绝不排斥他在证明其见解时所用到的那些证据。

你所指的是赫尔孟特的何种见解和哪些论据(卡尼阿德斯问道)?

我们从你刚才一直在谈的那些东西中得知(埃留提利乌斯答道),你不会不知道,这位聪颖胆大的炼金术士毫不犹豫地断言一切结合物都是由同一种元素生成;而且植物、动物、矿物、岩石、金属等其他物体在质料上都无非是简单的水,只是在这些物体的种子的成形或造型作用下,这种水被塑造成了这些各不相同的形式而已。至于他的理由,你也应能发现,有许多都散布在他的著作之中。而最值得考虑的理由不外乎有以下三点:结合物最终可还原成无形无味的水,种种所谓的元素之间的可相互嬗变,以及完全结合物都是简单的水的产物。对于第一点,他断定，*sal circulatus Paracelsi*[①]，或者是他的液态万能溶媒都足以按照植物、动物和矿物在组分上的种种内在差别分别将它们分解成一种或更多种液体，（而不剩下残渣，这就是说，上述物体的种子的功能遭到了破坏）；而且将用于分解上述物体的万能溶媒保质保量地提取出来之后，所剩液体在用白垩或他种适当的物质来进行的反复回流蒸馏之中，会彻底地丧失其种子所具有的功能，最终变成了它们的原始质料，亦即无形无味的水。他还陆续提出了另外一些方法，可使某些特殊物体失去它们以前所获得的形状，并使它们变回其原始的简单状态。我所要告诉你的关于赫尔孟特为了证明水是结合物的本原而提出的第二点理由是，水以外的那些所谓的元素彼此之间是可以相互嬗变的。然而，他基于这种理由而陆续阐述出来的各种实验，却很难进行亦很难判断，以致我不会认同他的这些实验。至于即便这些实验是真实的，他从中导出的结论也是如何可疑，就不必再提了。因此，我接着要告诉你的是，因为我们这位善于反论的作者提出他的第一点理由时，力图以结合物的终极离解来证明水是结合物唯一的元素，是说在他的万能溶媒或另一种腐蚀性的作用剂作用下，可使结合物赖以成形的种子遭到破坏；或者说此时这些种子被损坏了，换句话说，它们再也不能在宇宙这个舞台上扮演它们自己的角色。所以，他在提出其第三点理由时，则要力图以物体的形成来证明相同的结论，他断言物体无非是水受种子的作用而形成的。关于这一点，他曾在其著作中陆续给出了好些例子，是关于植物和动物的；但其中有些例子既难于检验亦难于理解，另一些亦不是完全没有异议的。我想，其中的一个较为可信且极为重要的实验已为你所言中，亦即你刚才所提到的柳树实验。埃留提利乌斯继续说道，这样，对于你的问题，我已经对你作了一番简要的回答，我相信我所谈的这些东西你比我知之更深，所以，现在我很想听听你的有关见解，但愿你不至于为了满

---

① 拉丁文，指"帕拉塞尔苏斯的循环盐"。——译者注。

足我的这一请求而不得不改变谈话思路,颇费周章地另起炉灶。

(卡尼阿德斯答道)或许我应该补充说明一下:由于要彻底考察这样的一种假说以及有关论据,就必须要考虑许许多多的问题,无疑还要费去太多的时间,以致我现在就连对这样的一种分论题也没有详加探讨的余地,至于要周密地论证我的主论题就更不可能了。而我现在所要告诉你的是,你大可不必对我否认前述见解的新颖性感到担心。这是因为,纵然赫尔孟特主义者认定前述见解是一种新的发现并将其归功于他们的导师,纵然那些论据也大都是他们提出来的,然而这种见解本身却是十分古老的。因为第欧根尼·拉尔修(Diogenes Laertius)和另外的一些作者都认为泰勒斯(Thales)是希腊人探究宇宙的先驱。我还记得,塔利(Tully)曾告诉我们,正是这位泰勒斯,曾教导说万物在太初都是由水制成的。在普卢塔克(Plutarch)和殉教士查斯丁(Justin)看来,这种见解似乎还要早于泰勒斯:因为他们曾告诉我们,泰勒斯常常引用荷马(Homer)的陈述来维护他自己的宗旨。还有一位希腊作者[亦即阿波罗尼奥斯(Apollonius)的那位诠释者]曾就下述言辞[出自于芝诺(Zeno)]

$$\text{Έξ} \quad \iota\lambda\acute{\upsilon}\phi \ \epsilon\beta\lambda\acute{a}s\eta\sigma\epsilon \ X\theta\grave{\omega}\upsilon \ \acute{a}\upsilon\tau\eta.$$
地球是由泥浆形成的,

断言道,混沌,亦即赖以产生万物的混沌,据赫西奥德(Hesiod)的说法是,水;水先是沉降下来,变成泥浆,继之凝结成固状的土。关于泥浆的产生,奥尔甫斯(Orpheus)似乎也曾持有同样的见解,有位古人曾以下述陈述记载了他的这种见解,

$$\text{E}_\chi \ \tau o\tilde{\upsilon} \ \acute{\upsilon}\delta a\tau\phi \ \iota\lambda\grave{\upsilon}s \ \kappa a\tau\acute{\epsilon}s\eta.$$
泥浆是由水生成的。

　　从斯特拉博（Strabo）所表述的出自于另一位作者的那些关于印度人的记述来看，印度人也似乎倾向于认为，万物的起源方式虽各有不同，但赖以形成整个世界的却是水。还有某些古人认为腓尼基人也持有类似的见解，并且认为泰勒斯本人也是从腓尼基人那里借用了这种见解。鉴于有些学者将通常被认为是由留基伯及其信徒德谟克利特（Democritus）所提出的原子假说归功于一位名叫摩斯科斯（Moschus）的腓尼基人。我也倾向于认为，希腊人的神学乃至于其哲学中的许多东西有可能是从腓尼基人那里借鉴过来的。或许，前述见解的提出还要早于这里所说的，因为我们还知道腓尼基人的大部分知识又是从希伯来人那里借鉴过来的。在承认摩西《圣经》的人们中间，有许多人历来倾向于认为水是原始的普遍物质，通过仔细阅读《创世纪》的开头部分，即可看到，水在那里是不仅被当成地上的种种复合物的质料因，而且被当成构成了宇宙的一切物体的质料因提出来的。宇宙的各个组成部分可以说是在上帝之灵（the Spirit of God）的运作之下从那个巨大的深渊中依次产生出来的。据说上帝此前一直就像孵化幼体的母性一样在那片水域（原文为 *Merahaphet*，其含义似乎是指两个不同的地方中的一处，而这种说法，我恰恰是在希伯来语《圣经》中见到的）的表面之上亲身劳作。可以设想，那片水域由于感受神恩而孕有了万物的种子，再经过上述生产孵化过程便足以产生出这些物体。然而，我知道，你希望我能够像一个自然主义者那样来谈及这一问题，而不是像一个诠释学者。因此，我将补充一些例证，以支持赫尔孟特的见解，因为我记得他既没有给出关于矿物由水形成的任何例子，也没有就任何动物给出例子，而一个法国化学家德·罗切斯（de Rochas）先生，曾向其读者推荐了一个实验，这一实验如果真像他所说的那样准确无误，则是十分值得考虑的。他在依照某些化学概念和隐喻概念（坦率地说，我也弄不懂他的这些概念）叙述了种种事物的增殖现象之后，便在一些与我们的论题无关的推理中记述了下述内容，我只能凭记忆用英文向你复述这段记述的大意,但应不至与其法文记述的原意有什么大的出入。(他说),在根据水在自然过程中的作用弄清了这样重大的一些疑团之后,我便明白了我们凭借效法自然过程的技艺可以用水来做什么事情。因此,我便取来水,不停地进行适当的加热,而且我相信我所取的水除含有或混有那种生命之精(他此前曾谈过这种精)以外,不再混有其他任何东西,最后,我按照上述办法使之终而逐级凝结、凝固并固化,转变成土,而这种土又可产生出某些动物、植物和矿物。我不指明是哪些动物、植物和矿物,因为这一点值得另作一番解释。此且不论,种种动物总归是要动,要吃,等等。而且,通过对它们进行正确的分析,我发现它们是由大量的硫、少量的汞以及更少的盐组成的。而各种矿物开始生长和增殖是因为一部分土在那里发生演变而拥有了矿物的本性,皆变得又重又硬。并且,借助于这种确凿无误的科学,亦即化学,我发现它们是由大量的盐、少量的硫以及更少的汞组成的。

然而(卡尼阿德斯说道),对这种怪异的描述,我尚存有某些疑虑,以致我在弄清我们的作者疏而未提的某些重要情形之前,不打算就此描述发表任何看法。尽管就生物(无论是植物还是有感觉的生物)的生长而论,都并未发现这种论述有何不当之处。譬如我们发现,普通的水(当然,常有各种活性要素和活性成分浸透于其中)在静处经长期存放后会变腐发臭,且往往生有苔藓和为数甚少的蠕虫,或其他的虫子,视潜藏于其中的种子的性质而定。但我也必须提请你注意,赫尔孟特并没有向我们提供关于水产生出矿物的例子,而他用以证明矿物和其他物体可被分解成水的主要证据,是取之于他用万能溶媒来进行的各种操作,这自然无法由你我加以核实。

当然(埃留提利乌斯说道),当你发现大量的水分变成了某些物体的组分,而这些物体的外形并不起眼,绝难容下这么多的水分,你无疑会像我一样感到有些奇怪。如鳗鱼的蒸馏,虽然除残渣以外,还产出了一些油、精以及挥发性盐,但所有这些物质合在一起也远远抵不上得自于鳗鱼的黏液的分量（而且在这种黏液中的鳗鱼起初就像在一缸水中一样活泼），看来鳗鱼不过是由黏液凝结而成。奇怪的是，即便是活力极为旺盛的蝰蛇，也同样是由黏液凝结而成的，蝰蛇在失去头和心脏后仍能在周围的空气中存活数天，因而在操作中备受人们的关注。人的血液本身是一种复杂的液体，既有含精成分，也不乏大量的黏液，有一天，我特意取来一些血液进行蒸馏实验（类似于我先前做过的鹿血蒸馏实验），在操作进行到黏液以外的其他任何成分开始蒸发之前，我随之更换了接受器，结果从大约七盎司半的纯净血液中提取出了近六盎司的黏液。为了证实这些动物黏液中有一些完全不含有精，是名副其实的黏液，我还尝了它们的味道，但我并不满足，又将酸液注入其中，看它们是否含有任何挥发性的盐和精，结果在注入酸液之后未见有起泡现象（如果其中含有盐和精的话，则可根据起泡现象来予以鉴定）。现在，我想谈谈有关腐蚀性的精的问题，我所要告诉你的是，尽管它们看起来无非像是一些液态的盐而已，然而，它们却蕴含着大量的水分，当你打算采用让它们腐蚀某一适当物体的办法，束缚住它们所含的盐分进而使之固定下来时，或是当你准备用某种具相反性质的盐来中和其含盐成分时，你便可能观察到这种现象，而我目睹到这一现象则是在利用精制过的醋替代酒精制备一种与赫尔孟特借助于酒精制备出的 *balsamus samech* 颇为类似的药物时。说来你恐怕很难相信（我刚才所说的那些东西），酒石盐置于这种酸精中进行蒸馏处理，在还没有达到那种再也不能从精制的醋中夺取其盐分的过饱和程度之前，即由于中和并吸附了其酸性盐分，从而变成淡而无味的黏液，且重量翻了近二十倍。而且，虽然极纯的酒精可以说是一切液体中含水最少的液体，性烈如火，可以完全烧干而不留下一滴尾液，然而，即便是这种性烈如火的液体，赫尔孟特也敢于断定说（但愿他没有说错），从质料上讲，它也是水，只是隐藏在硫的外表之下。因为，按照他的说法，在帕拉塞尔苏斯的特效药 *balsamus samech* 的制备过程中（这种药物的制法如下,取酒石盐,先用酒精处理,待这种盐为酒精中的硫所饱和后再从中蒸出酒精,直到蒸出的液体在数量上相当于所加入的液体时为止),由于经过蒸馏处理所得到的酒石盐留住了或者说是夺得了酒精中的含硫成分,而其余的成分,亦即酒精中占绝对多数的成分,又跑到黏液之中去了。我所以要加上一句(但愿他没有说错),是因为我自己迄今尚未成功地做成这个实验。然而,我并不像许多化学家们那样认为这个实验是假实验(尽管我也曾像他们一样,徒劳地用普通的酒石盐来做这个实验)。这不仅是基于实验上的某些理由,而且是基于下述理由,除了赫尔孟特经常依据这一实验来进行一些推论外。还有一位在炼金术制备方面极为严谨、熟练的著名人士,在我向他问起,按照一种符合我所提出的那些要求的方法来处理上述盐和精,能否成功地完成这一实验后,他便向我保证说,他曾按照我所提出的办法极为成功地完成了赫尔孟特的这一实验,且不需要在上述盐和精中添加任何东西,只是我们的方法既颇为费时也不太简单。

（卡尼阿德斯说道）我的确一直很想知道借助于火究竟能够从物体中得到多少黏液。关于这种黏液,不久以后我会有机会来谈点什么,但我并不打算现在就谈。回头再看泰勒斯以及赫尔孟特的观点,我认为,即便那种万用溶媒能够将一切物体还原为水,也不能根据生成的水淡而无味便妄加揣度,说它必定就是元素水。因为我记得那位率直而善辩的佩特·劳伦伯格斯(Petrus Laurembergius),在对撒族人的格言所作的注释中宣称,他曾见有一种淡而无味的溶媒,性能极佳,(倘若我的记忆尚无大碍的话)能溶解黄金。而且,不用添加剂即可从水银中蒸取出来的那种水,几乎没有什么味道,但我相信,你会认为这种水的性质远不同于普通的水,尤其是在你用它来煮解某些适当的矿物之时。就上述各点,我只想补充一句,这种见解尚有待于进一步的发展。因为我认为没有必要假设,在《创世纪》开头当成普遍质料提出来的水就是单一的元素水。须知,我们固然应该假定这种水已是一种混杂的聚积物或堆积物,且是由形形色色的活性要素、种子以及另一些适于在它们作用下成形的微粒共同构成,但倘若这种水的全部组成微粒被造物主造出来时十分微小,而且已被置于某种现实的运动,诸如可导致它们彼此之间相互滑动的运动之中,那么,我们也可以说这种水是一种类似于水的液态物体。譬如我们所以说海是由水构成的,(尽管有含盐物体、含土物体以及其他物体混溶于其中)这样的一种液体足以称之为水,是因为这种液体可以说是最庞大的一种类似于水的液体。然而,某个因具有可流动性而显得像是液体的物体却可以含有性质各不相同的微粒,这一点,只要你将装有适量的矾的某一牢固容器置于足够强的火下作用,你就不难相信。因为它虽然既含有水、土、盐、硫的微粒,又含有金属微粒,但一眼便可看出,这个整体还是可以像水一样流动,沸腾起来像开了锅似的。

倘若我现在就不得不对你给出我对泰勒斯和赫尔孟特的假说的判断的话(卡尼阿德斯继续说道),倒不难在上述思考的基础上进一步表明自己的看法。但现在只考虑我们是否可以下结论说一切物体起初都是由水生成的问题,所以我不妨从我曾经做过的那些关于植物的水培植生长的实验中导出我所提出的或我所要证明的那些结论,这就是说,盐、精、土甚至油(尽管它被认为是一切物体中与水截然相对的物体)是可以由水生成的。而且,无论是化学家们的要素,还是逍遥学派的元素,都有可能(在某些条件下)被人再造出来,或者说,是可能从原先并不具备该要素或元素的形式的一团物质中得到的。

于是,埃留提利乌斯,在证明确有可能再造出诸如化学家们通常称之为三要素的那些物质之后,以下我必须努力揭示,火的运用实际上(常常)非但可能将复合物分解成一些微小的成分,而且可能促使这些成分以一种新的方式复合,也许,一些含盐物质、含硫物质以及具有另一些结构的物体可能是通过这种方式产生的。或许,仔细考虑火的运用对于那些得自于人类技艺的、因而其组成已为我们充分了解的混合物所起到的作用,会有助于我们探究火的运用对另一些物体的作用效果。因此,你不妨注意一下,虽然油或脂肪、盐和水于煮皂锅中经反复蒸煮结在一起即制成了肥皂(sope)。但如果你将这些东西所构成的物体置于曲颈瓶中加热,并逐次增加热度,你便完成了一次分离操作,然而所得到的并不都是原先用于制肥皂的那些物质,而是性质不能确定但肯定不是元素的另一些物质。尤为重要的是,得到了一种味道既酸且腻的油,其性质远不同于原先用于制肥皂的油①。因此,如果你以适当的比例混合硇砂和生石灰,再对其进行逐级加热,是不能将硇砂和生石灰分开的,尽管它们一个是挥发性的物质,另一个是固定性的物质,但是,将会有一种比硇砂更易挥发、更富于刺激性也更臭的精升上来,而生石灰或参与构成了硇砂的海盐则全部或几乎是全部遗留下来。为了满足你的好奇心,我可以告诉你,这种海盐可与生石灰很好地结合起来,我曾在曲颈瓶中对这两种成分连续施以极为剧烈的火作用,使之熔为一整块,而且这种物块在潮湿的空气中易于潮解。如果在此有人提出,这些例子是取之于人造凝结物,而这些凝结物是造物主所造就的凝结物的再复合物,并以此作为反对的理由。对此我将答道,我所提出的例子足以证明我所要提出并要加以证明的那些东西。此外,很难证明造物主她本人并不制造再复合物,我是指那些结合物混在一起的时候,而这些结合物已是由元素性质的物体,更确切地说,是由较简单的物体复合而成的复合物了。(例如)就拿矾来说吧,尽管我从一些矿物土中取得这种东西时经常无须技艺之助,全凭造物主的惠赠,尽管化学家们倾向于将其归为盐类,但实际上,矾是一种再复合物,是由某种土质物体、某种金属以及至少一种具某种特殊性质但并非元素性质的含盐物体共同构成的(这一点,不久后我就会有机会说

①　其实际化学过程可能是,含不饱和结构的油在此过程中遭到氧化,致使一部分油变质。——译者注。

明）。而且就动物而言，我们也可看出，它们的血液可能是由若干种截然不同的结合物组成的，因为我们能够清楚地察觉到，有些靠食鱼为生的海禽尝起来有鱼腥味。而希波克拉底（Hippocrates）曾观察到，吃过喷瓜汁后的乳母的奶汁对幼儿具有通便作用，这说明乳母的奶汁中伴生有这种致泻药物的微粒；而白色的奶汁一向被医生们认为是血液的变体，只是颜色变白而已。而且，我记得我曾经注意到，距阿尔卑斯山脉不远的那个地区的黄油在一年的某段特定时间里为异乡人尝来很不是味，因为其中有一股腥味，而那里的牛在这个时候通常都大量啃食带这种腥味的草。然而（卡尼阿德斯继续说道），要对你给出另一种类型的例子，以揭示利用火可以从某一结合物中得到某些并非先在地存在于其中的物体，我就得提请你注意。无须使用任何附加剂也可以从许多植物中制得玻璃，我想你绝不会说它先在地存在于植物之中，这种物体只能是在火作用下生成的。关于这一点，我只想再补充一个例子，这就是以某种人工方式处理水银而不加附加剂，你可以从中分离出一种纯净的液体，至少有原重的 1/5 或 1/4，这种液体，一个普通的逍遥学派人士会把它当成是水，而一个庸俗化学家则会毫不迟疑地称之为黏液，而且，我似乎还曾见过或听到过这种说法，说这种液体不能重新还原成汞，所以它不是汞的变体。然而也有相反的说法，有些化学家不承认汞含有任何一种贱组分，无论是土还是水，即便有，其数量也微乎甚微，无法察觉。此外，我认为，既然汞是如此沉重，是同体积的水的重量的 12 或 14 倍，那么，要说水银中含有的水分竟有如此之多，相当于利用上述方法从中得到的水分的分量，则难免不通。为了进一步证实上述理由，我愿意补充一段新奇的描述，我有两位足可信赖的朋友，一位是医生，另一位是数学家，他们曾严肃地向我保证过，他们为了一项关于金的哲学工作，需要把汞还原成水，在进行过多次实验之后，他们终于有一次通过反复回流蒸馏将一磅水银还原成了几近于一磅的水，在试验中他们没有添加任何其他物质，只是将汞置于特意设计的容器中，以精心设计的方式施加火作用而已。然而，关于这些实验（卡尼阿德斯指着这次对话的记录者说），我们的这位朋友以后可能会对你给出一份更详尽的记述，无须我在此赘述，因为我现在所谈的这些已足可证明，火既常能分解物体亦常能改变物体，我们运用火有可能从结合物中得到并非先在地存在于其中的物体。另外，我所以确信，没有哪种物体仅仅是由于火的分离作用而非生成作用向我们给出了我们称之为黏液的东西，是因为绝大多数结合物的性质都远不如汞那样稳定，因而更易于变化，汞既稳定且不易变化（对此，我在大约一小时前曾用实验予以说明，而化学家们常常为各种幻象所惑，未明此理），汞尚不能如此，况他物乎？然而，鉴于我即将转而述及，火有着某种效力，可产生新的凝结物，因此，在此我就不再死扣上述理由了。只是我要提请你注意，如果你不怀疑赫尔孟特的论述，你就得相信，三要素既非非人工所能造就之物亦非坚不可摧之物。因为利用他的万能溶媒可以从一些各不相同的物体中产生出其中的某些要素，而且利用这种强有力的溶媒，还可以将这三者都还原成淡而无味的水。

当卡尼阿德斯正要开始陈述他的第三类思考时，埃留提利乌斯觉得在他的第二类思考结论与其本人所认同的关于结合（mistion）的理论之间似有矛盾，并急于想看看他对此会作何解释，因而插话说道，卡尼阿德斯，你对逍遥学派关于元素和结合物的见解处处都甚感不满，照说你也应该反对逍遥学派关于结合方式的概念，但你并未如此，这令人颇为费解，要知道在这一点上，化学家们同意亚里士多德之前的大多数古代哲学家的见解（尽管他们可能从未意识到他们自己是这样做的），而且他们这样做的理由也颇为充分，这促使现代的一些自然主义者和医生采取了下述做法，尽管这些人极不赏识炼金术士的其他观点，但他们仍然站到炼金术士一边，反对一切经院学派所公认的结合观点。（埃留提利乌斯继续说道）或许你会问我这样说的道理何在？我的回答是，无论是现在，还是以后，我都有许多值得坚

持的理由，它们一部分出自于塞纳特（Sennertus）和其他学者的
著作，一部分出自于我自己的思考。但归结起来，我只想谈以下
三四点理由。其中的第一点理由，涉及了这场争论的性质以及
结合的原概念，这一概念尽管被经院哲学家们弄得十分复杂难
解，但仍不妨将其简述如下。正如其大多数诠释者所述，亚里士
多德的确曾在某些地方讲过，他与前人的一个显著区别就在于
他认为结合是一种相互渗透，是那些混在一起的元素的完美的
融合，所以，结合物没有哪一部分，不管它多么微小，不含有全部
的四种元素的每一种元素，或者你不妨说，在结合物的任何一部
分里，都谈不上有任何元素存在。我还记得，他曾指责说古人所
说的结合是一种极不完善或极为粗糙的结合，因此，倘若元素只
是像他们所说的那样混在一起的，亦即仅仅只是混杂，而绝非融
合，那么，按照他们的假说，结合物便可能只是人眼之中的结合
物，而在一只目光敏锐的山猫看来，情况可能并非如此，山猫视
力甚强，可能会分辨出各种元素。反之，古人虽然在判别哪一类
物体才是结合物时未能取得一致，但他们却一致认为，在一个复
合物中，固然所有的混合元（miscibilia），亦即有人称之为元素
或要素、也有人爱用其他名称来指称的那些东西，都极为紧密地
联结在一些相当微小的组成部分里，以致人们觉得该物体的任
一可感觉得到的部分都与其余的部分有着相同的性质，且与其
整体的性质相同。然而，作为一个个混合元，各种原子或其他无
法察觉的物料单元，却在复合物中仍然保持着其自身的性质，只
是它们彼此之间已以并列或并置的形式而联合在一起，并构成
了一个整体而已。所以，虽然由这种组合所致的结合物无疑可
能含有一些新的性质，但是，复合成结合物的各种组分仍然保持
着其自身的性质，因此，对这种复合体（compositum）施以破坏作
用，则可以促使其各种组分彼此分离开来，而从这些具不同性质
的结合物中离解出来的各种微小成分，又可以逐类聚集起来，再
次变回火、土、或水，就好像它们未曾碰巧成为某种组合中的组
分一样。（埃留提利乌斯继续说道）这可以通过下述例子来予以

解释,白线和黑线织成一块布后,整块布既非白色亦非黑色,而是一种混成色,亦即灰色,但织布所用的白线和黑线却仍是老样子,仍是原先的颜色,这一点,拆下来一看便知。(埃留提利乌斯继续说道)我深信,这个例子切中了这场争论的实质,也切中了继亚里士多德之后常常将结合定义为 *miscibilium alteratorum unio*① 的那些亚里士多德主义者的要害,而且,刚才所谈的这个例子似乎印证了化学家们的见解,而排斥着他们的论敌的见解,因为就此例所揭示的内容来看,只存在着微粒的并置;而微粒仍保持其各自的本性,并可被分离开来,反之,按照那些乐于把各种元素聚在一起时所生成的东西称之为结合物的亚里士多德主义者的见解,要说混合元的可变化性在于可离解性,则是极不适当的,因为在这类结合物中,无论哪个组分,无论它多么微小,都绝不能说成是火、气、水或土中的任何一种元素。

我实在无法想象,除了我刚才谈过的那种方式,物体怎么可以以其他任何方式混合,至少,我无法理解物体怎么可以按照逍遥学派人士所认同的方式发生混合。亚里士多德曾告诉我们说,如果将一滴酒滴入为数多达数万倍的水中,则这滴酒会由于受制于为数极巨的水而变成水,但这在我而言,实在难以理解。这是因为,既然我们一次加入一滴的结果是酒混入水中之后并变成了水。那么,即便我们在同一数量的水中分一千次滴加,且每次加入许多滴酒,使其数量超过了水的总量,在这种操作下得到的整个液体也仍然应该是水,而不应是一种饱和液(*crama*),亦即酒和水的一种混合物。而且,倘若就金属而言也存在着这种现象的话,那么,这岂不是要成为金匠和精炼者们格外珍视的秘诀。因为他们只须将一块金或银熔化,再于其中一粒一粒地铸入铅或锑,经过相当长的一段时间后,就可以将贱金属变成贵金属,且数量随他们安排。另外,既然一品脱酒和一品脱水可混成大约一夸脱的液体,那么,显而易见的是,这两种物体并不像

---

① 拉丁文,意为"混合元的质变性的融合。"——译者注。

有些人所期望的那样,彼此之间发生了完全渗透,它们仍然保持了其各自的容积,所以,它们不过只是由于混合作用而被分成了一些微小的物团,这些物团正如混在一个粮堆里的小麦、黑麦、大麦以及其他谷物一样,彼此之间只不过有着表面的接触。我们只能说,正如一份小麦与一百份黑麦相混时,在那些小麦粒与为数较多的黑麦粒之间只不过存在着一种位置的并置和表面的接触一样,当一滴酒与大量的水相混时,也只不过存在着位置的并置,亦即酒的微粒与水的微粒依照相应的比例并置在一起。因此,在这一点上,我们倒是应该遵从斯多葛学派的结合概念(亦即σύγχυσις或称混杂),根据这一概念,极小的物体与极大的物体之间也可以相互混合,我认为舍此之外,别无他法可以避免下述荒谬的结论。譬如,倘有一结合物是由一磅水和一万磅土混成的,按照亚里士多德主义者们的说法,在发生混合前有两种元素,而在它们的复合物中,即便是最小的部分也由土和水共同构成的。或许,(埃留提利乌斯说道)在我阐述从结合的特性中所发现的那些证据时,已费去了太多的时间,所以,我只能简单地提及其他的两三条证据。其中第一条证据正是取之于亚里士多德本人,在他看来,结合物的运动起因于其主要元素的性质,譬如,那些以土为主要元素的结合物易于趋向于某些重物的中心。而且,鉴于有许多事例表明,在许多结合物中,元素性质仍然在起着作用,尽管这种作用尚不如在元素本身当中那样显著,以此看来,对于元素仍在起作用的那些物体来说,我们没有道理否认,元素实际上存在于其中。

就上述见解,我还想提出下述不无说服力的证据以作补充,这一得到经验证实和亚里士多德承认的证据是,结合物可再行离解并得到各种混合元,这在植物和动物的化学离解中是显而易见的事情,然而,若非各种混合元在结合物中仍保留着各自的形式,便不可能发生这种现象。须知,按照亚里士多德的看法以及传统的说法,世间万物皆共有同一种基质(common mass),亚里士多德称之为原始物质（*meteria prima*）。于是，事物的构成以及区别于他物的特征取决于形式而非质料，故说元素不复留存于结合物之中便是指其形式而非指其质料而言的，这并不是说，元素可完完全全地留存于其中。于是，土、水等元素在未共同形成物体之前固然是一些质料成分，但其生成物一旦组成，则可以认为该物体就如同任何元素一样简单。因为按此假说来说，在一切物体中，质料都无疑表现出相同的性质，而且元素的形式则已然遭到了破坏和废弃。

最后，我认为，倘若我们愿意考察化学家们的实验，我们就会发现化学家们的学说比之于逍遥学派人士的宗旨有着显著的优点。譬如，在精炼者们那里，有一种称之为锱水析银法的纯化黄金的方法，他们在这种操作中，取三份银与四分之一份金（这种操作得名于此），通过熔化使之完全熔融，从而使得所生成的金属体有着一些新的性质，可以认为，在此组合作用下，金属体没有哪个可以感觉得到的组分不是由这两种金属共同构成的。然而，如果你将这一混合物投进锱水，那么，银将会在此溶媒之中溶解，而金则会落到装有锱水的瓶底，状若一种灰色或黑色的粉末，此后，这两种物体都可以再次被还原为先前的金属。这表明，尽管这两种金属是通过微小组分而相互混合的，也仍然保持着它们各自的性质。我们还可看到，即便将一份纯银与八到十份，或更多的铅相混后，置于灰吹盘中用火作用也可轻而易举地再次将它们完全分开。在此，我希望你不仅要注意到，在化学分解过程中，存在着各种元素组分之间的分离，而且更要注意到，也有一些结合物会极为大量地产出这种或那种元素或要素，而其他元素或要素则甚少产出。譬如我们知道，松树脂和琥珀可产出很多油和硫，却甚少产出水。与此相反，被公认为完全结合物的酒则只能产出少量的可燃性的精或硫，以及为量更少的土，但却产出大量的黏液或水。倘若每一个粒子，甚至是最小的粒子，都恰如逍遥派人士所设想的那样而与其整体有着相同的性质，其中确实含有土、水、气、火这四种元素的话，便不可能出现上述情形。因此,对于亚里士多德所借重的那一条可说是唯一的辩护理由,亦即,倘若他的见解遭到拒斥,便谈不上有什么真正、完全的结合,有,也不过是由相邻的一些微粒组成的聚集体或堆积体而已,这些堆积体人眼虽然无法分辨,但在一只山猫眼中则不然,它可能不承认,它们彼此性质相同,且与其整体的性质无异,恰好满足完全结合的要求,对此,我要说,他即便不是在采用以命题来证明命题的方式将结合的概念钉死在那些在自然主义者们看来并非结合的必要条件的先决条件上,至少也是在小题大做,咬住某个不成问题的问题来替自己辩解,说到底,他并未提出强有力的证据证明造物主采取了不同于我前面讨论过的那种结合方式的方式,而我却能以强有力的证据证明其反题,在我们所主张的结合中,各种混合元被分成一些微小成分,继而结合在一起,直至为我们的感官所感知。倘有人不同意此即是构成真正的结合的充分条件,那他就不光是要同他的论敌论战了,还非得与造物主论战一番不可。

因此,(埃留提利乌斯继续说道)我对于卡尼阿德斯竟会极力反对化学家们的结合学说感到尤为不解,须知,在此问题上,化学家们是站在他所挚爱的造物主一边,反对着他平素的论敌,亚里士多德。

我(卡尼阿德斯答道)大可不必此刻就去对围绕结合问题展开争论的双方的见解作一番彻底地考察。倘若我别无第三条路可走而必须在亚里士多德和先于亚里士多德的那些哲学家的观点之间作出非此即彼的选择,那么我倒是会觉得后者,也就是化学家们所接受的那种见解,更具有说服力。然而,鉴于我在元素概念这一问题上的答案已然与这两个学派的看法皆不相同,我想我在这里也可以走上一条中间道路,也可以本着对这两种结合概念的任何一种都既非完全赞同、亦非完全反对的态度来对你谈谈我对于结合的看法,当然,我绝不是要武断地断定,在涉及结合的那些现象中找不出这样的例证,它们似乎是在支持着化学家们及其支持者们从古人那里借鉴过来的主张,我只不过是要尽力向你揭示,有一些例证表明,我们可能应该保持上述怀疑,而且,我的第二大类思考并不是没有道理的。

我不妨坦率地对你承认(卡尼阿德斯说道),我一向觉得,亚里士多德所表述的关于结合的学说是不尽如人意的,尤其是对该学说宣称可再行从结合物中分离出四元素感到不满;因为元素既然已不复存在于结合物中,便只能认为所得的元素是生成物而非分离物。在我看来,先于亚里士多德的古代哲学家们以及后来接受了他们的见解的化学家们在谈及这一问题时,即便不会比逍遥学派人士谈得更正确,也会比他们明智得多:他们坚信,存在着有确定数目的一些原初物体(primogeneal body),它们聚在一起时则产生了我们称之为结合物的一切物体,当结合物离解时,它们只是被逐一分开、还原,正好成为未聚在一起时的那些原初物体。然而,即便他们在表述这些东西时能够自圆其说,也不足以令我这个还未曾碰到可令我全盘接受之见解的人心悦诚服,我必须向你申明,我对于结合的本质的看法既不同于亚里士多德主义者的看法,也不同于古代哲学家们和化学家们的看法,如果你允许,我将简要地对你谈谈我现在对于结合的看法,但望你把这看做是假说而非断言。我现在并不打算提出并论证一种完整的关于结合的学说,而谈这些东西,只是想要揭示,有时混在一起的物质确有可能极为紧密地结合起来,以致通常的火操作,亦即化学家们在认定他们自己完成了对结合物的分析时常常引以为据的那些火操作,是不足以对下述说法,亦即认为共同构成了上述结合物的各种混合元在结合物中仍保持着各自的特性。而且在碰到炼金家们用火作用时,无论是同一种组分的所有部分在构造上出现了某种变化,还是出现了不同组分的某些部分之间的联结趋势强于这些混合元中的某一种混合元的所有部分之间的联结趋势的情形,都只会促使这些混合元更易于分离,并复归于未结合前的状态,而很难促使它们改变的说法,提供充足的证据。在他说完这些之后,埃留提利乌斯随即敦促他开始谈他所要谈的东西,并允诺了他刚才的请求。

　　(卡尼阿德斯继续说道)我认为,在此不必提及那些非正常类型的结合,亦即由匀质物质参与的结合,诸如水与水相混;以及同一种酒从分装的容器倒在一起,所以,总的说来,我所要谈及的结合仅指两种或多种不同种类的物体通过微小组分而互相结合,诸如灰与砂熔化成玻璃,矿物锑与铁形成铁锑(*regulus martis*),以及糖溶于酒和水相混所得的混合物。显然,就这一关于结合的一般概念来看,其内涵并非是说,在复合物中各种混合元或组分的那些微小部分都确实保持着它们的性质以及它们之间的区别,因而在火作用下可再行分开。尽管我并不否认,就某些永久物体之间的某些结合而言,重新得到其各种组分是可能实现的;但我并不相信,这就一切结合类型甚至是就绝大多数结合类型而言都能够实现,或者说这是从化学实验和正确的结合概念出发所导出的必然结果。说得更透彻些,这表示我承认,有些物体不但可以相互混合,而且可发生极其牢固的混合,这些物体既不是元素物体,也从未被分离成元素或要素,且可相互混合,刚才提到过的铁加入熔融的矿物锑得到上述的那种熔体即是一种明证。而且这种现象还见诸于金币,金币是在金中或多或少地熔入一些银或铜或同时熔入这两种金属(在我们的造币厂中,它们的用量约占 1/12)制成,可长期使用,历久不变。其次,我认为,万物的普遍质料只有一种,众所周知,亚里士多德主义者们将其称为原始物质(无论如何,他们关于这种原始物质的种种看法,我是不能一一赞同的),他们自己承认,这种质料的各部分之间似乎只是在某些性质或特性上或多或少有些差异而已;而它们所形成的种种有形物质正是得名于上述差异,并因此而被归入物体的这种或那种特殊类别。那么,一旦一物体丧失或被剥夺了这些性质,那么,即便还不能说它是非物体的东西,也再不能说是植物、动物、红色物体、绿色物体、甜物体、酸味的物体以及任何类别的物体中的任何一种物体了。在我看来,物体的各个微小组分通常只是通过相互接触和依附而聚在一起,然而,也有极少数的物体,其微小组分是极为紧密地结合在一起

的,应将这种紧密结合归之于何种原因,我们尚不清楚,反正当
这类物体碰到某种其他物体时,其微小组分或者可能钻入后者
的微小组分之间,以此将它们分开;或者可能适于与它们之中的
某些微小组分发生较为牢固地结合,而不易与另一些微小组分
发生这种结合;至少还有另一种可能,亦即其微小组分可能与所
遇物体的微小组分发生极为紧密的结合,以致火,或其他不无效
力的化学分析工具,都不能将它们分开。在上述前提下,我当然
不会断然否认,可能存在着这样的一些粒子团,其中的粒子十分
微小,且是极为紧密地聚集在一起,以致当由这类十分紧密的粒
子团所组成的、种类不同的物体发生相互混合时,纵然所形成的
复合物可能与这两种组分皆极不相同,但这两种微小的物团或
粒子团仍有可能保持着其自身的性质,这样,它们就可能被分离
开来,又变成混合前那种物质。譬如,当金和银以某一适当的比
例(如采用其他比例,精炼者则会告诉你实验将会失败)熔在一
起后,利用镪水可使银溶解,而金则原原本本地留了下来。正如
你以前所说,借助于此种方法,可从这种结合物中重新得出先前
的那两种金属。然而(卡尼阿德斯继续说道),也存在着另一些
粒子团,其中的粒子之间的结合并不那么紧密,以致当它们遇到
其他种类的微粒时,则倾向于与这些微粒发生结合,因为它们之
间的结合尚不如它们与这些微粒之间的结合那样紧密。在此情
形下,两种微粒的结合则会导致它们丧失其原有的形状或大小
或运动或其他特性,与此同时,它们被赋予某种确定的性质或本
性,其中每个微粒都不再属于它先前所属的类别;而且,这些微
粒相互结合可能导致一种新物体的产生,其中的每一个微粒就
像未发生混合前的某一类微粒一样,是完全同一的,如果你愿意
的话,你也可以说这些微粒是不可分辨的。因为这一凝结物确
实有着其自身的特性,而且用火或已知的其他任何分析方法不
可能再次将其分解成先前参加混合的那些微粒,而只能将其微

粒分解成另一些粒子。（埃留提利乌斯说道[1]）举出一些实例，可使上述内容变得更易于理解。譬如，你将铜溶于镪水或硝石精中（我不记得我用的是哪一种了，但我觉得这无关紧要），对溶液进行结晶你就可以得到一种很好看的矾。尽管这种由结合作用而形成的矾显然有着先前的任何一种组分所未能有的种种性质，然而硝石精，至少是很大一部分硝石精，在这种复合体中似乎仍可能保持着其先前的性质。因为就进一步的实验情况来看，这种矾的精在蒸馏时是呈红色的雾气逸出的，这种红色的精气味特别难闻，且具酸味，这无疑表明它就是硝石精，而且留下来的金属灰仍是铜，我想你对此不会存疑。然而，如果你将红铅，亦即铅经火煅烧而成的粉末，溶于精制的醋精之中，再对溶液进行结晶，你便可得一种甜味盐，这种盐不仅与其两种组分皆不相同。而且，其中的那些溶媒成分与那些金属成分之间的结合是那样紧密，就好像那些醋精本身已被破坏掉了似的。因为这种盐的微粒已完全失去了醋精所特有的那种酸味，要知道醋精这种液体之所以被称为醋精，是因为它具有这种酸味；而我们之所以说不能从由醋精和红铅共同形成的这种铅糖[2]（*saccharum saturni*）中分离出先前用于处理红铅的酸成分，则是因为这种凝结物尝起来非但一点不酸反倒很甜。而且，当我将与浓醋精相混时可立即吱吱作响的酒精注入这种铅糖时，也并未听到响声，这表明醋中的酸成分即便仍被保留在铅糖中，也很可能已发生了凝结。更重要的是，在对铅糖进行单独蒸馏时，我亲眼观察到一种液体，具强渗透性，但其味道却一点也不酸，其气味以及其他性质也同样不同于醋精。看来，醋精中也有某些成分已被牢固结合在残渣中了，而这种残渣虽有着铅的本性，但却

---

① 照上下文看，以下的一些论述应为卡尼阿德斯所述。——译者注。

② 铅糖，$Pb(OAc)_2 \cdot 3H_2O$，由红铅（Pb_3O_4）与浓醋酸作用，重结晶其产物，得铅糖。——译者注。

在气味、颜色等方面都不同于红铅[①]，这虽然使我联想到了这样
一种混合模式，亦即，两种粉末，一兰一黄，其混合物则可能呈绿
色，而在高分辨度显微镜下常常发现，其中任何一种粉末都并未
丧失其本来的颜色。但是，我也曾发现，将红铅与硇砂以适当比
例混合后置于玻璃容器中用火作用，结果它们全部都变成了白
色，而红色的微粒分明已遭到了破坏[②]。何况你从这种盐中即便
分出了那种烧铅（calcined lead）[③]，你也绝不会相信，这种烧铅就
是先前用于与硇砂作用的红铅，因为它并非是以红铅所特有的
那种红色粉末形式被分出来的。在此，我还想将下述问题留给
大家考虑，这就是，在血液或另一些物体中，那些聚在一起一同
构成其中的某一复合物的每一种微粒，是否都像其中的某些仍
保持着其各自的本性的微粒一样，仍保持着其各自的本性，果真
如此的话，化学家们是否就可以将这样的每一种微粒从这些业
已聚在一起构成了具复合物名称的某个物体的微粒中一一分离
出来呢？

　　我倒是听说过，质料有不变性质料（matter *immanent*）与可
变性质料（matter *transient*）之分，不变性质料在某些经院哲学
家的说法中，是指在由它们所形成的事物中仍保持着其自身本
性的那些质料成分（在此意义上，可将一所房子中的木材、石块
和石灰视为不变性质料），而可变性质料在由它们所形成的事物
中则可发生变化，以便接受某种新的形式，且再也不能重新获得
其旧形式。在此意义上，赞成这一界划的人们说，乳糜是血液的
质料，而血液又是人体的质料，也就是说，乳糜仍然是人体各部
分的养料。我还知道，在此意义上人们可能会说，在物质性的要
素当中，有一些为一切结合物所共有，诸如亚里士多德的四元

---

　　① 铅糖受热失水，进而分解成 PbO 和醋酸酐 Ac_2O，后者气味不同于醋酸。而此处的铅质
残渣系 PbO，故不同于红铅。——译者注。
　　② Pb_3O_4（红铅，橙红至砖红）在 NH_4Cl 作用下，高价铅还原成二价铅，最终形成 $PbCl_2$ 白
色粉末。——译者注。
　　③ 可能指密托僧（PbO 的一种），密托僧通常是由铅煅烧制成。——译者注。

素，或化学家们的三要素；而另一些则为此种或彼种物体所特有，譬如，脂和乳清就可以说是乳酪所特有的成分，而且，我并不否认，这些界划可能是不无用处的。但你很容易根据我已谈的以及我将要谈的猜出我是在何种意义上承认了它们的价值，并弄清它们正是在这样的一种意义上有助于我阐明自己的某些观点，或者说它们至少不会与其中的任何一种见解相抵触。

以下，我想作一点补充以贯彻以上所言，鉴于大部分化学家们都相信那些被他们称为哲学家的人们关于其哲人石的断言，所以我不妨告诉他们，虽然当金与铅混在一起后，我们可将铅从金中尽数分离出来，但如用适量的红色金丹（elixir）代替金与铅（saturn）相混，它们则会通过极为牢固地结合而产生出完美的黄金，以致找不出任何已知的、可行的办法将那种渗透性的金丹从这种固定铅中分离出来，这两者共同构成了一种最为经久不变的物体，而铅在这种物体中仿佛已完全失去了那些使之成其为铅的性质，仿佛是在金丹作用下发生嬗变而不仅仅只是与金丹发生了联结。因此，物体通过其微小组分而聚在一起时未必总是保持着其各自的本性，它们所生成的物体在火作用下离解时也未必总是倾向于回复到其先前的形式而不会以任何新的形式呈现出来，因为倘若这一复合体的一种成分的微小组分与另一种成分的那些微小组分之间的结合较同一种成分的微小组分之间的结合更为紧密时，就可能被赋予了某种新的形式。

倘若有人反对说，如不对我所反对的假说加以承认的话，那么，在我所提到的那些例子中，那些混在一起的物体便不会发生某种结合，而只会起到相互破坏的作用并由此解体，也就是说，在这些物体之间根本没有发生混合。对此我将答道，虽然在混合过程中，遭到破坏的只是物质的特性，而这些物质倒是被保留下来了，而且我们虽可勉强同意将它们称为混合元，因为它们在混到一起之前是不同的物体，反之，在它们发生混合之后，我便宁愿将它们称为凝结物或生成物，而不是混合物。另外，虽然以后或许还有人可能提出某种不同的方案，或能对结合这一概念作出更好的解释。但无论如何，只要人们承认我业已谈到过的那些东西的合理性，我便已心满意足，不再作言辞之争了，纵然在我看来，当新旧两种假说相冲突时，突破旧技艺的条条框框而不拒斥新的真理方为明智之举。倘若还有人反对，说我所提出的关于结合的上述见解虽然可用于解释业已复合的物体之间的结合，但却不能用来解释直接发生于种种元素或要素之间的那些结合。那么我将以此作答，首先，比之于化学家们，我是从一个较为全面的视角出发来考虑结合的本质的。无论如何，化学家们无法否认，有许多混合物，而且还是非常牢固的混合物，是由非元素物体混成的。其次，纵然他们可以辩解说，就由那些被称为要素或元素的物体直接构成的那些混合物而论，各种被混在一起的成分在此复合体中可能较完整地保持其自身的性质，因而较容易将其从中分离出来。然而，这类基本物体是否存在尚有存疑，舍此不论，我也看不出何以不能将我在论证一般物体的各种组分的可破坏性时所提出的理由用之于盐、硫或汞，须知现在尚没有发现任何理由足以令我们相信，它们与一般物体有着格外的不同。无论如何，（只要你还记得我当初在谈起结合时曾对你交代过的那些谈话用意）你大概会承认，迄今为止我曾谈到过的这些关于结合的东西，不仅给出了我对于结合的本质的某种粗略的看法（我想以后还会有机会对你表述我在此方面的详细看法），而且对我的后续谈话也不无裨益。

从我们转入对结合问题的考察，已谈得很久了，回顾这一部分谈话，我们虽可根据从一株仅只用水来培养的植物中以及从其他的一些物体中均可得到种种不同的物质这一事实推出，造物主在开始复合出某种物体之时未必总是要用到该物体后来在火作用下可产出的一切各不相同的物体；然而这并不能概括从那些实验中所能推出来的全部结论。因为从这些实验中似乎还可推出某些结论，可摧毁化学学说的另一基础。须知，仅用纯净的水即可产出精、油、盐以及土（正如我们曾见过的那样），这无疑表明，盐和硫皆并非原初的物体和要素，因为纯净的水在植物组织作用下每天都在生成这些东西,而植物组织又是在植物的种子或原种的作用下生长的。倘若我们并未因漫不经心或疏忽大意而时常对造物主的这一显而易见的工作熟视无睹,就不至于对此感到大惊小怪了。这样讲是因为,如果我们注意到三要素皆得名于一些微不足道的性质,就应该由此想到,造物主施加于质料的某些部分上的作用应当能导致更大的变化。须知,如果某物体可在水中迅速溶解,人们即足以据此认为该物体是一种盐。然而在我看来,没有理由否认,造物主可通过对物体的各种组成粒子进行调动和排列,由某种先前不溶于水的物体构成某种含有水成分且可溶于水的物体,这并不比完成仅靠母鸡体温即可完成的孵化过程,亦即由鸡蛋中所含的易于与水相混合的液态物质生成再也不能像先前那些液态物质一样溶于水的、由膜、羽、腱以及其他各个部分所构成的幼体的过程,要难上许多。而且,造物主还能由那种硬而脆的盐生成类似于水的产物,对她来说,这也并不比将蛋液中的易感物质变成鸡仔的骨骼更困难。就上述思考作一番总结固非难事,但这还得等我处理了下述可能会摆在面前的反对意见之后再谈。其实我早已预料到这一反对意见,它无非是说,上面提到的那些例子全都选自于植物和动物,而质料在植物和动物当中都是在种子或类似于种子的东西的造型作用下成形的。因为火的作用与各种活性要素的作用毫无类似之处,火只是对处于其作用范围之内的一切物体均起着破坏作用。对此反对意见,我在此只须作下述简单答复即可,这就是,无论是活性要素,还是其他任何东西在以我曾对你谈过的那些各不相同的方式对质料起着造型作用,有一点是可以确定的,这就是说,在造型要素单独作用下,或是在造型要素与热的共同作用下,或是在其他可引起质料发生重排的动因的作用下,质料均可能会按照新的方式形成一些物体。而我所以要进行这些争辩无非是为了揭示这一可能性。

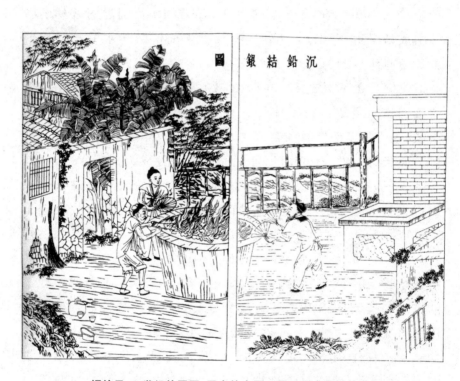

一幅绘于 17 世纪的图画，画中的中国工匠正用火炉提炼白银。

第三部分

· The Third Part ·

　　像帕拉塞尔苏斯主义者们一样，仅靠说盐、硫、汞三要素是最有用的元素，说土和水既毫无价值也毫无用途，是不足以从元素中排除土和水的。须知，所谓元素是指与结合物的构成有关的元素，因此，要肯定或否定任何一种物质是一种元素并不取决于它是否有用，而是取决于它是否是结合物的组分。

我想，埃留提利乌斯（他的朋友对他说道），我过去的谈话已向你们说明，一位勤于思考的人很可能会对那些未经证明即被化学家们和逍遥学派人士视为理所当然的前提的正确性提出质疑，而化学家们和逍遥学派人士却将其作为他们从实验进行正确推理的保障。尽管一名化学家不会这样做，但我却会将其视为我工作中的最重要、最困难的部分，在说明这一点之后，便该是围绕化学家们引以为豪、不无矜夸的那些实验本身进行思索的时候了。这些实验很值得作一番认真的审察，因为提出这些实验的那些人在提出这些实验时总是一副极为自信自得的样子，从而瞒天过海，几乎瞒过了所有的人们，就连那些阅读过他们的著作、听过他们谈论的哲学家们和医生们也不例外。因为有一些学人宁愿相信他们极为姑妄的断言，也懒得不辞辛劳地证实一下，看它们究竟是否正确。另有一些人对于检查那些被断言的东西正确与否虽不乏好奇心，但他们却缺乏能力和机会去做这些他们想做的事。而更多的学人则在目睹那些（对各种经院学派以空话来愚弄世人甚感不满的）化学家们在自己面前做了几桩了不得的事情时，譬如，他们将复合物分解成若干种物质，而以前的哲学家们并不知道其中含有这些物质。我是说，这些人在目睹这类事情并听到那些化学家们满怀自信地声称这些在火作用下得自于复合物的物质就是复合物的真正的元素或（他们所说的）本体性的要素之时，自然很容易随声附和，人云亦云。因为按照行规，人们应该相信其本行业中的那些技艺纯熟之士，尤其是当这些人能够利用其自身经验围绕某些事物的本质对人现身说法，而他人则对这些事物一无所知之时。

然而（卡尼阿德斯继续说道），纵然化学家们能够通过上述的任何一种方式使学人们感到愉悦、惊奇，甚至为之倾倒。对此

◀ 波义耳位于牛津 high street 的房子，如今这里的房子已不复存在了。

道不无了解的我辈中人，也一定不会为那些晦涩的名称或姑妄的断言所迷惑；不会在那种有助于我们更清晰地辨识事物的天光的照耀之下反而不知所措。须知，能够替造物主造出一些东西是一码事，而能够真正地理解这些被造物的本质又是另一码事。正如我们所知，有许多人尽管像从未做过父母的人们一样，对婴儿身体的那些组成部分尤其是内部组成部分的数目和性质一无所知，但他们照样可以生儿育女。恕我冒昧，我并不怀疑，在我感谢化学家们以其分析实验让我看到了一些物质的同时，我有权考虑它们究竟有多少种、究竟是什么的问题，而不是一味地在一旁惊叹不已。这就是说，并非谁有本事向别人展示他自己制作的某种新东西，谁就有权叫别人相信他对这种东西所谈的一切。

因此，现在我想开始谈我的第三类思考，这就是，我们并未看出，一切结合物在火作用下分解而成的那些各不相同的物质或元素的数目的确定值就是三，我的意思是说，化学家们并没有证明，可被当做是完全复合物的一切复合物，它们每一个在化学分析中都恰好分解成三种各不相同的物质，既不多也不少，而且这些物质通常可视为元素性的物质，或者说这些物质就像那些被公认为元素的物质一样，可当做是元素。我最后所以要补加一句，是为了免得你们以后提出异议说，在我可能会有机会逐一提及的那些物质中，有一些并不是完全匀质的，因而配不上要素之名，不足为据。因为我就要加以考虑的问题是，一结合物在火作用下究竟可被分解成多少种各不相同的、看似可以当做是元素组分的物质？然而我要保留审察这些物质是否每一种都是非复合物质的权利，在此前提下，我将转入下一类思考，我希望能在那里证明由物体分解而成的、化学家们承认并断定是该物体的组成要素的那些物质，并不总是非复合物质。

现在，有两类证据（卡尼阿德斯继续说道）可供我用于论证我的第三个命题似可能成立，其中一类带有更多的思辨色彩，而另一类则来自于经验。先谈第一类。

但是，当卡尼阿德斯正要开始谈他所要谈的那些东西时，埃留提利乌斯打断了他的谈话，他面带微笑地插话说道：如果你不介意的话，我认为俗话所说的"聪明人，记性差"用在你身上倒挺合适，你可不要忘记，你现在说要依据于那些与元素数目问题有关的思辨来论证你的命题，而你自己就在不久前却曾表述并在大体上承认过一些支持化学学说的命题，这使我感到颇为费解，还望卡尼阿德斯解释一二，这可不是要贬低你。

他答道，我并没有忘记你所指的那些让步，但愿你也没有忘记我是在哪些前提下作出这些让步的，没有忘记当时我还没有答应扮演我现在一直在扮演的角色。然而，无论如何，我总会让你满意的，在你听完我关于第三类思考的谈话，你就会明白，我并未忘记你所提醒的那些东西。

就我当时所运用的那些元素概念而言，我想再次指出，如果我们姑且认为下述假定是合理的，这一假定就像我当时曾作过的假定一样，是说一种元素是由彼此完全相同的众多的微粒构成的，而这种微粒又是由质料的极其微小的粒子所构成的某种微小的第一凝结物组成的，那么，我们设想上述第一聚集体的种数可能远远不止三个或五个便绝无荒谬可言。因此，我们便无须假定，在我们所探讨的每一复合物中，都恰好能够找出三种如上所述的原始凝结物。

另外，如果我们按照上述见解承认存在着为数可观的不同元素，那么我想进一步指出，像这样的两种元素很可能就足以构成一类结合物（正如不久前我曾以玻璃这种历久不变的凝结物为例而对你加以说明的那样），而另一类结合物则可由三种元素构成，再一类由四种元素构成，再一类由五种元素构成，还可能有些类别是由更多的元素构成的。所以，按照这一见解，就不可能给一切类别的复合物的元素指定确定的种数，因为有些凝结物可能是由较少的元素组成的，还有些凝结物又可能是由较多的元素组成的。而且，按照这些原则，就的确可能存在着这样的两类结合物，其中一类可能并不含有组成另一类结合物的全部元素中的任何一种。这正如我们常可以见到这样两个单词，其中一个单词并不含有我们在另一个单词中见到的那些字母中的任何一个字母；或者说正如我们常常见到有一些药用糖浆，但不见其中任何两种都含有（除糖以外的）任何一种相同的组分。在此，我并不打算讨论这些微粒是否不可能有很多种类的问题，而只想说，由于这些微粒是一些简单的初级微粒，故可被称为元素微粒，当几种元素微粒聚在一起构成了某个物体之时，它们仍然是一些独立存在的微粒，也就是说它们并未同其他种类的初级微粒发生融合和嵌连而弄得彼此莫辩，然而它们仍然可以接受活性要素或类似的强有力的嬗变剂的改造和塑造作用，在活性要素或具类似作用的嬗变剂的作用下，它们彼此之间可发生相互结合。换句话说，利用一切物体中的某一种物体所含的各种成分，可造出各种复合物来，而这些复合物分解而成的那些组分或元素多于或不同于历来为化学家们所关注的那些元素。

就上述的一切，我不妨作一点补充，这就是，据我曾对你谈过的关于金和银的耐久性的那些内容来看，即便是那些不具有元素性质的复合微粒，似乎也可能有着相当稳定的结构，以致在化学家们所进行的那些通常的火法分析中仍能保持稳定。既然如此，那么，即便元素只有三种，利用通常的分析方法所得到的那些不可能不被认为是元素物体的物体也可能不止三种。

然而（卡尼阿德斯说道），在遵照你的意思对元素数目问题作完了上述推测之后，也该是考虑下述问题的时候了，这就是要探讨（至少要在化学家们的那些通常的实验所能向我们揭示的意义上探讨）造物主究竟用了多少种元素来复合出结合物，而不是要探讨她可以用多少种元素来复合出结合物。

在此，我认为，化学家们的那些实验并不足以向我表明，在被认为是完全结合物的各种种类的物体那里都可以发现数目为同一确定值的一组元素。

为了更加确切地证明这一命题，我首先想指出的是，存在着若干种物体，我从未发现它们能在火作用下分解，得到了多达三种的元素物质。我倒是很想看到（正如我不久前对菲洛波努斯谈过的那样）那种被我们叫做金的、固定的贵金属被分解成盐、硫和汞。如若有谁声称能够做成这个实验，并甘愿在万一遭到失败之后赔偿损失的话，我愿意给他提供实验所需的全部材料和资金。根据我自己所做的那些实验，我不至于断然否认，从金中可提取出某种物质，也不会阻止化学家们将其称之为金的酊剂或硫，而剩下的残留物质已失去了原来的颜色。而且，我也不敢断定，不能从这种金属中提取出一种真正可以流动的汞来。然而，若论金的盐，我却从未见到过这种物质，也绝不相信任何证人关于他们曾亲眼见人从金中分离出了这样的一种物质的记载果真符合事实。就保证能取得这种结果的若干种实验方案而论，我认为，将必须用到的、如此贵重的材料浪费在这种纯属毫无道理的冒险之中未免不值，这种冒险不仅谈不上有成功的把握，就连有没有成功的可能都还不能确定。然而我之所以要放弃尝试念头，并不是因为费用问题，而是因为它们即便能成功，也并不解决问题。因为从化学家们的这些方案来看，腐蚀性的溶媒或其他含盐物体的介入必然要对金的盐的提取过程产生影响，所以，这里所生成的盐是金本身的盐，还是含盐物体的盐或用于制备这种盐的精的盐，这对于一个谨慎的人来说，仍然是值得怀疑的。因为金属的这类演变物的确常常愚弄一些技艺之士，我相信埃留提利乌斯绝不至于像化学的门外汉一样，无视这一事实。我倒是想见识见识从纯砂、从骨质项链、从纯银、从除去了外来硫成分的水银、从威尼斯云母中以及从其他的一些无须在此列出名称的物体中分离出来的盐、硫、汞三要素。说到威尼斯云母，我曾将其长时间地置于强火灼烧之下，但只能将其分解成一些较小的粒状物，而不能分成其组成要素。而且，我曾将其置于一个玻璃仓中用火作用了不知有多长的时间，但取出来时云母片的形状仍与放进去时相同，只是颜色变成了紫晶色而已。在此，我虽然不敢断定上述物体不可能被分解成它们的三要素，但无论是我自己所做的那些实验还是现有的任何一种证据,都既不能告诉我如何完成这样的一种分析的办法,也不足以令我相信,业已有人完成了这种分析,因此,在化学家们未对此作出证明之前,或者说在他们未能向我们给出切实可行的、能够实现他们的那些声明的方法之前,我只能冒昧地采取不予承认的做法。因为他们在公布他们分析金或汞的步骤时老是采用那种老是使读者感到困惑不解的、高深莫测的、晦涩的方式,此时,他们便给那些谨慎的人士留下了许多疑点,譬如,他们声称能够制备的那些不同物质是否真的是本体性的要素,或者说这些物质是否只不过是由分解而成的那些物体与那些用于产生这些物体的物体所形成的交互混合物(intermixture)而已,这在那些看似银的结晶或汞的结晶的物体而言是显而易见的事情。显然,化学家们因考虑不周而将这些物体认为是上述金属的盐元素,但它们只不过是由这些金属与镪水或其他腐蚀性的液体中的含盐成分所形成的一些混合物而已,因为它们显然可被还原成银或水银,与先前没有不同。

我不能不承认(埃留提利乌斯说道),尽管化学家可以根据某些可能的理由断言他们自己能够从动物和植物中得到他们的三要素,但我对他们这样自信地宣称他们还能将一切金属体和其他矿物分解成盐、硫和汞仍不免常常感到吃惊。因为格言有云,*facilius est aurum facere,quam destruere*[①]。这一格言在那些被视为哲学家的化学家们当中几乎是无人不知,并为我们的同胞罗吉尔·培根(Roger Bacon)所格外看重和接纳。我同意你的看法,恐怕金并不是化学家们曾徒劳地试图从中分离出他们的三要素的唯一的矿物。我也知道(埃留提利乌斯继续说道),博学多才的塞纳特在他并不是站在化学家们的支持者的立场上,而是以化学家们和逍遥学派人士之间的仲裁人的身份写成的那本书中,甚至曾直言不讳地表示,"Salem omnibus inesse (mixtis scilicet) et ex iis fieri posse omnibus in resolutionibus

---

① 拉丁文,意为"造金易,毁金难"。——译者注。

chymicis versatis notissimum est. ”①并且在次页中又说到，
"Quod de sale dixi", "idem de sulphure dici potest. "②然而，说
句不恭的话，对于这类如此大胆地导出来的一般性断言，我唯有
在看到了一些非常有力的证据后才会相信它；而且，无论哪一方
想要我认同他们的真理，都必须先告诉我从金、银以及各种各类
在强火作用下不会变成石灰而发生熔化的石头中分离出盐和硫
的真正的、可行的方法。然而，不仅我本人从未见到刚才提到的
那些物体曾像这样分解过，而且，对于物体的化学分析要比塞纳
特或我精通得多的赫尔孟特，也曾果敢地写过这么一段文字，
（他说）"Scio ex arena, silicibus et saxis, non calcariis,
numquam sulphur aut mercurium trahi posse. "③即便是恪守三
要素说的克尔塞坦纳斯（Quercetanus）也曾这样承认了钻石的
不可分解性，（他说）"Adamas omnium factus lapidum solidissi-
mus ac durissimus ex arctissima videlicet trium principiorum
unione ac cohærentia, quæ nulla arte separationis in solutionem
principiorum suorum spiritualium disjungi potest. "④的确，埃留
提利乌斯继续说道，看到你倾向于承认从金中可提取出一种硫
和一种流动汞的说法，我不仅很高兴，而且还有点吃惊。因为，
如果你不是在不怎么严格的意义上使用硫这个词（而你的表述
似乎暗示出你是在这种意义上使用这个词的），那我就得怀疑化
学家们是否能够从金中分离出一种硫来。须知，当我听你谈到
你所以要那样讲的理由亦即谈到那些实验之时，我尚不敢断定
金的酊剂是从金中提取出来的真正的硫要素，还以为这种酊剂
只是由金的某些有着很深的颜色的成分所组成的那种聚集物，

---

① 拉丁文，意为"显而易见的是，盐存在于一切物体（含结合物）之中，并可从这些物体的化学分解中再得到盐。"——译者注。

② 拉丁文，意为"上述关于盐的叙述，亦同样适用于硫。"——译者注。

③ 拉丁文，意为"我认为，谁也不能从花岗石、岩石或石灰中提取出硫或汞"。——译者注。

④ 拉丁文，其大意为"钻石是所有石头中最结实、最坚硬的，三要素在钻石中处于最紧密的结合状态，以致无法将钻石分解成其要素。"——译者注。

而化学家往往称之为不可燃性硫（*sulphur incombustible*），这种名称在通常英语里似乎是用来指称某种似硫非硫的物体。至于金属的汞，虽然你在谈到它们时强烈地给予了否定，但我对此却并不感到意外。因为我记得有一次曾遇到一位年长的、著名的技艺家，他长期（现在仍然是）以化学家的身份供职于王室，并有着为人忠实的好名声，令人心折，于是我请他坦率地告诉我，在他的众多的工作中，他是否曾经从金属中确实提取出过一种真正的、可流动的汞。对此问题，他坦然答道，他从未从任何金属中分离得到过一种真正的汞，也未曾见别人确实做到过这件事。尽管化学家们为了从金这种金属中提取金的汞已付出了最大的努力，而且他们吹了许多牛皮说他们已提取出了金的汞。但经验丰富的安杰勒斯·萨拉（Angelus Sala）在他关于七大行星（亦即全部的七种金属）的炼金术著作中为我们提供了一段证词，在此场合很值得一提。（他说）"Quanquam etc. experientia tamen（quam stultorum magistram vocamus）certe comprobavit, mercurium auri adeo fixum, maturum, et arcte cum reliquis ejusdem corporis substantiis conjungi, ut nullo modo retrogredi possit."①接着，他又补充道，他本人只见有人在这种企图上投进了许多劳动，但未见有人由此制得任何一种这样的汞。而且，我相信他所附加的那句话所言不虚："我曾发现炼金术士老是在许多不难识破的骗局和障眼法面前上当受骗"。因为那些容易受这类骗子照顾的炼金术士中的绝大多数人要么缺乏过硬的技术，要么容易轻信他人，或两者兼而有之，所以，那些有那么一点本事、会耍手腕、胆大妄为而且昧了良心的骗子，很容易骗过这些人。因此，即便是许多职业炼金家和一些品行端正的人们告诉我说他们曾制得或看见过金的汞，或这种那种其他金属的汞，我仍不免要掂量一下，如果说他们还没有骗人的企图，那他们就

---

① 拉丁文，其大意为"固然有不少经验表明，金的汞与其他要素紧密而牢固地结合在一起，以致无法将它们分开，但总有愚人不信（他们怎会听经验的训导呢？）"。——译者注。

是因技术还不到家和不够谨慎而蒙受了欺骗。

你让我记起我曾做过这么一个实验（卡尼阿德斯说道），这个实验是要通过对某些人进行善意的欺骗以让他们和另一些人意识到，当那些技术差或不谨慎的人告诉我们说他们曾目睹炼金术士们制出了这种或那种金属的汞时，我们绝不能对他们的这些证言有任何依赖之感。而且，为了更清楚地说明问题，我特意做了一个比化学家们通常用以提取各种金属的汞的那些操作更简单、更不费时的小实验。而化学家们的那些操作通常都十分复杂，并且需要相当长的时间，这固然会给炼金术士们提供更多的行骗机会，但也更容易引起旁观者的怀疑。为了尽量使我的实验看上去很像是在进行一次真正的分析，我不仅像别人一样煞有介事地从我所采用的金属中提取出了一种汞，而且还从中分离出一种的确可以燃烧的硫以作掩护。我是取一打兰（1 打兰＝1.7718 克）或两打兰的铜屑，取相同重量的升汞粉末以及大致与此重量相当的硇砂，将这三者混合均后放进一个带有长颈的小玻璃瓶中，或放入一个玻璃便壶中，这样效果更好，可以避免有害气体外漏（开始时用棉花塞住瓶口）。然后，我设法使燃着的煤火或烛焰（用烛焰看似较好，但可能弄脏玻璃瓶）达到足够的强度，并使瓶底正好与燃煤相接或位于烛焰之上，不一会，大概在一刻钟或半刻钟之内，你就可以在瓶底见到一些可滚动的汞。此时，你如拿开玻璃瓶并敲破它，就会看到一团水银，有一部分可能会聚在一起，还有一部分则可能散落于所余固体的孔洞之中。你还会发现，留下来的物块置于烛焰之上时将迅速燃烧并发出淡绿色的火焰，不久（或许是当时），物块就在空气中变成蓝绿色。根据这种颜色，可将这种物质归结为铜的分解产物，而要说服人们相信这种物质的确就是铜（Venus）的硫也很容易。这样讲尤其是鉴于我们可以设想，非但实验所加入的盐的一部分已流失掉了，另一部分已被升华至玻璃容器的顶部，而且玻璃内壁（通常由于黏附有这些升华物而呈现出白色）里的金属看起来似已完全被破坏掉了，而铜则不再以金属形式而是以某种树脂状的形式呈现出来。然而,真相却只能是这样的,这就是说,升汞和硇砂中的盐成分在强火的激发和驱使下对铜(这是一种比银较易于被腐蚀的金属)发生作用,这样一来,汞的那些微小部分从盐中游离出来,而盐又使它们处于分散状态,但它们在火作用下或上或下不时相碰,终而聚集成一团液体浮现出来。至于那些盐,其中的某些易挥发盐会被升华至玻璃容器的顶部,而另一些则腐蚀了铜,不无奇妙的是,它们正是通过与铜发生结合而改变或改换了铜的金属形式,并与之共同组成了一种新的、就像硫一样可以燃烧的凝结物。关于这一实验,我就谈到这里,然而,我记得波义耳先生曾对这种奇特种类的铜绿作过勤勉的观察,你不妨去查查。说罢,卡尼阿德斯面带微笑地继续说道,你知道,我这块材料,并不适合于演一个江湖骗子,因此,我还是赶快恢复怀疑论者的身份并转回到先前被你打断的话题上继续往下谈的好。

其次,我想指出,固然存在着一些不能产出三种要素的物体,此外还存在着许多物体,它们在分解时能产出多于三种的要素。因此,三,这个数值,并不能代表物体的那些普适要素的数目。倘若你不反对不久前我对你谈过的那些关于由质料的微小粒子所组成的第一类缔合体的内容,你就不会认为这类元素微粒的种数绝不可能多于三种、四种或五种。而且,倘若你愿意承认,人们很难否认具复合本性的微粒在化学家们惯常涉及的一切实例中也可以被当做是元素微粒,那么我就弄不懂你为何还想不通,金和银的熔体固然不能用火来进行分离,但利用镪水或王水却可以将它们分开。所以,可能存在着某种极为微细、极为有效的作用剂,仅就上述各种不同的复合微粒而言,这种作用剂能够将它们分解成组成它们的更简单的微粒,从而能够增大那些各不相同的物质亦即一向被认为是结合物的分解产物的那些物质的种数。如果说我不久前曾对你引述过的赫尔孟特关于其万能溶媒的操作的那些东西,亦即这种溶媒可将物体分解成在数目和性质上皆不同于火分解产物的物质的说法,是正确的话,那么,由此便可以对我的推测构成一种有力的支持。然而,如果我们囿于业已为化学家们所知的那些分析结合物的方法,则自然会认为,除那些较粗大的元素亦即化学家们所说的盐、硫和汞以外,物体再也不可能有着一些更加细微的组分,而这些组分不仅应极为微小,而且就其自身大小而言是无法察觉的,因此,即便是极为仔细地加以密封了的蒸馏装置,它们也可以在无形之中从其接口处逃逸出去。请允许我给你谈谈这样一种想法,这种设想尽管化学家们并不注重,但对于一个自然主义者来说,却不失为一种有用的见解,这就是说,有些物体,我们不能凭任何一种感官直接察觉它们,但它们却可能存在着。因为我们想象得到,无论是从天然磁石里射出的、能够引起那种令人叹为观止的奇迹般的磁现象的那些微小微粒,还是琥珀、煤玉以及其他能够产生电的凝结物所发出的那些极其微细的不可见的物质,正是在它们的作用下,种种具体的受作用体才能接受磁石、琥珀等作用体的作用,因而它们似乎是落在了我们的认识视野之中。虽说如此,但这类能产生磁作用或电刺激的微细物质并不能像那些或大或小的、看得见、摸得着、闻得到的物体一样,直接刺激到我们的任何一种感官。然而(卡尼阿德斯继续说道),你或许会希望我像化学家们一样只考虑结合物的那些可被感知的组分,鉴于此,就让我们看看仅就这些组分而言,我们可以从经验中得出什么结论。

以下说法似乎十分可疑,这就是,借助于火,从以各种不同的方式处理过的葡萄中提取出的那些各不相同的物质的数目不会比从其他绝大多数凝结物中提取出的那些物质的数目要多。因为葡萄被制成葡萄干后再进行蒸馏,就可以产出(除碱、黏液和土以外)大量的焦油和某种与酒精极不相同的精。而未经发酵的葡萄汁所蒸出的那些馏分也不同于葡萄酒的馏分。发酵后的葡萄汁则可产出一种烈性酒(*spiritus ardens*),这种酒经反复精馏之后可完全燃烧而不留下任何残余物。上述葡萄汁在发酵中生成醋后,又可以蒸出一种具有酸味的腐蚀性的精。上述葡萄汁装入大桶之中久置，可自行结出酒石；而酒石又可以像其他的某些物体一样经分离得到黏液、精、油、盐和土。不用说，从葡萄酒中提取出来的那些物质很可能不同于从酒石中分离出来的那些物质，而酒石本身即是一种物体，且是世上的一种少有类似之物的物体。而且，我想进一步指出，你不能不承认上述例子足以说明有些物体比之于另一些物体能够产出更多的元素，因为你很难否认，大部分可分解成元素的物体都可以产生出多于三种的元素。须知，大多数物体除含有化学家们喜欢称之为三种基本要素的那些元素之外，还含有其他两个元素，亦即黏液和土，是这两种元素与其余的元素一道构成了那些结合物，而且在这些结合物的分析过程中即便说不上必然可以但通常是可以发现这两种元素的，因此，我实在看不出有什么充足的理由非要从元素的名目中划掉这两种元素不可。而且，像帕拉塞尔苏斯主义者们一样，仅靠说盐、硫、汞三要素是最有用的元素，说土和水既毫无价值也毫无用途，是不足以从元素中排除土和水的。须知，所谓元素是指与结合物的构成有关的元素，因此，要肯定或否定任何一种物质是一种元素并不取决于它是否有用，而是取决于它是否是结合物的组分。虽说土和水常被误认为是无用之物，但我们应该看到，说它们有用也罢，无用也罢，都只是表示了它们对于我们的某种关系或关联，因此，无论它们是否有用，都无改于事物的内在性质。蝰蛇的那些毒牙或许对我们毫无用处，但我们并不能否认它们是蝰蛇身体的某些组成部分，对我们来说，我们用新型望远镜在那些发亮的天宇里发现的那些不能用眼睛分辨的恒星，比之于黏液和土，很难说得上有什么较大的用途，但我们却必须承认它们是这个宇宙的一些体型相当大的组成部分。且不论黏液和土是否有直接的用途，有一点是可以说清楚的，这就是，它们对于分离出它们的物体来说，是必不可少的组成部分。因此，如果说该结合物对我们是不无用处的，那么，赖以形成该结合物的那些必不可少的组分就不能说是无用的。尽管（处于分离状态下的）土和水不能像其他三种较活泼的要素一样起到那样显著的作用,但我们在这样讲的同时,记住门尼涅斯·阿格里帕(Menenius Agrippa)所讲的关于因手、脚以及身体的其他活动部位和看似不大灵活的腰部闹别扭而闹出的种种危险后果的那个寓言故事,绝不会有什么过错。在此,我们还可以借用一位传教士的下述推理来表达我们的意思:"倘若耳朵会说,因为我不是眼睛,所以我不属于身体,那么它真的因此就不属于身体吗?倘若整个身体都成了眼睛,那么听觉器官长在哪里呢?倘若整个身体都可以听,那么嗅觉器官又在哪里呢?"总之,土和水无疑就像基于物体的分析实验所得到的其他要素一样,通常都可以视为赖以构成那些被分解物体的组分;而且它们对由它们所组成的那些物体来说是有用的(即便它们对我们尤其是对医生们来说没有直接的用途),这样,它们可以以某种间接的方式为我们所用。因此,将它们排除在元素序列之外并不合乎事物的本性。

在此情形下,我不得不指出,鉴于化学家们通常用以贬低土和水的价值并把它们说成是不值得计入结合物的要素之中的无用之物的重要理由是,土和水并不具有任何特殊的性质,而只是有着一些基本性质;而化学家们老是以一种极其轻蔑的口吻来谈及这类基本性质,仿佛是在谈及那些不屑一顾的惰性性质。因此,我并不认为化学家们采取这种习惯做法有什么充足的理由。须知,热就是人们所公认的一种基本性质,而且,那些对于热作为一种主要动因而引起的种种现象作过周详考虑的人们都十分明白,正是在热的作用下许许多多的极有意义的工作才得以完成。照说,最不该忽视或怀疑这一事实的人只能是化学家们而绝非他人。至于冷这种性质,化学家们正是在这上面大做文章以表示对土和水的鄙视,然而,如果他们读一读我们英国和荷兰的一些航海家的航海记上关于发生于新赞巴拉和其他北极地带的、由冷作用引起的一些不寻常的现象的记载,或许他们就不会认为冷是一种极为微不足道的性质了。不必重提我不久前对你讲过的那些关于帕拉塞尔苏斯本人曾演示过的利用酷寒从酒中分出酒精的实验的东西。现在我只是要告诉你,有许多物体,无论是有生命的,还是无生命的,它们在结构上能否保持稳定或守恒不仅取决于它们自己的那些非固定的、较松散的组分的运动是否适当的问题。而且还取决于其周围的物体诸如空气、水、或其他物体的运动是否适当的问题。譬如,就人体而言,我们知道,过于寒冷的、不合时令的空气常常对人体组织起着扰乱作用(尤其是对于那些正感到身体发热的人们)并引起种种疾病。又如,就铁这种坚固耐久的物体而言,虽然人们并不认为骤冷会给铁带来显著的变化,但它却可能起到某种极其重要的作用,如果你取一根铁丝或一根细长的钢片,在火上烧至白热状,然后任由它在空气中渐渐冷却,当它完全变冷后,其硬度仍与从前相同;然而,如果你将其迅速从火上移开并投入冷水之中,那么,在这种骤冷作用下,它就会获得远远大于从前的硬度,同时也会变得很脆。而且,你不能将上述作用说成是水或通常用于冷却上述白热钢片并使之淬火的其他液体或油状物质所特有的任何一种性质。我认识一位技术非常精湛的工匠,此人曾数次利用一种既非液体也谈不上潮湿物体的物体对钢片进行迅速冷却,提高了钢的硬度。这类性质的实验,我记得自己就曾见有人做过一个。水对于在其中冷却的钢所表现出的这种作用是由水的冷性质和潮湿性引起的也罢,是由水的其他任何一种性质引起的也罢,无论如何,这都表明,水未必就是一种毫无用处的贱物质,尽管我们的化学家们偏要将其说成是这种东西。而且,我本不难利用另一些思考和实验进一步充实我所谈的那些关于冷和热的效用的东西;只是现在我不应该一味地围绕我过去仅只基于这类理由而提出的那些东西谈下去了,而应该转而提出另一类理由。

尽管我认为将土和水列为大多数动物和植物的元素是显而易见的事情(卡尼阿德斯继续说道),但我之所以认为有些物体可分解成多于三种的物质,并不仅仅是基于这一理由。因为我可以用以下两个实验揭示,有些结合物至少可以分成多于五种的各不相同的物质。其中的一个实验，放到以后再对你详谈较为合适，在此，我只想提一句，这就是，我能够从两种被当成是产出它们的原物体的元素的液体馏分中，制得一种黄色的、可燃的硫而无须采用附加剂，尽管这两种液体此后仍有着截然不同的特性。至于另一个实验，在你眼中应该不是不值一提的东西，我现在就对你作出下述详细描述。过去，我曾在利用通常的和一些不常用的装置对数种树木进行蒸馏时，发现蒸出来的精除有着一股强烈的、在许多其他物体的那些焦臭的精中都可以碰到的那种气味之外，还有着一种颇似醋精的酸味，因此我怀疑这种略带酸味的液体，譬如从黄杨木中蒸得的那种，虽然被化学家们看做是黄杨木的一种单一的精并进而被视为一种单一的元素或要素；但实际上却是由两种不同的物质组成的，而且应可被分成这两种物质。因此，可以认为，那些树木以及富含这样一种醋的其他结合物都含有一种尚不为化学家们所知的元素和要素，于是，我开始考虑如何将这两种精分开的问题，很快，我就发现，有好几种方法都可以实现这种分离。然而，在此我只提出其中的一种方法，这就是，先取一些黄杨木进行蒸馏，再对所得的那种略带酸味的精进行仔细的精馏，以除去其中的油和黏液这两种杂质，越干净越好。然后，我在这种精馏液中加入适量的珊瑚粉末，期望这种液体中的酸味成分能够破坏珊瑚并通过与之发生结合而被珊瑚固定下来，以达到只允许精馏液中不具酸性、不能同珊瑚结合的另一种成分单独升上来的目的。果然不出我所料，在用珊瑚除去这种液体的酸性成分之后，就蒸出了一种有着一种强烈气味和另一种刺激性的、但一点也不酸的精；这种精在许多性质上显然不同于醋精，也不同于我特意留下的、黄杨木的那种未除去其酸性成分的精。为了向你证实这两种物质具有大不相同的性质，我可以告诉你我曾做过的那些实验的结果，但我不必就其中的某些实验作详细说明，因为不扯出一些在此不宜述及的发现就说不清楚。然而，在此我可以告诉你，黄杨木的这种酸味的精，不但正如我刚才所述，能够溶解另一种精所不能溶解的珊瑚，而且将其倒在酒石盐上时会立即沸腾并发出嘶嘶的响声，但另一种精倒于其上时却十分平静。这种酸味的精倒在铅丹上则可生成一种铅糖，而我并未发现另一种精亦能如此。取数滴这种刺激性的精与数滴蓝色的紫罗兰汁相混时并不能导致颜色变化，似乎只是起到了某种稀释作用；而那种酸味的精则可使这种紫罗兰汁变成淡红色，这种精若非因混有前一种精而不能充分地发挥作用，则可能会像酸性盐类一样，使紫罗兰汁变成纯红色。取这种复合精数滴滴入数量可观的菲律宾紫檀木（*lignum naphriticum*）浸提液并摇晃，可迅速使之丧失淡紫色的颜色，而用另一种精则不能使之褪色。就上述内容我所要进行补充的是，在我用珊瑚对从黄杨木中所产出的那种复精（double spirit）（如果我可以这样称呼它的话）进行分馏之后，为确凿起见，我曾将清水倒在留存于用于分馏的玻璃瓶的底部的那种珊瑚之上，结果发现，正如我期望的那样，这种酸味的精的确能够溶解珊瑚并与之发生结合。因为通过注入清水（用这种办法可以鉴定这种独特的珊瑚），我得到了一种红色的溶液，蒸发掉其中的水分后，就留下了一种可溶性物质，很像普通的珊瑚盐亦即化学家们喜欢称之为珊瑚素的那种东西，他们将珊瑚溶解在普通的醋精之中并蒸干溶剂（*menstruum ad siccitatem*）即得到这种珊瑚素。就黄杨木的那种单精而言，化学家们或许会将其说成是盐，因为这种精具有某种强烈的味道，然而，在此我不知道是否还可以这样讲，这种精使我们看到了一种在种类上不同于以往所注意到的那些盐物质的、新的盐物质。须知，在酸味的盐、含碱的盐和含硫的盐这三大类盐中，任何一类都不能与另外两类相安无事地共存，这一点，我在不久以后就会有机会对你证明。然而，我并未发现黄杨木的那种单精不能与酸味盐或其他两种盐和睦共存（至少就我所进行的那些实验而言是可以共存的）。因为这种单精可与酒石盐、尿精或可产出某种具碱的本性或挥发性的盐的其他物体共存而不发生异常现象；即便是将矾油混入其中也不会发出嘶嘶响声和产生沸腾，而你知道，将这种强酸液倒在刚才提到的那些物体的任何一种上通常都会出现上述现象。

我想（埃留提利乌斯说道）我得感谢你做了这个实验。这不仅是因为，可以预见你能够使这个实验成为对你现在所进行的考察不无裨益的东西，而且是因为，这一实验教给我们一种方法，凭此方法我们可制出许多新的精，这些精虽然比任何一种被认为是元素的精要简单，但它们仍有着一些特殊而有效的性质，其中有些性质或许在医学上有着十分重要的用途，而且，它们既可以单独存在，也可以同其他物体联在一起。这一点，人们根据你用那种酸味的精处理珊瑚而得到的那种特殊的珊瑚的水溶液呈红色，以及根据你所描述的其他现象，应该是可以猜测得到的。另外（埃留提利乌斯继续说道），可想而知，在分离这些复合精中的酸成分与另一成分之时，你大可不必仅限于使用珊瑚，你同样可使用任何一种含碱盐或珍珠或蟹眼，或任何一种可与通常的醋精发生作用的物体，借用赫尔孟特的说法，就是可提取出醋精的物体。

我还没有考察（卡尼阿德斯说道）前面提到的那两种液体在医学上作为药物或溶媒可能具有哪些作用。在此我只能提出我过去为了向自己证实这两种液体之间的差别而做的一些实验（而且在其他时候也可能如此）。但我想，正如我允许你考虑你刚才告诉我的那些关于珊瑚的东西一样，你也会允许我从我已经谈过的那些内容中推出下述结论。亦即，存在着一些复合物，它们可被分解成四种不同的物质，这些物质就像那些被化学家随随便便地冠之以要素之名的那些物质一样，也可能配得上要素之名。既然他们毫无犹疑地将我所说的黄杨木的那种复合精说成是精，而另一些人则将其视为黄杨木的汞，因此，我不懂为何不能将那种酸味的液体和那种单精，尤其是后者，都一一看做是更值得称之为基本要素的物质。须知，这种单精比之于那种酸味液体无疑有着更简单的性质，正是这种酸味的液体被分成了上述单精和一种酸味精。这一实验的上述深层次的价值（卡尼阿德斯继续说道），反映到我们现在的论题上，就在于，它能够促使我们想到，既然我借助于一种很不起眼的方法也可将一种被化学家们毋庸争议地认为是匀质物质的液体，分成两种更简单的不同的组分，那么，某个比我更有经验或更幸运的实验者可能还会发现某种方法，可进一步对这些精中某一种精实施分解，或者说可对结合物的那些一向被化学家们当做是他们的元素或要素的其他组分中的某一个，即便不是每一个，实施分解。

17世纪前，西方的化学界主要分为两大派。一派是以亚里士多德的四元素说（火、气、水、土）为基础，这派人是一直梦想着从贱金属中炼制出黄金的炼金术士。另一派的理论基础是帕拉塞尔苏斯提出的三要素说（硫、水银、盐），这派人是主张使化学为制造医药服务的、所谓的医药化学家们。

◀ 最早提出"元素"这一概念的是古希腊著名哲学家柏拉图，他用元素来表示当时认为是万物之源的四种基本要素：火、气、水、土。

▲ 柏拉图的学生亚里士多德则进一步明确提出构成万物的四元素说。这一学说曾在两千多年里被许多人视为真理，也使后来的炼金术士们看到了通过人工方法将贱金属转变为贵金属的可能。

▲ **帕拉塞尔苏斯的宇宙** 动物、植物与矿物连接于一个系统中——男人与女人有太阳与月亮的天性，他们被铁链锁在天球上。帕拉塞尔苏斯的思想代表了一种自然科学与超自然信仰的奇特结合，这种思想清楚地显示出文艺复兴时期的科学家们努力探究自然新理论的方法。

▶ 帕拉塞尔苏斯（P. A. Paeacelsus, 1493－1541），炼金术士、医生、神秘主义者。

炼金术是一门充满迷信色彩的学科，有关它的传奇不计其数，确凿的事实却寥寥无几。

衔尾蛇是炼金术的主要象征之一，表示物质的循环等含义。内圈为绿色，象征着开始；外圈为红色，象征着大功告成。

"精通的炼金术士"肯定，哲人石是一种可以把金属转化为黄金的魔力物质，为了以示证明，他们用炼金术将以铅为主的材料，制成所谓的炼金术金币或银币。

炼金术士的兴趣总是集中在金属上，为了开展这项工作，他们开发出了一套加热和蒸馏技术。炼金炉是实验室的核心，熔炼、煅烧和洗涤等操作都在炼金炉内进行。

炼金术士的工作室中常常充满神秘气氛。《作画家模特的炼金术士》这幅画突出表现了炼金术士紧张的思辨活动推动了炼金术研究。人们从中可以感受到一种神秘的气氛：杂乱堆放的各种器具，埋头查阅经典论著的炼金术士像个孤独的研究者。

▶ 对哲人石的探询成了炼金术士的中心任务，但是将这种思想与魔力和医学混为一谈后，炼金药被说成是一种可以使人长生不老的灵丹妙药。

▼ 文艺复兴时期，也一直有人在研究炼金术，在17世纪的科学革命中也从未停止过。图为油画《炼金术士的实验室》。

▲ 专门论述炼金术的著作大约超过5万种，这个数字似乎令人难以置信，因为它们谈论的全都是同一个主题。

▶ 尽管诸如波义耳等早期化学家们反对炼金术的神秘主义成分，但他们还是采用了炼金术的方法、设备和实用知识。甚至像牛顿这样伟大的人物也花费了多年从事炼金术研究，因为他认为这是一门非常重要的科学。

波义耳生活在英国资产阶级革命时期，这是近代科学开始出现的时代，也是一个巨人辈出的时代。许多近代科学伟人，如培根、牛顿、伽利略、笛卡儿等都生活在这一时期。

培根（Francis Bacon, 1561—1626）是英国唯物主义和实验科学的始祖，培根认为实验是知识的主要源泉，他的思想深深地影响着波义耳。波义耳与笛卡儿进行辩论时经常引用培根的话来支持自己的论点。

1644年，波义耳的父亲在英国资产阶级革命的一次战役中死去，波义耳跟随姐姐雷尼拉子爵夫人迁居到伦敦，在这里，波义耳结识了许多著名的学者。

17世纪末的伦敦

牛顿(Issac Newton, 1642—1727)比波义耳小15岁,他们都是英国皇家学会的第一批重要成员。牛顿发展了波义耳的微粒学说,这一点在其著作《光学》中得到了很好的体现。图为1709年的牛顿。

图为年轻时候的伽利略（Galileo Galilei,1564—1642）正在观察教堂里一个摆动的吊灯。波义耳正是游学意大利期间阅读了伽利略的对话体著作《关于两门新科学的对话》,这本书给他留下了深刻的印象,20年后波义耳的名著《怀疑的化学家》就是模仿这本书的格式写的。波义耳对伽利略本人更是推崇备至。

笛卡儿（Rene Descartes,1596—1650）是波义耳姐姐(雷尼拉子爵夫人)家里的常客,而波义耳正是这位客人的一个极其认真的对手,他们常在一起进行学术辩论。图为笛卡儿的雕像。

范·赫尔孟特（Johann Baptista van Helmont，1644—1759）是贵族出身，从图中可以看到他的家族纹章，但他献身于研究和实验。波义耳曾经仔细地研究过范·赫尔孟特的著作并常常将之当做权威来引用。

范·赫尔孟特不相信四元素说和三要素说，他断言，真正的元素是空气和水，这两个元素谁也不能转变成另一个，每种元素也不能还原成更简单的状态。他描述了著名的"柳树实验"，以证明"所有植物都只由水元素生出。"

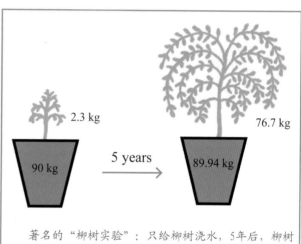

著名的"柳树实验"：只给柳树浇水，5年后，柳树的重量增加了74.4 kg，而土壤的重量却只减少了60 g。

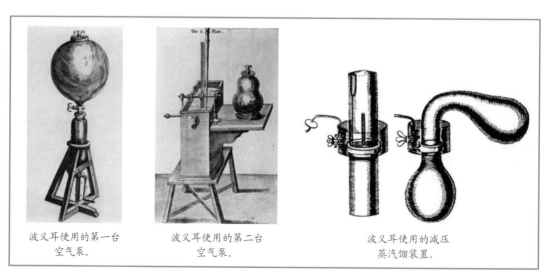

波义耳使用的第一台空气泵。　　波义耳使用的第二台空气泵。　　波义耳使用的减压蒸汽馏装置。

波义耳亲自设计并做了许多实验，发明了减压蒸汽馏，最早使用有刻度的仪器来测定气体和液体的体积，在大量的气体特性实验中总结出著名的气体定律——我们现在称为波义耳定律。

▶ 1661年出版的畅销书《怀疑的化学家》中，波义耳破除了四元素说，提出了元素与化合物的概念和微粒哲学的理论，1911年，该书被收入《人人文库》，作为第559卷，并将原来冗长的书名简作The Sceptical Chymist.这是现在常见的版本，本书就是据此译出的。

◀ 在波义耳建立的基础上，约瑟夫·布莱克（Joseph Black）等18世纪的科学家们为揭示物质的秘密开始认真地进行实验。在实验过程中布莱克发现了空气中的二氧化碳，证明空气不是"一种元素"。

▲ 英国化学家汉弗莱·戴维爵士（Sir Humphry Davy, 1778—1829)也发现了许多重要化学元素。

▲ 门捷列夫（D. I. Mendeleev, 1834—1907）发明了元素周期表，这是化学史上伟大的成就之一。至此，人们对元素的本质已经有了本质的认识。

现在看来，波义耳当时能批判四元素说和三要素说而提出自己的元素概念已很不简单，是认识上一个了不起的突破，使化学第一次明确了自己的研究对象。经过几代化学家的努力，如今，我们已经可以在元素被发现之前就预测到它的存在，对物质的构成的研究也早已经深入到分子和原子的水平。

◀ 以前的炼金术士们常常在实验室中操作着装有神秘液体的烧瓶——这些烧瓶还经常爆炸。这种情况持续了很长时间，使得人们印象中的化学实验室，往往是摆满了瓶瓶罐罐，瓶中装满五颜六色的化学药品。

▼ 如今，在现代的化学实验室里，很多前沿的研究已经是在计算机上的虚拟世界中完成的。

在未来的实验室里，化学家们将不再身着实验室专用的白大褂。你会发现他们不再忙于试管操作，而是坐在电脑屏幕前。屏幕上显示的是一个个复杂的药物分子图像。他们熟练地操作着图像，调整这边的基因，改变那边的化学键……

第四部分

· The Fourth Part ·

　　由于元素可能不止五六种，而且一物体所具有的那些元素亦可能不同于另一物体所具有的那些元素，因此，某些再混合物的分解可能导致某些新种类的结合物的产生，因为一些以前并未聚集在一起的元素可能会发生结合。

　　火并不总是单单分解或离解物体，也可能以某种新的方式将被分解物的种种成分（无论它们是不是元素）混在一起并使之复合在一起。

AN
HISTORICAL ACCOUN
OF A
DEGRADATION
OF
GOLD

Made by an
ANTI-ELIXIR:
A STRANGE
CHYMICAL NARRATIV

By the HONOURABLE
ROBERT BOYLE, Eſq;

The SECOND EDITION.

LONDON:
Printed for R. MONTAGU, at the *Book-Ware-Houſe*, in *Great Wil*
Street, near *Lincoln's-Inn Fields.*
MDCCXXXIX.

关于结合物在火作用下分解成的那些各不相同的物质的数目问题，就谈到此为止。因此，我现在要转入对它们的性质的探讨，并要向你表明，虽然它们似乎是匀质物体，但它们并不具有元素所必备的纯一性和简单性。而且，我本该立即开始给出证据以证明我的上述断言，但面对化学家们在分别套用那三种基本要素中的硫或汞或另一种要素之名以指称我们所说的那些物质中的每一种物质之时所表现出的那种自信，以及他们所认可的那种令人难以忍受的模棱两可的著述和言谈方式，我不得不对你表明我对他们的这种做法的不满，并提请你注意，化学家们并无理由赋予他们自己以随意玩弄术语的特权，以免你误解我的意思或是认为我误解了这场争论的实质。毫无疑问，倘若要求我在争论中一定要尊重每一位化学家的独特用语，凡是不能迫使这位或那位作者认账的东西，就不要提，如果他随机应变地就其模棱两可的言辞向我们给出这样的或那样的解释，也不要反驳，那么，我便简直不知道该如何争论了，也不知何所适从。因为我发现，即便是某些著名的作者〔诸如拉蒙·陆里（Raymand Lully）、帕拉塞尔苏斯以及另一些人〕也在滥用他们所用的术语，以致他们既常常给某些不同的东西配以同一名称，也常常给同一种东西配以许多名称，而且其中有些名称（或许）更适合于表示属于另一种种类的某个物体。甚至对于某些技术名词或专用术语，他们也不肯停止使用这种混淆视听的特权，而偏偏喜欢将同一种物质，时而称做某物体的硫，时而称做该物体的汞，正如我所指出过的那样。谈到汞，我还得指出，化学家们向我们给出的关于结合物的这种要素或组分的描述是如此复杂难解，以致那些致力于考究和阐释化学家们的种种概念的人们也不得不承认，他们并不知道应该如何对待他们的这类描述才好，

◀波义耳匿名发表的一著作的扉页。

不知道是该茫然地予以认可呢，还是该将其视为一些不可理喻的东西。

必须承认（埃留提利乌斯说道），在阅读帕拉塞尔苏斯和其他化学家的著作时，我曾不无困惑地发现，这些作者即便是在谈到要素时也似乎热衷于使用你刚才抱怨过的那些生硬的术语和含混的言辞，以便使读者崇敬他们，使他们的作品愈发显得高深莫测；或者说，以便对读者隐匿他们自己尚无法判断其价值的某种知识（他们希望我们这样理解他们）。

然而（卡尼阿德斯说道），无论他们在采用这种暗指的方式表述种种要素时怀有何种意图，他们都应当知道，有见识的人们大多颇为自负，当他们理解不了他们所读到的东西时，就会下结论说，是作者，而不是他们自己出了错。对于那些热衷于博取平庸之辈的赞誉的作者，如果他们宁受学人蔑视也舍不下这些赞誉，那就让他们悠然自得地享受他们所选择的那一份荣誉好了。至于那些顾虑重重地表述他们的见解的、神秘兮兮的作者，他们本可以通过不写书而不是写一些神秘拙劣的书来隐瞒他们的见解的，这样，既不会自掉身价，也不会给读者带来烦恼。即便是忒弥修斯在此，他也会毫无犹疑地认为，化学家们这样隐晦地进行著述，不是因为他们觉得他们的那些见解事关重大，作不得解释，而是因为他们害怕它们一旦得到解释，人们就会发现，原来这些见解远远谈不上有什么了不起的价值。实际上，化学家们之所以一直要这样含混不清地述及他们的三要素，其主要原因恐怕是在于，他们自己也不曾对三要素形成明晰而确切的见解，没有办法，只好含混地述及他们所仅有的那些含混的认识。不用说，在他们之中也有些人对他们的学说的苍白无力深有感触，这些人十分清楚，仅靠不让别人清楚地理解他们，是不能保证他们不被驳倒的。虽说在化学家们采用晦暗而玄奥的方式述及他们的炼金药的制备以及另一些重要秘方时，我们或可找到许多理由替他们辩护，因为他们可能是依据一些似乎很合理的理由而认为公布这些东西是不当的。但当他们打着自然哲学家的旗号讲授种种普遍要素时，这种模棱两可的写作方式便是我们所无法容忍的。因为就这类思辨性的探究而言，其首要目标是要获取对真理的直观认识，然而，他们明明可以说得清楚一些，可以让人弄懂他们的见解，但他们偏不这样做，而是要利用一些隐秘的术语和一些模棱两可的措词搅浑他们本不难澄清的那些问题，以致我们在审察他们似乎是在述说的那些东西是否正确之前，还得烦上加烦，猜测他们含混地表述出来的那些东西的含意，为此，我倒是真该要好好地谢谢他们才是。即便哲人石及其制备方法算得上他们要求世人认为是那种应该秘而不宣的秘诀之类的东西，他们也该在不公开这类被他们称为至关重要的工作（the great work）的东西的同时，做到以明晰而清楚的方式表述结合物的那些普遍要素。然而，在我而言（卡尼阿德斯继续说到），我刚才出于对那种不合理的阐释要素的方式的愤慨而谈到的那些东西，主要是想请大家谅解，我以后要是反对某些个人见解或主张，无非是要告诉帕拉塞尔苏斯或任何一位著名技艺家的追随者们，他们原本不必装作是精通帕拉塞尔苏斯或那位技艺家的专家。须知，正如我以前曾对你讲过的那样，我原本不必审察一本又一本的个人著作（因为这样的工作做起来没完没了，也没有价值），而只需要对我发现我所遇到的那些化学家们大都同意的、关于三要素的那些见解进行审察，而且，我毫不怀疑，我用于反对他们的学说的那些理由在很大程度上也同样适用于反驳他们并未直接摆出来的那些私下的看法。现在，我要转而考察炼金家们用火分解结合物所得到的那些物质，如果说我能揭示这些物质本身并不具有某种元素本性，那就是说，由这些或那些化学家们随意加诸于这些物质之上的那些名称是说明不了什么问题的。我也不怀疑，对于一位明智的人士譬如埃留提利乌斯来说，要紧的事情与其说是要知道人们对问题持有怎样的看法，倒不如说是要弄清人们应该怎样看待问题。

　　我的第四类亦即最后一类思考是，尽管化学家们常常在一般的意义上诉诸于经验，常常极为自信地将他们利用火从某结合物中分离出来的若干种物质,作为证明它们就是该结合物的组成元素的充足的证据,然而,那些各不相同的物质中有许多远远不具有元素的那种简单性,仍应视为一些结合物,它们大多至少在一定的程度上,即便不是在很大的程度上,仍保持着可分解成它们的原凝结物的性质。

(埃留提利乌斯说道)见到你如此揭露并鞭挞那些虚伪的化学家们的虚荣心或不良企图,我很高兴;而且我希望学者们能够齐心协力地揭露这些自欺欺人的作者们的面目,以使他们再也不敢指望欺世盗名而不受惩罚。因为,倘若我们默许这些人以一些哗众取宠的标题出版他们的书籍,在其中喜欢什么就断言什么,随心所欲,不惜与他人甚至是他们自己的观点相抵触,且既不担心遭人反驳也不担心被人识破,那么,这便会促使他们变本加厉地赚取名利而不惜牺牲读者的利益,因为他们心中有数,知道聪明的人们惯常因你刚才提到过的那种缘故而不会出面指责他们以及他们的著作;而无知且易于轻信他人的人们(这类人大有人在,其数目远远多于前一类人)则往往会钦佩他们甚少理解的东西。然而,倘若精于化学事务的那些有识之士都肯用清晰而明白的方式表述他们自己的观点,使人们读起来不感到困惑,或不会受晦涩或空洞的字眼的愚弄,那么,我们便可以期望,那些人在明白他们再也不会不因他们以不恰当、不合理的方式著述而受人嘲笑之后,自然会停笔不写任何东西,要不就写一些能教给我们某些东西的书籍,而不再像从前那样白白地耗费人们宝贵的时光,也不再以一些难以捉摸的或不恰当的字眼打搅世人,这样,我们或许会从他们的书籍中得到一些有益的东西,要不也会因他们的缄默而免受烦扰。

然而,在讲完这一切之后(埃留提利乌斯继续说道),不妨替那些化学家们辩解几句,仅就他们自行其是地选用一些名称而言,如果说他们尚有情有可原之时的话,则很可能是在他们谈到他们分解结合物而得到的那些物质之时。因为,就像父母有权替他们自己的孩子取名一样,给这些物质命名历来都被认为是新发现它们的那些发现者的权利。而我们所谈到的那些东西都是化学家的技艺的产物，只能凭借这种技艺获得，别无他法可循。因此，允许这些技艺家按照他们的意愿给它们命名似乎才是公道的，同时也要看到，最有资格、最有可能告诉我们这些物体是什么的人莫过于被我们认为是它们的发现者的那些人们，而不是其他任何人。

（卡尼阿德斯说道）我过去曾对你谈过，在能够完成一些实验与能够对这些实验作出哲学解释之间存在着巨大的差别。一个矿工在工作中可能经常碰到他并不知道其组成的某种宝石或矿物质，直到他拿去给珠宝商或矿物学家鉴别后，才知其为何物，此且不提。但我倒是想在此指出，我在论辩中所指的那些化学家们早已放弃了你所指定给他们的那种可按自己的喜好选用名称的权利，早已囿于他们对于他们的那些要素所作的那些并不怎么高明的描述而不得自拔。因此，虽然他们可自由地选用硫、汞、气（gas）、灵气（blas）或他们乐于采用的其他名称指称他们在分析中得到的任何一种物质。但是，既然他们告诉我说，（譬如）硫是一种原始而简单的物体，且可燃烧，有气味，还有其他一些性质，那么，他们就应该允许我在他们又在我面前说某种复合物或不可燃物就是这样的一种硫时，不相信他们的话。允许我在他们训示说金和其他一些矿物富含某种不可燃的硫时，认为他们是在玩弄文字游戏，因为说有着不可燃的硫，就不啻是说有着阳光灿烂的夜晚或液态的冰。

在我开始详细论述我的第四类思考之前，我觉得先就一些一般性的问题作一下探讨是适宜的，其中有些内容我过去已曾述及，就无须在此再作详述。

首先，我必须提请你注意赫尔孟特的一段记述[①]；虽然我并没有发觉读者们曾对这段记述给予重视，但他本人和我都十分重视它。在这段记述中，他在指出蒸馏油橄榄所得的那种油本

---

① Helmont, *Aura vitalis*, P725.——作者注。

身具有一种很强的腐蚀性和一种难闻的气味之后告诉我们,只须用帕拉塞尔苏斯的那种循环盐(*sal circulatum*)对这种油进行煮解,即可将其转变成一些不同的成分,并产出一种很香的油,既极不同于被蒸馏的那种油,亦极不同于色拉油。用同样的办法还可以从酒中分得一种香而爽口的精,其品性也远远不同于且优于通过直接蒸馏得到的、被称为脱黏液的酒精(*dephleg-med aqua vitæ*)的那种精,这种香味的精远不具有后者所具有的那种辛辣的特性,而且那种循环盐在促使受分解物体分解成分解产物后,其重量和性质仍与先前相同。因此,倘若我们承认赫尔孟特的这一断言是正确的话,那么我们就必须承认,在可从某些复合物中分离得到的具有相同名称的同一类物体之间(譬如在几种油或几种精之间)可能存在着重大的差别。譬如,我随后就要谈到,在直接蒸馏中得到的、已为化学家们所熟知的那些油之间,就存在着种种差别,除此之外,利用上述方法,亦即借助于那种循环盐,似可从同一种物体中得到完全不同于前一类油的另一类油。而且,人们还可能在自然中找到另一些作用剂,凭借这些作用剂的嬗变作用或其他作用,还可从通常被称为结合物的那些物体中得到一些油或其他物质,又不同于庸俗化学家们或是赫尔孟特所知道的那些油或那些其他物质。然而,考虑到你可能会对我说,这不过是某种基于他人记述的推论而已,至于这一记述是否正确无误,我们尚无法用实验来验证,故我将不会在此问题上死缠下去;这就留给你慢慢考虑,以下,我将转而谈下一个一般性的问题。

其次,倘若我们今天的一些哲学家所复活的那种源自留基伯、德谟克利特以及古代的另一些善于分析的先导们的见解是正确的话。这种见解是说,我们日常生活中的火,诸如化学家们使用的火,是由众多的快速运动着的微小物体组成的,由于它们十分微小,且可快速运动,以致它们能够穿过一些最坚固、最密实的物体,甚至可穿过玻璃。(我是说)倘若这种见解是正确的话,那么,鉴于我们发现在燧石和其他一些凝结物中,其火成分是与其较粗大的成分结合在一起的,我们便有理由推测,当许许多多的这样的火微粒沿着玻璃的微孔穿过玻璃之后,它们就有可能与受其作用的结合物的种种组分发生结合,并和这些组分一道组成一些新种类的复合物,这取决于被分解物体的各种成分的形状、大小以及其他特性是否恰好适于同上述火微粒发生这种结合。倘若我们进而假定,火有种种微粒,它们虽然都极其微小,都在做高速运动,但并非全都有着一样的大小和形状,那么,就可能与受作用物的成分发生多种结合。要不是我还要对你谈起一些更重要的思考,我倒是还可以对你举出一些具体的实验以支持我刚才谈到的那些东西,正是这些实验促使我想到,当火直接作用于某些物体之时,火的微粒确有可能同物体发生结合,并导致增重。然而,我并不敢断定,用火作用封于玻璃容器内的物体时,火微粒真能自行穿过玻璃物质进入容器引起增重,因此,我还是就此打住,继续谈我所要谈的东西。

(埃留提利乌斯说道)我本可以帮你提供某些证据,因为我觉得当火直接作用于某一物体之时,火的某些微粒很可能结合到被灼烧物体的那些微粒中去,譬如,火作用于生石灰时,就似乎有大量的火微粒相当牢固地结合到其中去了。但为了不妨碍你的谈话进程,我还是让你将这种探讨放到其他时候去谈,现在,请继续谈你所要谈的东西。

其次,我想提请你注意,不仅存在着某些物体,就像金、银一样,在通常的那些依靠火来进行的检验之中并不能被证明是结合物。而且(正如我以前曾告诉过你的那样,但愿你还记得),即便是可分解成几种物质的某种再复合物,直接置于火灼烧之下时,也可能既不被分解成元素,也不被分解成直接复合成这种再复合物的那些混合成分,而被变成了一些新的结合物。对此,我曾对你给出了一些例子,是与汤汁、铅糖和矾盐有关的。如果我们能考虑到某些无疑是再复合物的物体的存在,其中既有人造的也有天然的(诸如我刚列举的那些物体)。考虑到造物主还能在地底深处不断地进行着类似于她的那些可为我们所目睹的劳作,在制造着一些奇特的混合物;考虑到动物是依靠植物和其他动物为生的;并考虑到这些植物本身也都要从地里所聚藏着的某种营养液汁中,或从动物的粪便中,或从腐烂的生物体或植物体中,或从其他具复合特性的物质中获取它们所需的养料,赖以生存下去。我是说,如果我们考虑到了这些东西,我们便有可能认识到,即便在那些天然的创造物中(更不必提在人造物中了),也有许多再复合物,其数目远远多于人们曾注意到的那些同类物体的数目。毫无疑问,正如我以前曾指出过的那样,这绝不是说,一切混合物都必定是由元素性的物体组成的;而是说,即便是就一向被认为是混合物的组分的那些物质而言,也可能有一部分是或全部都是复合物。须知,虽然有些物体似是由种种元素或要素直接结合而成的,且可由此而称之为第一结合物(*pri-ma mista*)或原始结合物(*mista primaria*);但也另有许多物体似是经第二次混合(如果我可以这样说的话)形成的,它们的直接组分并不是元素,而是刚谈到过的那些第一结合物;而且,这些第二结合物中的某些结合物经再次组合,又可形成第三结合物,以此类推,不一而足。由一些分属上述类别中的不同类别的结合物组成某些物体亦绝非是不可能的事情。(譬如)一凝结物可由这样的一些组分组成,其中一种可以是第一结合物,而另一种却是第二结合物。(因为,我在依照自己的方式分解天然朱砂时不仅发现了那种看上去很像是一种矿物的、较粗糙的成分,而且还发现了一种可燃烧的硫和一种可流动的汞)。或许还有些凝结物不含任何属第二结合物的组分,而是由某些第一结合物和某些第三结合物组成的。对此,你只要想想在化学家制备他们称之为他们的 *Bezoardicum's* 这类药物的过程中所发生的事情,就不难明白了。首先,化学家们取来矿物锑和铁,这两种东西都可看成是第一结合物,用它们复合出星锑,然后,他们再按照自己的想法在星锑中加入金或银,并使之与星锑发生进一步的结合。继之,他们于其中加入升汞这种本身即是某种再复合物的东西(因为升汞是由普通的水银和几种盐在一起结合而成、经升华而得到的一种结晶物质），便从升汞和上述金属混合物中制得了某种液体①，可以认为，这种液体具有一种更复杂的性质。倘若化学家们的下述断言，亦即，通过这种工艺可使同星锑混在一起的金或银的一部分随同在升汞作用下得到的那种液体一道在蒸馏中被蒸出来，没有说错的话；倘若我从一位技艺娴熟且为人正直的人士那里听到的那些东西也是真实的话，他在前不久曾对我谈到，他和我所共有的一位不无经验的朋友曾按照上述方法将大量的金蒸了出来，原指望用这种或可为他带来收益的东西赚点什么，但不但希望成空，反而无法从这种锑膏中将其可挥发的金回收出来，这些金已被牢固地结合在锑膏之中了。

（卡尼阿德斯继续说道）如果一复合物可由一些并非清一色的元素的组分组成；那么，我们更不难想到，用火分解该复合物而得到的种种物质即便都似乎是地道的匀质物质，也仍有可能具有某种复合物性质，因为任一均匀物体的那些成分都可能自行结合成某种新的复合物。（举例来说）当我把矾、硇砂和硝石混在一起进行蒸馏时，我所蒸得的液体既不是硝石的精，也不是硇砂的精或矾精。因为这些精都不能溶解天然的黄金，但我所蒸得的液体却能迅速地溶解金，因此，这种液体至少含有硝石的精和硇砂的精（因为后者溶在前者之中后才能溶解金），而且用已知的任何办法也不能将它们分开，这表明这种液体是一种新的复合物，但如果我们不把其作用早已为人们所熟知的那几种凝结物放到一起蒸馏以获得这种液体，就不会将其视为一种结合物。借此机会，补述我以前就答应你要谈的一个实验，因为现在谈这个实验是非常适宜的，此即是，我怀疑普通的矾油并不像化学家们所想象的那样是一种简单的液体，因此，我将矾油、等量或倍量的普通松节油（因为这个实验我不止做了一次）连同我

---

① 医药炼金术学派认为，将金、银等对人有益的金属制成液态酊剂或膏状物质后有利于人体吸收。这里的制药过程可能是，矿物锑与铁作用得星锑（即金属锑），星锑与金或银共熔成合金，再与升汞（$HgCl_2$）作用，形成某种汞齐，其中可能含有金或银、锑、汞以及氯化锑杂质，经蒸馏即得"锑膏"，因这种蒸馏火力甚强，故上述诸成分可能同时被蒸出。——译者注。

从药店里购得的另一种溶剂一道混在一起，然后，将混合物置于一玻璃制的小曲颈瓶中，小心地进行蒸馏（因为这个实验很是精细，而且有些危险），果然（除得到我所加入的那两种液体之外）得到了某种物质，且数量可观，它们全都粘在曲颈瓶的颈部，显然是硫，因为它不仅有着一股非常浓烈的硫气味，而且其颜色也与硫石相同；更何况将其置于燃煤之上时它能立即着火燃烧，就像普通的硫黄一样。这种物质，我还留有一些，若你愿意，你可以拿去检验。所以，从这个实验中我可以导出下面的这么一个或者说是两个命题，亦即，通过使这两种均被化学家当成是元素的物质相互作用可制得一种真正的硫，而且在这种硫中丝毫不含有那两种物质中的任何一种；又，矾油虽然是一种蒸馏中得到的液体并被当成是能产出矾油的那种凝结物的含盐要素成分，但它仍可能是经复合而成的一种物体，除含有那种含盐成分外，还含有一种类似于普通的硫石的硫，因而它本身很难说是一种简单的或非复合的物体。

（卡尼阿德斯继续说道）我本可以提醒你回忆一下，我以前曾谈过，由于元素可能不止五六种，而且一物体所具有的那些元素亦可能不同于另一物体所具有的那些元素，因此，某些再混合物的分解可能导致某些新种类的结合物的产生，因为一些以前并未聚集在一起的元素可能会发生结合。我是说，我本可以在请你想想上述内容之后，再就这些属于第二类思考的东西作一些补充，但时间恐怕很仓促，只好就此作罢。在此，我倒是想转而提提我的第三类思考，其内容是，火并不总是单单分解或离解物体，也可能以某种新的方式将被分解物的种种成分（无论它们是不是元素）混在一起并使之复合在一起。

这一点，在一些明显的例子中已成了不争的事实，因此（卡尼阿德斯说道），对于那些无视这一事实的人们的一些因循守旧的行为，我实在感到难以理解。须知，当在烟囱下燃烧的树木在火作用下被烧成烟和灰时，这种烟可形成烟油，而烟油却远远谈不上是树木的任何一种要素，（如前面曾谈到过的那样）你可以通过进一步的分析从中得到五种或六种各不相同的物质。至于残留下来的那些灰，化学家们自己也曾教导我们说，它们可在更强的火作用下发生极其牢固地结合，成为玻璃。诚然，化学家们最为倚重的分析不是在明火中完成的，而是在密封容器内进行的；但无论如何，刚才提到过的那些例子应能促使你不无明智地想到，热既可分开、也可复合结合物的种种成分。而且，我用不着告诉你，我已经掌握了一种方法，即便是在密闭容器中也可以完成这种玻璃化作用，而只须提请你注意，锑华和硫华都不过是一些地道的结合物而已，尽管它们可在密闭容器中升华；而且，在密闭容器内，我也曾使整块樟脑全部升华上去。然而，可能会有人反对说，上述所有例子都是关于一些可以以干的形式升华的物体的，譬如那些通常是通过蒸馏得到的液体。对此，我的回答是，一物体可从固态变到液态，或从液态变到固态，而不发生其他重要变化，譬如在冬天我们随处都可见到，同一种物质既可很快冻成坚冰，也可重新融化成为液态的水，而不伴随发生组分的分离或其他变化现象。除此之外，我认为还有一种物体也很值得一谈，亦即普通的水银，所有著名的化学家都承认它是一种结合物，它可以以其固有的某种形式被蒸出来，随后又可变回那种液态形式。毫无疑问，最地道的复合物也可以参与构成一些液体，因为我曾发现，借助于某种溶媒，仅施以中等强度的火作用，便有可能将金从曲颈瓶中蒸出来。即便不提这回事，也不乏充足的理由，就让我们仅只考虑那些与锑膏有关的事情，看有哪些理由。须知，若对锑膏进行仔细的精馏，则可使之变成一种非常清亮的液体；然而，你若于其中注入适量的清水，则很快沉淀出既重且浊的金属灰，这种东西在未沉淀之前是构成上述液体的一种重要组分，但实际上是一种含锑的物体（尽管有些著名的化学家认为它是一种含汞物体），这种物体原先是在升汞的种种成分作用下转变成液态的，因而应是一种复合物。若你有兴趣对这种白色粉末实施某种巧妙的分解以做检验，即可发现它确是一种复合物。而且，你也不能认为诸如硫石的华之类的复合物不能作为成分而构成一些适于蒸馏的液体,不应像某些自认在化学方面不无造诣的学人们一样,以为要对任何一种结合物实施蒸馏,至少也得使用某种腐蚀盐。如你觉得有必要的话,我随时可以向你描述从硫石(甚至还可以算上某些矿物硫)中升华出华的某些其他方法,譬如,我只须借助于某些油质物体即可蒸得一些挥发性液体,无论其颜色,还是其气味(这是一种更可靠的特征)或作用,都无不表明,我们在蒸馏中蒸出了一种硫,而这种硫是蒸得的液体的一种成分。

(卡尼阿德斯说道)埃留提利乌斯,还有一件事情,与我现在所谈的问题大有关系,这件事,虽然我以前曾提及过,但我仍有必要在此再作强调。这就是,化学家们往往是基于种种性质或特性方面的考虑而将某种物质成分称之为汞或以他们所说的那些要素中的某种其他要素之名指称之,然而,性质或特性并不能起到这种作用,反之,结构上的变化诸如火作用于某物体的种种微小成分时所引起的变化,以及其他类型的改变,倒是有可能引起性质或特性发生一些大的变化(这才是性质或特性存在着千差万别的原因)。在我表述第二类思考时,我已基于仅以清水培养植物时所发生的那些现象、基于蛋卵可孵成幼体证明,通过改变某物体中各种组成部分之间的配置,造物主能够在一团均一的质料中引起一些变化,而且变化之大,并不亚于人们在将某物质命名为三要素中的某个要素时所必须考虑的那些变化。于是,尽管赫尔孟特曾在某些地方不无机智地将火称为事物的破坏者与死亡使者,尽管另有一位著名的化学家兼医生曾乐于据此提出,火,只能产生火,而不能产生其他任何东西。但我毫不怀疑你仍将会持有不同于他们的看法的看法,只要你想想,正是化学家们自己借助于火造出了不计其数的新种类的结合物,尤其是当你想到,玻璃,这种惰性的、历久不变的物体,也无疑是在剧烈的火作用下得到的,而且舍此之外,没有其他办法可制得玻璃。显然,每一种具有特定名称的物体都必然是在某种活性动因的作用下产生的说法,只能被视为某些赫尔孟特主义者的一

个不值得注重的断言。这一点，我想是不难证明的，但我并不急
于作这种证明，而宁愿趁热打铁，进一步阐述以下看法。有些人
认为，凡火作用产生的产物皆属人工物体而非天然物体，这种说
教对我们也并没有太大的吸引力。因为在这两类物体之间，并
不存在着诸如许多人所想象的那种区别，他们以为据此便足以
对这两类物体作出严格而稳妥的界划，但问题却并不像他们所
想象的那样简单。在此，我用不着作极为详尽的探讨，而只须指
出，通常人们标明一物体是人工物体是指设计者借助于手或工
具或借助于这两者对一团质料进行处理，使之具有某种恰好符
合此人先前在心目中的那种设计的形状或形式。然而，设想归
设想，在许多制备中所得到的结果却常常与人所设想、所期望的
结果有着很大的不同。而且，所用的工具也并非人工制造或塑
造的工具，不像锻工所用的那些工具，有着此种或彼种特殊的功
用；反之，化学制备中的工具大都是天然作用剂，其主要功效是
得自于它们自身的性质或构造，而非得自于人工。所以，火无疑
就像种子一样，也是一种天然作用剂。那位惯于使用火的化学
家①所应用的种种作用剂与受作用物也都是天然的，他只是将它
们混在一起，并促其禀其各自的特性而自动发生作用，得到产
物。譬如，梨、苹果或其他水果，都是天然产物，而果园只是以让
枝条、树干和水聚积在一起生长的方式或其他方式贡献于它所
孕育着的果实。然而，埃留提利乌斯，现在我想说的是，你应能
看清我先前对你谈过的那些事实了，这就是，人们正是依据一些
微不足道的性质来定义一个个化学要素的。譬如，当人们利用
火分解某种复合物时，倘若得到了一种可燃且不溶于水的物质，
那么他们便会称之为硫；倘是有味道、可溶于水的物质，则必定
被当做是盐；而一切固定的、不溶于水的物质皆称之为土。而
且，我敢说，不问其构成如何，只要是挥发性的物质，都会被他们
叫做汞。然而，这些性质要么是在某些被他们称为非活性作用

---

① 指赫尔孟特。——译者注。

剂的作用剂作用下产生的,要么属于复合性质,这在另一些例子中看得很清楚,譬如,在利用灰烬烧制玻璃时,味道极为强烈的含碱盐与土结合就变成没有味道的物体,这类物体尽管干而固定,且不溶于水,但无疑是在火作用下得到的一种结合物。

　　谈到这里,我不禁记起赫尔孟特在推荐一些药物时曾就其中的一种写了一则简短的说明,尽管他只是非常简略地谈了谈制备这种药物的具体过程,但我们在未能通过检验以肯定或否定依此法制成的药物的种种功效之前,并无什么理由不相信这一说明。(他说)"Quando oleum cinnamomi etc. suo sali alcali miscetur absque omni aqua, trium mensium artificiosa occultaque circulatione, totum in salem volatilem commutatum est, vere essentiam sui simplicis in nobis exprimit et usque in prima nostri constitutiva sese ingerit."[①]在其他地方他也曾作出类似的说明。如果我们假定他说得不错的话,那么,根据这种说明,便可以争辩道,既然在火作用下可产生一种物质,它类似于从鹿茸、血液等物体中得到的、被人们当成是元素的盐类物质,具有挥发性;既然这种挥发性盐实际上是由化学上的一种油和一种固定盐复合而成,也就是说,既然这种油可使这种固定盐变成挥发性的,同时在火作用下又可使这两者相互结合,那么,我们便有理由设想,另一些在火作用下分解物体而产生的物质,也可能是由具不同性质的物质所组成的一些新种类的结合物。更重要的是,我常常还这样设想,既然从鹿茸、血液等物体中所得的那些挥发性盐易于挥发掉并带有种种强烈的气味,那么,我们便只能认为,化学家们认为一切气味皆起因于硫是一种错误,或者说,这些盐是由某些油性成分与种种含盐成分互相结合而形成的。类似的推想还适用于醋精的探讨,虽然化学家们将其看

---

　　① 拉丁文,其大意是,"将油物质诸如肉桂油之类的油物质与含碱盐混在一起,用暗火回流三个月,蒸出所有水分,则它们全部变成了挥发性盐,这样,我们便第一次通过促使两种混在一起的物体发生重组的办法,从这两种尽人皆知的简单物体中制得了一种地地道道的要素。"——译者注。

做是醋的要素之一,虽然它是一种酸味的精,但它似乎远不如挥发性盐类物质那样易于同硫类物质亲和;然而,我不知道化学家们究竟是在何种意义上将其所具有的刺激性气味归之于盐的,舍此不论,我也弄不懂他们为何没有注意到他们自己所推崇的《化学入门》(*Tyrocinium Chymicum*)所教给我们的那些关于蒸馏铅糖的事情。在这些论述中,贝奎恩(Beguinus)向我们证实,他除蒸得了一种非常纯的精外,还得到了不下于两种的油,一种为血红色,稍重一些;另一种是紧随醋精之后升到顶部的,为黄色。关于后者,他说他自己还保留了一些,以证明自己并非妄言。我也曾对铅糖作过蒸馏,虽然我不记得曾得到过两种油这回事,但我是在未用附加作用剂的情形下进行蒸馏的,并得到了一种油,看来,我的经验与他的说法也一致。我知道化学家们倾向于认为,这些油都不过是铅中所含的那种挥发性硫而已。或许,他们还会引述贝奎恩的话以作下述争辩,亦即,当蒸馏结束时,你能够发现一种颜色极深的、乌黑的残渣或(贝奎恩所说的)渣滓(*nullius momenti*),仿佛原物体亦即那种金属在蒸馏中也被蒸了出来,或者说,至少其绝大部分被蒸了出来。但是,你我都知道铅糖是一种混成物(magistery),是将铅加以煅烧,而后溶于精制醋中,再对溶液进行结晶而制得的。而且,倘若我曾有机会告诉你,通过鉴定我发现这类实验中所得的残渣是一种极不同于贝奎恩所报道的那种渣滓的东西,而他并未注意到这一区别,那么,我相信你会认为化学家们的前述推测并不会比下述三种推测中的任何一种更合理。其一,这种油先前曾作为一种成分参与了醋精的构成,这就是说,被当成是一种化学元素的某种东西仍可被进一步分解成一些各不相同的物质;其二,醋精的某些成分可与这种铅的某些成分组成化学家们所说的某种油,所以,这种油虽可被看成是匀质物质,但仍是一种地地道道的复合物。其三,在精制醋和烧铅发生相互作用时,有一部分醋液会发生变化,从一种醋精嬗变成了一种油。而且,尽管前两种推测中的任何一种在其要旨上都足以使我所考虑的这个例子更贴近于我现在所探讨的论题，但你仍不难看出，第三种亦即最后一种推测对于我进一步阐明我在谈话中所涉及的另一些问题来说更有裨益。

言归正传，回到我们谈起赫尔孟特的实验以前所谈的主题上，我所要补充的是，化学家还必须承认，酒精或另一些经过了发酵的液体的精，经过彻底的脱黏液处理后即成为一种被他们称为原凝结物的硫的东西，这种东西（又被他们当成是原结合物的真正的硫），有着油的那种不与水混溶的特性，但经过发酵又会失去这种特性。又，若你信任赫尔孟特的话，你就得相信，只须借助于纯酒石盐（它不过是酒的固定盐而已）的作用，即可将一磅最纯的酒精转变成或嬗变成盐和元素水，盐的重量不足半盎司，其余的全是水。因此，我们便有理由问一问（我想我先前也曾这样问过），对于那种被人们一致认为是灰烬的盐要素的、固定的、含碱的盐来说，能否根据它是含碱的便判定说它不是火作用的某种产物呢？须知，尽管酒石有味道，这似乎表明，未经灼烧的酒石中含有一种盐，然而，这种盐却非常酸，其味道显然极不同于从烧过的酒石中所浸提出的盐的味道。尽管我们并不反对化学家们利用剧烈的火作用于物体，将它们化为灰烬以制备他们所要制备的形形色色的盐，然而，（鉴于鹿茸、琥珀、血液以及若干种其他结合物在它们被烧成灰烬之前便产出了大量的盐）我们也应当指出，后面所说的这一类挥发性盐都与我们前面所说的那种固定的、含碱的盐极不相同。应知如不采取煅烧，则无法制备出这种固定盐。化学家们不是不知道，无须施用附加物，即可使水银凝结成一种干粉，且不溶于水①。一些著名的炼金家，包括拉蒙·陆里在内，他们也曾教导说，在火单独作用下，可于通常所用的容器中将水银（至少可将其大部分）变成一种类似于水的低稠度的液体，且可与水混溶。所以，在火单独作用下，一结合物的种种成分以某些不同于先前的、新的排列方式排

_____

① 此过程可能是，水银氧化生成不溶于水的 HgO。——译者注。

列是可能的,以致以不同方式生成的物体时而有着这样一种稠度,时而有着另一种稠度;时而可溶于水,时而又不溶于水。我还可以对你指出,有一些物体,化学家们不能从中制得任何可燃物质,但如将它们混在一起用火作用却可给出某种可燃物质。反之,要从某种可燃物体中分出一种可燃要素或组分,却会让许许多多的化学家们以及另一些人们感到为难。因此,鉴于化学家们所说的那些要素往往得名于一些既不比技艺之效用更显著、也不比火所起的作用更显著的性质;鉴于这样的一些性质时常见诸于这样的一些物体之中,这些物体在另一些性质上的表现极不相同,以致我们不能认为它们在要素之作为要素而必须具备的那种纯粹而简单的本性上也是一致的。我们便有正当理由设想,化学家们固然给我们提供了许多火作用产物,且将它们视为可产出它们的原凝结物的要素,但它们仍可能只不过是一些新的结合物而已。趁此机会,我想就上述的那些立足于事实而提出的论辩作一点补充,这种补充照逻辑家们的说法是对人不对事的(*ad hominem*),这就是,我希望你能注意到,尽管帕拉塞尔苏斯本人以及一些错误地认为他不曾指出过下述观点的人们都曾大胆地指出,非但世界上的种种物体,就连种种元素本身乃至于整个世界其他层次上的一切组成部分,无不是由盐、硫、汞组成的。但那位博学的塞纳特以及另一些较为审慎的化学家则拒绝了上述见解,他们之中有许多人坚信,三要素中的每一要素都是由四元素组成的。另有一些人则认为,是土、水汇同盐、硫、汞一道构成了结合物。由此可见,在此可将这些炼金家分为两类,其中有一类人尽管仍在给火作用的种种产物冠之以上述的那些似是而非的名称,但他们实际上还是同意我的主张的。至于另一类人,我倒想问问他们,我们时常在化学分解过程中得到的那种黏液和那种固定的土又是源自于怎样的一类物体呢?这样问是因为,他们如不放弃自己的见解、放弃经验,转到帕拉塞尔苏斯的立场上,说黏液和土是由三要素组成的,只是他们不能从这两者中分出任何一种要素而已。就只得认为,土和水,这两种在这个世界上为数最多的物体,皆非由三要素组成,因此,无论是就世间一切物体而言,还是就一切结合物而言,三要素都远远谈不上是它们的普适组分。

我知道,在上述的那些化学家们当中,大多数人并不认为他们利用火分解结合物而得到的种种各不相同的物质是一些纯之又纯的匀质物体。然而,鉴于亚里士多德主义者们也承认他们在利用同样的作用剂分解同样的物体时所得到的四元素不是简单物质,所以,我们既然允许化学家们将其称为要素,就应当允许逍遥学派人士将其称为元素,因为在这两种情形下物质名称的指定都是这样进行的,这就是看何种元素在数量上占有优势,便以此元素之名指称该物质。这样讲,并非是要否认化学家们的理由之对于逍遥学派的理由的优越性。但是,你知道,此时此刻我既要反对亚里士多德的元素论,也要反对化学家们的要素论,所以,对我来说,无论是对于何种物体,我都没有义务将其说成是某种真正的要素或元素,都未尝不可将其视为复合物,试想,在元素论和要素论中,有哪一种答案能向我证明,复合物虽不是完全匀质的,但却可进一步分解成各不相同的、但有一定种数的物质,而不论这些物质在大小上是多么微小。至于那些以某种要素诸如盐或硫或汞在某物质中占有优势为借口而以该要素之名指称该物质的那些化学家们,他们的这种做法本身即是对我所主张的那种观点亦即火作用的这些产物仍是复合物的一种认可。然而,在此必须指出的是,他们只是认定而并未证明,根据一物体主要是由盐或硫或汞中的某种要素组成即可认为该物体堪以该要素之名来命名。照我刚提出的那种说法中的主张来看,在我们所谈到的那些物体中并不存在着某种原始而简单的物体,反之,认定其中存在着某种原始而简单的物体的那些化学家们又该如何作出证明呢?倘若他们打算凭借理性的东西证明他们的断言,那么,这些不无自豪地宣称他们自己[继贝奎恩之后,他们将化学家又称为以感觉为本位的哲学家或工作者(*philosophus or opifex sensatus*)]能够通过找出存在于一切结

合物中的那些简单物质以告诉人们结合物有哪些组分的化学家
们又何以维护他们的尊严呢？毫无疑问，对化学家们来说，在此
情形下转而求助于实验之外的证据，就不啻是要改变这场一直
进行到现在的争辩的性质，使之成为一种无法证明的东西。相
应的，我也不再有必要在争论中恪守我仅只考虑实验证据而不
考虑其他任何证据的承诺。我知道有这么一种似乎很有道理
的、有利于化学家们的说法，亦即，化学家们称之为盐或硫或汞
的东西中的绝大部分成分显然是名副其实的要素。因此，仅只
因为其中混有一点点其他物体便说这些物质名不副实，未免太
过于武断了。况且逍遥学派人士也承认，人们无论是在何时何
地，只要是在这个世界上见到的元素都谈不上纯元素，但他们偏
偏可以将种种独特的物质成分称为元素。更重要的是，在化学
分析中得到的种种物体与用以指称它们的种种要素之间存在着
明显的类似。诸如此类的申辩，不是说不得，这一点，我也不是
不知道。但是，就其中的那些基于逍遥学派人士如何如何的先
例而提出的申辩而言，我已然对你表达过我的看法，这就是，以
这种申辩对付逍遥学派人士虽较为管用，但对付我却未必管用，
因为在我而言，要说世上并不存在着那种并非完全同质物质的
元素亦未尝不可。至于有人主张，倘一要素在某物体中占有优
势，即应该以该要素之名命名该物体，我的回答是，倘若我们或
者是化学家们真的见过造物主是用纯盐、纯硫和纯汞复合出了
各种各样的结合物的话，再这样讲方不为过。既然化学家们要
求诉诸经验，那么我们就不可诉诸想当然的东西，（譬如）以从某
种植物中蒸得的油而论，在化学家们拿出确凿证据证明在这种
植物中的确存在着一种匀质的硫之前，我们不要想当然地认为，
这种油主要是由那种被称为硫的纯要素组成的。须知，就人们
基于火作用的种种产物与用以指称这些物体的各种亚里士多德
元素或化学要素之间的类似性而提出的那种似是而非的论辩而
言，只要你回想一下，想到我们的这场论战的实质并非是在于能
否从结合物中得到某些在外表上、在某些性质上同水银或硫石

或其他的某种直观物体相一致的物体的问题，而是在于能否说一切被认为是完全结合物的物体都是由种数一定的、原始的非结合物组成且可分解成这些非结合物的问题，你就不难发现，这种看似有理的论辩其实并不是毋庸置疑的。这样讲是因为，如果你在心目中还记得这一问题是这样的一个悬而未决的问题，你就很容易发现，这里面尚有许多应该得到证实的地方并未由我们通过化学实验给予证实。然而（不再重复我已详加阐述的那些东西），在此我想强调的是，并不能根据火作用的某种产物与世上的某种较粗大的物体之间有着某种相似性，断定说它们有着相同的本性并用同一名称来指称。须知，尽管火焰既热且干，又具有作用能力，但化学家们并不同意将其视为火元素，因为它不具有火元素所具有的另一些属性。而且，尽管灰烬或生石灰与土之间存在着许多相似之处，但化学家们仍然反对逍遥学派将灰烬或生石灰称之为土，因为土应该没有味道，而灰烬、生石灰均具有味道。也许你还会问，物体的化学分析如不能证明物体是它们在火作用下分解而成的三要素组成的，又能证明什么呢？我的答复是，可以认为，对物体进行这种分析只能告诉我们，某些结合物（因为还有许多结合物无法进行这种分析）置于密闭容器中（须知这一条件常常是必不可少的）用火作用时可被分解成几种在某些性质上尤其是在稠度上各不相同的物质。所以，从这些结合物中大多可制得一种固定的物质，其一部分成分为盐，另一部分成分却没有味道，还可制得一种油性的液体以及另一种非油性的但有着某种显著味道的液体。倘若化学家们只是喜欢将那种干而有味道的物质称为盐，将那种油性液体称为硫，将另一液体称为汞，我还不至于要就此做法同他们一较长短。然而，如果他们告诉我说，盐、硫、汞是一些原始而简单的物体，说每一种结合物都是由它们复合而成，说它们原本存在于受火作用前的原物体之中，那么，他们就不能不允许我作一点质疑，亦即，他们的实验能否证明他们所说的一切呢（且不管他们所提出的其他理由能否证明这一点）？如果他们还要告诉我说，

通常得自于他们的分析之中的那些物质就像要素一样，是一些
均匀的纯物质，那么，他们就还得允许我依照自己的理智来进行
判断，只相信他们的可靠的证词，而把他们的那些空洞的断言抛
到一旁。所以，你（埃留提利乌斯）切莫认为我对他们太过于严
厉了，因为他们将火的这些作用产物当成是元素或要素是鉴于
这些产物与元素或要素之间有着某些相似之处，但我却对这种
做法颇感犹疑。在我看来，说到某一元素或要素，应当是指某种
完全均一的匀质物质而言的，因此，要说上述物体堪可冠之以这
种或那种元素或要素之名，尚缺乏正当的理由，因为一物体同一
元素在某种表现性质上的类似，不足以令人们放弃基于它们在
另一些性质上的不同而赋予此物体以不同于该要素之名的名称
的做法。倘若你认为那些微不足道的、很容易产生出来的性质
正如我曾多次指出的那样，并不足以标明某种化学要素或元素，
那么，我希望你不要认为我的这一番告诫缺乏依据或理由。须
知，我们知道，化学家们所以要反对亚里士多德主义者认为灰烬
中的盐应称为土的说法，只因其含盐成分和土质成分中的一者
有味道且可溶于水，而另一者则不然，而不管它们在重量、干性、
固定性以及熔融性上是一致的。此外，我们还知道，味道和挥发
性时常被用来指证化学家们的汞或精；然而，你想想看，该有多
少种物体，它们在这两种性质上一致，但却可能有着不同的本
性，而且在更多种性质上或在更重要的性质上或在这两方面都
有着不同？须知，无论是硝石的精，亦即镪水，还是盐的精，还是
从动物体中蒸出来的一切含盐液体，乃至于在蒸馏各种树木时
蒸去它们所含的醋以后所得到的种种酸味的精。我是说，所有
这些东西，以及许多其他物体，都必定被化学家们归之于汞，尽
管对于它们之中的某些物体来说，他们并不清楚为何不能将其
视为硫或者说是油。须知他们在蒸馏中所得的油正如他们所说
的汞一样，也是可流动的、可挥发的、有味道的；而且，他们所说
的硫也不一定非要是油状的或不溶于水的，因为他们普遍认为
酒精属于硫，但这种精却不是油状的，且可与水自由混溶。所

以，只有可燃性是化学家们的硫的本性；而不可燃性和有味道性的组合则足以使他们将某种蒸馏液认为是他们所说的汞。再看硝石的精和鹿茸的精，它们混在一起时会发生沸腾，在一片嘶嘶声中一起升入空气之中，而这类现象通常被化学家们视为物体之间在本性上存在着强烈的不相容性的标志（毫无疑问，这些精无论是在味道、气味上，还是在作用性能上都极不相同），我还曾在别处对你谈过，我曾经从同一个人的血液中制出两种油，彼此不能混溶。我还可以向你讲述我曾见过的几个例子，也涉及被化学家们草草地认定为属于同一种类的某些物体之间的不相容现象。至于那些在某些微不足道的性质上表现出一致性而在另一些较重要的性质上却表现出不一致的一系列物质，是应该根据它们在本性上的重要区别而以不同的名称以指称之，还是应该冠之以某种要素（要素应当是纯而不杂的匀质物质）之名，就留给你自己去判断。顺便说一下，在此，你应能感觉到，对化学家们的论辩方式持怀疑态度应不失为一种恰当的做法，因为他们是在并不能向我们揭示（譬如）某种液体就是纯而不杂的盐时作出结论说，至少，盐是其中的主要要素，因为这种液体有强烈的味道，而且一切味道皆源自于盐、然而，酒石的精、鹿茸的精以及诸如此类的另一些精却被他们视为可产出这些精的原物体的汞，但它们都无疑有着强烈的刺激性味道，而且，（根据我以前所谈到过的有关内容）蒸馏黄杨木时在分离出了酸味的精这种馏分之后所得到的那种精也有味道。另外，倘若味道不可归之于动、植物的精或汞要素，那么，如何识别动、植物的精与它们的黏液则又成为一个难题，因为根据这种精不具有可燃性只能认定它不是动、植物的硫，由此可见，这又是一个例证，说明化学学说在我们所讨论的情形下是多么不精确。须知，无论是动、植物的精，还是它们的油都有着极强的味道，只要有人用舌头尝尝肉桂油或丁香油，或是松节油，很快就会发现其味道甚为强烈。不光是我从未发现有哪种化学油，其味道不怎么显著、强烈，即便是一个以制备化学油为业、通过精心操作纯化各种化学油并将它们制成元素性的纯品的老手也会向我们承认，他从未能够使它们完全变得没有味道。因此，我认为，化学家们充满自信地向我们提出的、用于证明某一物体是盐的证据还远远不能证明盐在其中占有优势，甚至不能明晰地证明盐要素在该物体中的存在。又（卡尼阿德斯继续说道），尽管化学家们都认为气味源自于硫，并据此争辩说硫在有气味的物体中占有优势，但得自于鹿茸、琥珀、血液等物体的挥发性盐却都有着极其强烈的气味，但有关这方面的问题，我就不再作强调了，因为我用不着再补充任何新的例证来证明这种化学论证的不适当性了，何况我已在这些只可视为我的第四类思考中的一般性的因而应当先谈的内容上，拖得太久，现在该是谈谈那些有深度的问题的时候了。

既然大家不反对上述的那些一般性考察（卡尼阿德斯继续说道），我们就可以对那些被化学家们归入盐或硫或汞的物体之间的不一致性作一番更详尽的考察了，任何一个留心的、不抱偏见的观察者都可能注意到了这种不一致性，但化学家惯常将这些物体一概称为可产出这些物体的种种凝结物的盐或硫或汞，就只当每一类别中的物体都是简单物质，而且在本性上都是一致的。于是，倘若那些盐类物质是一些元素性的物质的话，那么，它们之间的差别与由单一的纯水所形成的水滴之间的差别应该没有什么不同。众所周知，无论是化学家还是医生，都以经过煅烧的物体中所含的种种固定盐成分来归结种种原凝结物的种种性能以及一些极不相同的功用。所以，我们常见艾草的碱被用来治疗胃病，小米草的碱被推荐给那些有眼疾的人们，而愈创木的碱（用大量的愈创木才能制出很少的一点点盐，亦即这种碱）则常被用来对付性病，这种碱还被公认有一种良好的通便效果，但我还没有对此作过检验。然而，说实话，我一向认为这些含碱的盐绝大多数都非常相似，都很少保持着产出它们的种种凝结物的性质。同时，对于与这种一般观察结果不一致的反例，我也十分注意并作过详细的观察。我曾注意到，在熔室中，那种可吹制成各种形状的、由各种组分熔融而成的玻璃熔体或制玻原料(此词系借用工匠的说法)常常呈现出一种极为异乎寻常的颜色,表明其构造也不同于普通玻璃。我发现,在肯定这类异常现象不能被归结为在制玻中用于促使砂石熔化的那种固定盐的特性之后,那些见多识广的工匠认为出现这类异常现象是由于加入了一些树木的灰烬的缘故,因为在他们加入了这些灰烬之后,则常常出现我刚刚提到过的那种质地较差的玻璃,倘若他们事先知道这些灰烬的作用的话,或许就不会在制玻中使用它们。我还记得,我认识的一位很喜欢钻研的朋友在用大量的烟草梗制得了一种固定盐后,又从这种富含挥发性盐的外来植物中制出了一种很特别的碱来,当时,我怀有一份好奇在一旁观看。我不无高兴地看到,不必像往常一样蒸干所有的液体,就可以从这种植物的挥发性盐的浸出液中得到了一种含盐的灰质物质,这种灰质物质就像在空气中淬冷下来的石灰一样,也是由大量的无定形微粒所组成的,而这种植物的固定盐却像硝砂或硇砂(nitre or sal armoniack)或其他并非通过煅烧制得的盐一样,常能形成规则的结晶;又,我还记得,我曾发现,尿的固定盐经纯化至纯白色后,其味道与普通的盐并无多大区别,但却极不同于通过煅烧制得的盐通常所具有的那种类似于其苛性浸出液的味道的味道。然而,鉴于我所提出的涉及含碱盐之间的不同的例子为数甚少,因此我仍然倾向于认为,虽然大多数化学家和医生都以煅烧种种凝结物所得的种种盐来归结这些凝结物的效能,但这种做法既很不适当亦缺乏经验依据。在我看来,盐之间的差别另有不同的表现形式,首先,在种种植物固定盐与种种动物挥发性盐之间存在着显著不同。譬如在酒石盐和鹿茸盐之间就存在着这种不同,前者具有很强的固定性,因而可耐受剧烈的火灼烧,就像金属一样不易熔化;而后者(除了在味道和气味上都极不同于前者之外)则远远谈不上具有固定性,以致在和缓的热作用下也很容易像酒精一样挥发掉。其次,我想进一步指出,即便是在各种挥发性盐类物质之间,也存在着明显的不同,譬如琥珀盐、尿盐、骨盐(常用于治疗癫痫病,颇受人们推崇)以及人们常见的另一些挥发性盐都有着各不相同的特性。我还发现,这些挥发性盐类物质在其外形上的差别也常常十分明显,甚至可以用肉眼来辨别。譬如,我曾发现粘附于接受器上的鹿茸盐呈现出接近于平行六面体的形状;而且,我还能向你指出由人的血液(在蒸馏前,先用酒精对其进行长时间的煮解)中的挥发性盐所形成的具有几何学家们所说的菱形形状的粒状物;尽管我不敢断定,这些或另一些含盐的结晶(如果我可以这样指称它们的话)总是各有其一定的形状而不论在促其挥发时施加的是何种强度的火作用,或者不论它们是在何种条件下以何种速度于相应的精或液体中结晶出来的(在通常条件下,我发现它们是在过了一段时间之后才开始在这些精或液体的底部形成)。然而,正如我刚才对你谈过的那样,就各种植物固定盐来说,却很少发现它医学效用上有什么不同。相应的,我也曾这样想过,既然大多数挥发性盐在气味、味道以及挥发性方面均颇为类似,那么,它们在医用性质上也应当没有什么不同,即便有,也很小。诚然,它们在某些医用性质上的确有着普遍的一致性(譬如,它们都可起到一定的发汗作用,具有良好的镇定作用),但是,赫尔孟特也曾告诉我们,在尿的含盐的精与人血的精之间存在着这样一种区别,前者对癫痫病无效,而后者却很有效。至于普通琥珀的盐对儿童癫痫病的疗效(对成人无效),我想另找机会详谈。需要指出的是,制备这些挥发性盐(尤其是尿盐),不必像制备那些必须通过煅烧才能制得的盐一样,施加具有剧烈破坏作用的强热作用,因此,我更倾向于这样的结论,这两类盐彼此是各不相同的,因而不能被归结为同一种元素性的简单物质。又,倘若我有权在此对你说明波义耳先生围绕种种各具独特化学特性的盐进行的那些探讨工作的话,就不难让你看到,有些凝结物,按照化学家们自己的学说也应该被看做是地道的复合物,但他们却将其称为盐元素。其实,他们这样做是在行使他们自己赋予自己的一种非法特权;而且,即便是在那些由产出它们的原物体分解而成因而看似元素的、地道的盐之间,也不仅存在着某种明显的不同,而且,用通常的话来说,还存在着一种显著的不相容或对立。举例来说,当矾的酸味精倒在热的灰烬或酒石盐上时,则会产生起泡现象并发出嘶嘶声响,这显然表明在它们之间是不相容的。下面,我想征得这位绅士的同意,(说到这里,他瞥了我一眼,转而接着说道)请允许我对你谈谈我从他的某些论文中尤其是从他的那些利用尿制备某些产物的论文中摘取出来的某些内容,亦即,从两个相同的物体中可分别制得两种性质相反的盐,对此,他曾以硝石的精和碱为例加以证明。又,不用附加剂也可从同一物体中得到三种各不相同的地道的盐物质。因为他曾写道,他不仅从尿中发现了一种挥发性的结晶盐和一种固定盐,还发现了一种硇砂或者说是这样的一种盐,它可以以某种盐的形式升华,所以它不是固定盐,而且它也远不像那种挥发性盐那样容易挥发,因而也似乎不同于那种挥发性盐。我认为,将这种盐称为一种硇砂是十分适当的,因为它是由尿的挥发性盐与其固定盐亦即我曾谈到过的那种与海盐并无不同的固定盐复合而成的。况且这种挥发性盐通常并不能与任何一种常用的碱结合,但却可在热作用下从碱中逃逸出来,所有这些都无疑表明,在这三种盐之间存在着显著的差别[①]。至此,我不由记起,为了帮我的朋友提供一条可用于证明(同一凝结物譬如)树木的固定盐和挥发性盐之间的差别的、可靠的证据,我曾设计了下面的这个实验。取通常的威尼斯升汞,将其尽可能多地溶解于清水中;然后我又取木灰,并将热水倒于其上,溶解其中的盐,过滤,待发现这种浸滤液对舌头有很强的刺激时,再将其储存备用[②];随后我又取一部分前述升汞溶液,滴入适量的、溶解树木固定盐所得的溶液,结果发现它们迅速变为橘黄色;然而,在另一部分透明的升

[①] 在此所谈的三种盐可能是 NH_3 或 $NH_3 \cdot H_2O$(尿的挥发性盐)、$NaCl$(尿的固定盐、海盐)以及 NH_4HCO_3(第三种盐,亦即文中的"一种硇砂",在此,"硇砂"是一种"类"概念,如同"精"、"华"、"醋"、"灰"等名称一样)。——译者注。

[②] 这是当时的化学家们经常采用的制"碱"过程。将树木、草烧成"灰",再用水从中浸提出"碱"(亦即"含碱的盐",如 K_2CO_3),留下"土"。——译者注。

汞溶液中加入一些树木挥发性盐（其中富含烟油的精），则液体迅速变为白色，很像牛奶，而且过了一段时间后则出现了一种白色沉淀，与此同时，另一种液体则析出一种黄色沉淀[①]。就上述关于盐类物质之间的区别的全部谈话，我可以用我以前对你谈过的关于黄杨木以及类似的树木的单精的事例以作补充。这类单精极不同于刚才所提到的各种盐，然而，如果化学家们当真要一口咬定一切味道均源自于盐要素的话，那么，这类单精也应被划入盐要素之列。而且，我本来还可以引用我曾对你谈过的那些由赫尔孟特所给出的关于那些主要成分虽然是化学油、但仍可视为挥发性盐的物体的看法，以作进一步的补充。但是，再谈这些东西不啻是一种重复，因此，我还是就此打住，回到主题上再往下谈好了。

在得自于物体的种种各不相同的硫或化学油当中，也存在着这种不同，且极为显著。因为它们都具有可提取出它们的种种原物体的气味、味道和效能，且十分显著，以致它们似乎就是原凝结物的物质精蕴（*crasis*）（倘若我可以这样讲的话）。肉桂、丁香、肉豆蔻以及其他香料的油似乎就是由促使这些物体成为香料的种种香郁的成分聚集而成的。众所周知，肉桂油、丁香油可沉于水底（我在一些树木的油那里也见到过这种现象），然而，肉豆蔻和另一些植物的油却浮在水上。玫瑰油（常被误称为玫瑰精）可像奶油一样地漂在水面上，在我的记忆中，未见其他以任何蒸馏方式得到的任何一种油可发生此种现象。然而，有一种办法（在此不作详述），可使蒸得的玫瑰油具有其他芳香的油所常有的那种形式，以致见过这种实验的人们都无不对此表示出一种惊喜。就茴香子油来说，无论是经过发酵的，还是未经发酵的，将其置于冷处时均可发现其整体都会变稠，有着白奶油的那种稠度和外观，然而，稍稍加热，则可使之变回先前的那种液

---

① 升汞微溶于水，遇碱形成 HgO 黄色沉淀，在酸性条件下遇还原性物质（如"树木的挥发性盐"，其中可能含有不饱和的有机酸）生成 Hg_2Cl_2（甘汞），在水中为白色沉淀。——译者注。

体状态。就从曲颈瓶中蒸出来的橄榄油来说，我也曾多次见其在接受器中自动发生凝结，而且，我自己也曾制得一种可发生这种凝结的橄榄油，人一旦靠近它，便会闻到一股极为强烈的刺激性气味。在普通肥皂的馏出液中，也闻得到一股类似的刺鼻的气味，用铅丹对这种液体进行处理，又可使之产出一种油，有着更强的刺激性。在我看来，化学家们从植物和动物体中蒸得的种种油之间存在着一种重要而明显的不同，看不出这一点的人必定对化学家们的各种著作和制备工作都极不熟悉，是个门外汉。不但如此，我还敢说，埃留提利乌斯，从同一动物或植物体中时常也可能得到数种性质显然各不相同的油（或许你会认为这是一种自相矛盾的说法）。对此，我并不打算再以那些可浮在液体上的油与可沉于液底的油为例来进行论证，因为我已曾数次论及，在强烈而持久的火作用下蒸馏愈创木以及另一些植物时所得的油有的浮于蒸馏所得的精层上，有的则沉于精层之下；我也不会再用我曾在其他地方提到过的各不相同且不能相互混溶的油类物质的观察结果来进行论证，因为这些油都有着很深的颜色和焦臭的气味，其间的不同似乎主要是体现在稠度和重度之上。然而，在此我想给出一个旨在在人们眼前（*ad oculum*）（借用化学家们的说法）揭示得自同一植物的种种油之间的不同的实验。我曾取一磅茴香子，捣碎后置于一个几乎盛满了清水的、容积很大的玻璃曲颈瓶中；再将此瓶置于沙浴之中加热，在第一天和第二天的大部分时间里，我一直将加热作用控制在十分和缓的范围内，直到绝大部分水分被蒸掉后，再将那种可挥发的、香郁的茴香子油的绝大部分都蒸出来。随后，增强火势并更换接收瓶，除得到一种焦臭的精以外，我还得到了一定量的焦臭的油；其中有一些浮在这种精的上面，其余的稍重一些，不易将其同精分开。这些油颜色很深，有着一股极为强烈的火气味（借用化学家们的说法），因此，它们在气味上不同于用于提取它们的那些植物；然而，那种香郁的油中则浓缩有原凝结物原有的气味和味道。而且它可自行凝结成白奶油状，表明它就是茴香子中所含的那种油。而选用茴香子来做这个实验，可以充分地表现出这些油物质间的区别，若以其他植物替代茴香子，则效果不会有这样显著。

　　我几乎忘了提到，还有一类物体，虽然不是从凝结物中蒸馏得到的，但许多化学家仍习惯将其称为硫，这不仅是因为，这些物质中的绝大多数就像溶解了的硫一样，通常都有着很深的颜色（因此，他们又将其称为酊剂，而这一名称是较为适当的）；而且是因为，它们大都是用酒精从物体中萃取、分离出来的。这些人猜测这类液体是含硫的，于是，他们下结论说，凡在酒精作用下萃取出来的物质皆必定是硫。基于这种理由，他们相信，即便是矿物和金属中的硫，他们也能够将其抽提出来，当然，他们知道，在火单独作用下是不能将其中的硫分离出来的。对于上述种种断言，我想这样作答，即便说这些被抽提出来的物质的确是种种被抽提物的硫，在这些用酒精得到的硫类化学物质之间也存在着很大的区别，类似于我已经指出过的那种存在于蒸馏中得到的具有硫的形式的那些物质之间的区别。显然，就凭他们自己认为种种矿物酊剂有种种不同的效用这一点就可以看出这种区别，他们颇为推崇金的酊剂，说它可治这种或那种疾病，又说矿物锑或这种锑的玻璃的酊剂、祖母绿的酊剂分别可治另一些病。然而，我在此不必强调这种效用上的区别，倒是想指出，就从植物中抽提出来的那些酊剂而论，若将某一植物酊剂中的多余的酒精成分蒸掉，则无疑会在瓶底留下某种较为黏稠的、惯常被化学家们称为该植物的提取物（extract）的物质。而且，医生们和化学家们都乐于承认，这些提取物随着用于抽提的种种具体物体的种类的不同而有着极不相同的性质（尽管我并不关心它们是否像人们通常想象的那样有着种种特定的效用的问题）。然而（卡尼阿德斯继续说道），埃留提利乌斯，在此我们倒要注意的是，化学家们在此情形下确实也像在另一些情形下一样，赋予他们自己以一种滥用术语的特权。这一点，即便不再根据种种酊剂有着种种不同的性质来进行论证，也不难予以证明，因为这些酊剂并非纯而不杂的元素硫；尽管我们并不禁止化学家们说化学油堪当硫元素之名，但这些酊剂看起来显然并非硫元素。无论如何，就某些矿物酊剂而言，用于抽提的物体所固有的那种固定性会使得该物体未必总能够被轻而易举地分解成一些各不相同的物质。而就绝大多数取之于植物的抽提物而言，我们很容易证明，酒精并不能将其中的含硫组分同含盐组分和含汞组分分开，而只是隔开了原凝结物的各个微细部分，（由此并不能得到任何一种完全为硫或完全不含硫的独特的物质）并与它们结合成为一种必定含有数种组分或成分的混合物（我将其视为一种溶液）。譬如，我们知道，当雨水淋在一种富含矾的石头上时，能够抽提出一种精致而透明、可凝结成矾的物质。然而，尽管这种矾可迅速溶于水中，但它并不是一种元素性的盐，而是正如你所知道的那样；是一种可分解成一些极不相同的成分的物体，其中有一种成分仍然有着某种金属性（随后我就会有机会向你解释这一点），因而也不是元素。你还可以想一想，普通的硫，可迅速溶于松节油中，然而，尽管它有着硫这么一个名称，但它也含有盐，纵然其含量可能不像其中真正的硫的含量那样高；将其置于玻璃罩下燃烧时，它能够产出大量的含盐液体即为明证①。而且，说来你可能不信，仅只利用松节油，我还曾轻而易举地将粉末状的粗矿锑溶解成一种血红色的香脂，亦即在某些重要的外科手术中必须用到的那种香脂。倘有必要的话，我本可以向你告知，利用某些化学油我已然完成了对另一些物体（是你或许难以想到的一些物体）的抽提工作。然而，抛开这些枝节问题，我想就下面这个我曾提到过的例子继续进行论证。酒精具有辛辣的味道，还具有另一些性质，这些性质（尤其是赫尔孟特所指出的酒精可还原成碱和水的性质）能够较好地说明

① 17世纪化学家们所说的"要素"或"元素"完全不同于现代元素概念，硫黄、水银、金、'普通的盐'（NaCl）、'普通的水'（H_2O）在他们那里都是由其各自的三要素（仅以三要素说为例）组成的"结合物"。——译者注。

它除了具有一种硫的本性之外，似乎还具有一种盐的本性，以此
看来，并不是不能设想，酒精能够溶解某些并非是单一的元素性
的硫物质的物质，尽管这些物质所含的一些成分可能是属于同
一类的。譬如，我发现酒精可溶解球根牵牛乃至于愈创木中的
紫胶、安息香和树脂成分，由此，我们有理由设想，酒精可从香
料、药草以及其他较为疏松的植物中提取出一些并非纯粹的硫
物质但却是结合物的物质。即便放过上述证据不谈，我们也可
以列出许多用酒精提取出来的提取物，这些提取物用之于蒸馏
即可产出一些各不相同的物质，从而强烈地表明，这些提取物仍
是地道的复合物。所以，我们有正当理由认为，即便是就矿物酊
剂而言，也未必就能够说，倘若用酒精从凝结物中提取出了一种
红色物质，那么这种物质必定就是原凝结物真正的、元素性的
硫。尽管这些提取物中可能有一些具有可燃性，然而，除开其中
还有一些不具有可燃性的提取物不论，再除开它们可能能够被
变成一些十分微小的、但对它们着火燃烧大有帮助的助燃成分
不论，且除开这些内容不论，我是说，我们都知道，尽管普通的
硫、普通的油、紫胶以及许多种油状的树脂都能够十分完全地燃
烧，但它们却具有复合物性质。非但如此，还有一些值得信赖的
旅行家曾告诉我们，在北方的一些盛产冷杉和松树的国家里，那
些较贫困的居民每每以燃烧用这些含有树脂的树木做成的长木
条代替点蜡烛。至于这些溶液惯常呈红色的问题，我原本不难
揭示，红色的出现未必就是由凝结物的硫溶于酒精所导致的，倘
若我曾有机会指出该有多少化学家都曾由于不知道其他的一些
可促使酒精或另一些溶媒呈现出红色或其他深色的原因而惯常
作出这种自愚愚人之举的话。然而，转回我们的化学油，我想，
即便它们是些很纯的物质，也不过只是像最纯的酒精一样更容
易燃烧和爆燃而已。因此，鉴于仅仅用火就可以使某种油迅速
转变成火焰这种性质极不同于油的东西。我倒想问问这种油又
怎么可以说是一种原始的、不可毁坏的、犹如大多数化学家们所
说的要素的物体的。须知，既然这种油可进一步被变成火焰，那

么，不论火焰是否犹如亚里士多德主义者们所归结的那样是火这种元素成分，它都必定是一种在本性上极不同于化学油的东西，因为它是燃着的，发光的，且可迅速向上升腾；而一种化学油在其作为化学油而存在时却不具有上述的任何一种特征。倘若有人提出燃烧中的化学油的种种分散开来了的成分可再次聚集并凝聚成油或硫以作反对。那么，我就要问问，有哪个化学家做过这样的实验？又，是否就像不能说火不过是散开了的硫一样，也不能说硫不过是聚集在一起的火呢？在未对此问题作出考察之前，我想请你想想，在此，是否不能争辩说，无论是火，还是硫，都不是原始的、不可毁坏的物体。进一步地，我想指出，至少，我们能由此看到，一种未与其他组分发生复合的质料成分在火作用下很容易因其微小部分的结构和运动的变化而获得一些极不同于其原有性质的新性质，而且，这种区别并不比化学家们据以区分他们的那些要素的那些区别稍有逊色。

下面，让我们看看结合物的另一分解物亦即化学家们所说的结合物的汞成分是不是非复合的物质。老实说，尽管化学家们无不声称他们通过分析发现了一种要素并将其称为汞，但我却发现他们关于汞的描述是如此不一致、如此令人不解，以致我这个并不羞于承认我不能理解其不确切的含意的人不得不向你承认，我不知道这些描述能够说明什么问题。你当然不会否认，帕拉塞尔苏斯本人以及他的许多追随者都曾在某些地方将在树木燃烧过程中升上来的那种东西，亦即总是被逍遥学派人士当做是气的那种烟雾，称为汞。因此，他们似乎都是根据挥发性或稀散性（effumability）（如果我可以套用这么一个词的话）来定义汞的。然而，在这个例子中，烟雾中不仅含有挥发性的盐成分和硫成分，而且还含有黏液微粒和土微粒，因此，汞的上述概念是一种不能接受的概念；而且，我发现那些较为严肃的化学家们也拒绝了这种概念。然而，后面所提到的这些炼金家所给出的描述也十分缺乏我们所指望的那种确切性，这一点，随便看几个例子即不难明白，譬如，就连贝奎恩也曾在他为指导新手而写的《化学入门》中，在开始向我们谈起三要素的真正含义并认为它们作为要素应该有更准确、更明白的定义时,对我们给出了这样一番关于汞的描述,(他说)"Mercurius est liquor ille acidus, permeabilis, penetrabilis, æthereus, ac purissimus, à quo omnis nutricatio, sensus, motus, vires, colores, senectutisque præproperæ retardatio."①然而,这番话与其说是汞的定义,倒不如说是对汞的一番赞词。克尔塞坦纳斯在其关于这种要素的描述中也只是在一些修饰语中又加进了几个表示其他性质的形容词而已。说到底,他们俩之所以要对化学家们的元素概念提出一些不怎么贴切的非难,不过是为了掩饰他们自己的那些隐喻性的描述中的很多易被发现的错误。须知,倘若汞是一种有酸味的液体,那么,炼金术哲学将一切味道都归之于盐就必然是一个错误,否则,就只能认为汞不是一种要素,而是某种含盐成分和某些其他成分的复合物。李巴乌斯(Libavius)虽然发现了化学家们关于他们的汞要素的那些描述中的许多错误,但他仍只是给我们留下了某种否定式的描述,后来的塞纳特也是如此,塞纳特是喜爱三要素说的,但无论他多么喜欢,三要素说也不能令他满意。而且,虽然他是这些实体要素的最有力的鼓吹者,但正是这位塞纳特本人,老是频繁而公正地抱怨说化学家们关于汞的教导是不尽如人意的。然而,他自己(只是本着其一贯的谦虚态度)对读者提供了另一套说辞以替换李巴乌斯的描述,以致许多读者,只要他们不属逍遥学派,都弄不懂它能够说明什么问题。因为这番描述不外乎告诉我们,在一切物体当中,汞即是那种非盐、非硫、也不被人们称为黏液、钝土的那两种元素的精,而这种精用亚里士多德的话来说,可称为 ὀυσία ἀναλόγω τζδ ἄστρων στοιχείω.②卡尼阿德斯继续说道,这种见解在我这样一个从不肯对无论谁提出的神秘难解的学说稍假

① 拉丁文,其大意是,"汞是一种有酸味的、可流动的、可渗透的、稀薄的、最纯净的液体;可滋养万物,可引起感觉、运动、作用和颜色,可延缓衰老。"——译者注。

② 希腊文,可能是指"构成天体的一类实体元素"。亚里士多德在探讨天体的构成问题时,曾提出"第五元素"或"第五原质"的概念,指设想中的某种天体元素或以太。——译者注。

以颜色、予以默认的人看来，是完全不能满意的，但你不妨认为，我是能够理解他们这样做的苦衷的。

（埃留提利乌斯说道）我不敢说我，以及那些对这类不明了的表述诸如你有理由要求化学家们站出来为之负责的那些表述颇为喜爱的人们，都想清楚了你所说的这个问题，但我倒是敢冒昧地提出这样一个建议，既然大家一致认为在蒸馏中升上来的汞要素不同于得自同一原凝结物的盐和硫，那么，是不是不要将这种东西称为物体的汞？因为，尽管它是像黏液和硫一样在蒸馏中升上来的，但它既不像前者，没有味道，也不像后者，可以燃烧。因此，我情愿以精这一较为清晰、较为通俗的名称代替汞这一十分混乱的术语，况且精这一名称即便是在今天的那些化学家们那里也得到了极为频繁的运用，尽管他们并没有就哪些物体才可称为结合物的精的问题向我们给出一种恰当的、独特的解释。

（卡尼阿德斯说道）或许，对于你所提出的汞概念，我本不必作过多的挑剔。但是，说到化学家们，我就弄不懂所谓动植物的汞在他们那里是怎么与他们所说的要素统一起来的问题。因为他们认为味道只能起源于盐要素，因此，如要他们指出，在物体的分解过程中，哪一种液体才是汞，他们便会感到非常为难，因为有味道的不能说是汞，而既不像油或硫一样具有可燃性、也没有任何味道的液体又被他们称为黏液。须知，按照他们的说法，味道只能由盐、起码也是含盐的混合物引起。又，我们纵然可在现代化学家和医生所认可的那种意义上使用精一词指称蒸馏中得到的任何一种既非黏液亦非油的液体，但这一指称仍然显得十分模糊。因为，在蒸馏酒以及某些经过发酵而得的液体时，化学家们以及另一些人显然总是把最先升上来的那种非黏液质当成是精看待的。然而，照他们看来，可完全燃烧的纯酒精应当算做是硫要素，而不应是汞要素。又，在可被归之于这种精的名义下的另一些液体中，也有一些液体，诸如硝石、矾、海盐以及另一些物体的精，似乎都应归入盐一族，甚至连鹿茸的精也应归为盐，我曾做过实验，发现它即便不是全部也有很大一部分可被还原成盐和黏液，因此，我怀疑它不过是混有黏液、并在黏液作用下变成了某种液体形式的挥发性盐而已。无论如何，就算这种东西是一种精，也无疑极不同于醋精，因为一个是咸的，另一个却是酸的，而且当这两者的纯品相混合时，也就像化学家们所说的那些彼此不相容的物体相遇时一样，发生一种起泡现象。即便是在那些看起来要比上面提到过的那些物质更适于以这种意义上的精来指称的物质之间，也可看出一种明显的不同。譬如，栎木的精就不同于酒石的精，也不同于黄杨木的精或愈创本的精。简而言之，即便是这些精，就它们对我们的感官的作用或在其他方面的作用而言，它们也像其他类型的蒸馏液一样，彼此之间有着极大的不同。

（卡尼阿德斯继续说道）除上述不同外，你还可以从我以前对你谈过的那些关于黄杨木的精的东西中发现，在现代人称之为精并将其视为同类物体的那些液体当中，有一些液体不仅在性质上极不同于另一些液体，而且还可被进一步还原成一些各不相同的物质。

鉴于有许多现代化学家和自然主义者乐于把一些名称各不相同的物体的含汞的精当成是汞要素，我必须请你和我一道看看存在于我曾经提到过的种种动、植物的精与可流动的汞之间的重要区别。我所说的那种汞不是指通常在药店里有售的、在上述的那些人中有许多人都承认它是一种结合物的那一种汞、而是指从金属中分离出来的那种汞，这种汞被某些看起来更像是哲学家的化学家们尤其是前面曾提到过的那位克拉维斯称为（为区别起见）汞素（*mercurius corporum*）。由于这种从金属中制得的液体被炼金家们断言为矿物由之构成且可分解成它们的三要素中的一个，而且，由于在这三种要素与他们称之为动、植物的汞的那些物体之间存在着尽人皆知的区别，我有理由推出这样一个结论，要么，矿物和其他两类物体不是由一组相同的元素组成的，要么，由矿物直接分解而成的那些要素，亦即化学家们不无炫耀地告诉我们说是矿物的真正的要素的那些要素,不过是一些第二性的要素,或者说,不过是一类特殊种类的凝结物而已,它们必然可被还原成一种极不相同的形式,呈现与动、植物液体所具有的那种形式相同的形式。

但这尚不是问题的全部答案,因为,尽管我以前曾对你谈过通常所遇到的一些关于提取金属的汞的化学描述的可信度是如何如何低的问题,但我还是要在此作一点补充,假使有某些较为审慎的化学家并非无凭无据地断言说他们已从若干种金属中提取出了真正的、可流动的汞(但愿他们能清楚地告诉我们制备方法),我们也还是应该考虑考虑他们所提取的这些汞是否不同于通常的水银以及是否像动植物的汞类物质一样彼此之间各不相同的问题。克拉维斯在他的 *Apology* 中谈到将用金属制的汞物质固定成那些较贵重的金属的某些实验时,曾补充道,他所说的汞是指从某些金属中提取出来的那一类汞,因为普通的水银因其含有过多的冷与湿而不适用于此种特殊操作。因此,在他论及一般金属物体的汞之先,他先介绍了从银中提取汞的技巧,虽寥寥数行,足见他对银的汞的重视。而且,他还曾在同一本书的其他地方告诉我们,他本人通过试验发现,从锡或白镴(pewter)中制得的那种水银(亦即 *argentum vivum ex stanno prolicitum*[①]),在(他所说的)某种有效作用物的作用下经过简单的完善化处理即可变成纯金[②]。经验丰富的亚里山大·范·苏克顿(Alexander van Suchten)也曾在某些地方告诉我们,利用他所公布的一种方法可制得一种得自于铜的汞,其颜色不像

---

① 拉丁文,意为"从锡中提取出来的那种银汁"。而以"银汁"或"银水"指水银,始于亚里士多德。——译者注。

② 这里涉及的是某种炼金术过程。将贱金属嬗变成贵金属在 17 世纪的多种物质论背景中都是可能的,譬如,按照元素说和要素说,金是"结合物",由种种元素或要素共同构成,故是可造物。波义耳继赫尔孟特之后用实验论证了化学家们所说的元素或要素根本不是什么不可嬗变之物,并提出了自己的"微粒哲学",而在"微粒哲学"中,炼金术不仅未遭到拒斥,反而成为他论证"微粒哲学"并揭示一切物体之对于上帝的统一性而必须借重的一项真正的哲学研究。——译者注。

其他金属的汞那样为银色，而是绿色。对此，我想补充的是，有一位著名的人士，因其写有一些著名的游记和学术著作而闻名当世，他最近向我保证说，他过去曾不止一次地见到铅的汞（对于这种汞，无论哪个作者都会担保说，你会发现它很难制备，哪怕只是刚好可以看得见的那么一点点，也同样难以制备）被固定成完善的黄金。而且，在我向他问起其他的汞在相同的操作条件下是否不会发生类似转变时，他还对我保证说，不会。

　　你（埃留提利乌斯）或许会鉴于我已对种种金属的汞作了较详细的探讨而希望我转而谈谈有关金属的另外两种要素的问题；然而我必须坦率地向你承认，在种种金属或其他矿物的盐和硫的分离和鉴定工作方面，我本人尚缺乏足够的经验，因而不敢冒昧地断定在它们之间可能存在着怎样的区别。（因为，就种种金属的盐来说，我以前就曾指出过，是否存在着任何一种这样的盐，还是一个很值得怀疑的问题。）而且，就作者们所提到的种种分离过程而言，即便它们像我上面提到的那些操作一样是切实可行的（事实上其中有不少是行不通的），也须借助于其他物体才能完成，如不加这种物体，则无法完成，因此，很难说分离所得的种种要素全都是他们所预期的产物而非其他产物。然而，锑的硫具有强烈的催吐作用，矾的硫是一种有强烈气味的镇痛药，这促使我想到，矿物硫，它们不仅不同于植物硫，而且彼此之间也各不相同，因为它们在很大程度上仍保存有原凝结物的本性。至于金属或其他种类矿物的盐，（根据我在前面表述过的关于金属是否含有盐的质疑）你不难想到，我从来就不曾有幸见过它们，尽管我对此不乏好奇。然而，倘若帕拉塞尔苏斯在写作时始终都注意到了保持高度一致的问题，使得人们可以放心地从他的著作里的每一似乎表示着他的看法的地方找到其真正的观点而不致有误，那么，我倒是敢向你保证，非但他的观点与我在我的这一类思考中所表述的观点在大体上是一致的，而且，他的观点还为我怀疑在金属和矿物的盐之间也就像在其他类别的物体的盐之间一样可能存在着种种区别，提供了依据。须知，（他曾

经说过）"Sulphur aliud in auro，aliud in argento，aliud in ferro，
aliud in plumbo，stanno，etc. sic aliud in saphyro，aliud in
smaragdo，aliud in rubino，chrysolitho，amethysto，magnete，
etc. Item aliud in lapidibus，silice，salibus，fontibus，etc. nec
vero tot sulphura tantum，sed et totidem salia；sal aliud in met-
allis，aliud in gemmis，aliud in lapidibus，aliud in salibus，aliud
in vitriolo，aliud in alumine：similis etiam mercurii est ratio.
Alius in metallis，alius in gemmis，etc. Ita ut unicuique speciei
suus peculiaris mercurius sit. Et tamen res saltem tres sunt：
una essentia est sulphur；una est sal；una est mercurius. Addo
quod et specialius adhuc singula dividantur；aurum enim non
unum，sed multiplex，ut et non unum pyrum，pomum，sed
idem multiplex，totidem etiam sulphura auri，salia auri，mercu-
rii auri；idem competit etiam metallis et gemmis；ut quot
saphyri præstantiores，læviores，etc. tot etiam saphyrica sul-
phura，saphyrica salia，saphyrici mercurii，etc. Idem verum
etiam est de turconibus et gemmis aliis universis."[①]我想，你（埃
留提利乌斯）可能会根据这一段话认为我是在认真地给出这样
一个结论，要么，我是说我的见解得到了帕拉塞尔苏斯的见解的
支持，要么，我是说帕拉塞尔苏斯本人的见解并不总是能够保持
一致。然而，鉴于他在其著作中在其他的某些地方似乎并不是
这样谈起三要素和四元素的，我只好满足于我能够基于所引述

① 拉丁文，其大意是，"硫在金、银、铁、铅、锡里是各不相同的，在蓝宝石、绿宝石、红宝石、茶晶石、紫晶石、磁石等物体中也各不相同，同样地，它在石子、花岗岩、火成岩、水成岩等物体中亦各不相同。硫是如此，盐也是这样，盐在金属中、在宝石中、在石岩中、在各种矾中均各不相同。同样地，汞也是如此。汞在金属中、在宝石中乃至于在其他各种物体中均各不相同，这样的每一种汞均有着它自己的特性。然而，无论如何每一物体都有三种实体要素，一者为硫、一者为盐、一者为汞。我补充一点，即每一物体都可分解成这三种要素，譬如，金不是简单物体，而是由其各种要素组分亦即其盐、硫、汞复合而成，如同梨子一样是由多种组分组成而非由单一组分组成。同样地，各种金属与宝石无论贵贱均是如此，即便是蓝宝石，也是由蓝宝石的盐、硫、汞共同组成的。总之，世间一切物体无不是由其各自的盐、硫、汞所组成的。"——译者注。

的那一段文字而这样说，如果说他的学说同我所提出的那一部分有待于支持的说法并不一致，那我就很难搞清他关于盐、硫、汞的见解的确切含意了。因此，我便有理由在我们谈话之先，拒绝承担审察或反对他的这类见解的任务。

我不知道在此场合我是否应该再补充一句，就是说化学家们称为黏液和土的那些物体也谈不上是元素性的简单物体。尽管人们接受了一种相反的观点，但纵是在现代亚里士多德主义者们中也有一些较为审慎的人士并不否认，常见的土和水往往并非元素。的确，绝大多数土都远远不像那些未经深思熟虑便决定在那些需要加入用以防止被蒸馏物暴沸并固定住其较粗大的组分的某种残渣来进行的蒸馏中不加区分地使用一些土的化学家们所想象的那样，是一些简单物体。因为，我曾发现某些土在蒸馏中可产出某种不无气味或味道的液体，而且，众所周知，很多种脂肪土在隔绝雨水且不种植植物的条件下久置，届时将会变成富含硝石的土。

在此我还得谈谈在火作用下从结合物中分离出来的那些水和土。转过话题，我想对你指出，我们知道，矾的黏液（譬如）是一种很有效的治疗发烧的药物；而且，（我认识一位很有经验且十分著名的医生，他本人向我坦言）这种黏液还有一种常人意想不到的效用，就是可用它来对付顽固的肿瘤。醋的黏液，纵是以极为缓慢的方式从煮解炉中蒸出来的，我也曾特意用来做实验并在实验中发现它纵然很慢但毕竟能够从铅中提取出一种很甜的糖；而且，我还记得，经过长久的煮解，我曾用这种黏液溶解了珊瑚。据说，铅糖的黏液也有着一些十分特殊的性质。有好几位著名的化学家指出，这种黏液可溶解各种珍珠，而这类溶液又可在珍珠的精的作用下产生沉淀，据此，他们推论说，该沉淀是挥发性的。而这一点，已由一位非常诚实的人以他自己的观察对我作了证实。所以，酒的黏液，以及另一些被化学家们不加区别地宣布为黏液的液体，具有既不同于纯水而且彼此也各不相同的性质。又，纵然化学家们乐意将他们在蒸馏中所得的（经注入清水提走其中的盐分后的)残渣称为贱土(*terra damnata*)或土,但是,对于这些土是否全都是完全一样的问题,我有理由进行质疑。倒是有一点是毋庸置疑的,这就是,它们之中有一些仍有着不可被归结为元素性质的性质。种种木灰在除掉其中的一切盐分之后也不同于骨灰,不同于经过精制者精心处理、完全不含盐的鹿茸灰。倘有人在这些没有味道的灰中任取一种,与石灰进行比较,再与滑石的灰(*calx*)(即便是经过注水处理完全除去了盐分的)进行比较,那么,他便可能发现之所以要把它们看做是一些性质有那么点不同的物体的理由。而且,显而易见的是,对铁丹进行严格煅烧,再彻底除去其中的盐,也未必能够使剩下的物体成为元素土。因为在从铁丹中提走盐分或矾成分(倘若煅烧不足,则铁丹中尚存有矾成分)后,其剩余物也不是土,而是一种结合物,它具有良好的医学效能(正如经验告诉我的那样),而且安杰勒斯·萨拉曾肯定它可部分地还原成可延展的铜。而我也觉得这很有可能,因为,在我过去准备做有关铁丹的一些实验时,虽然缺乏一只能产生足以熔化这种灰的高热的熔炉,但我推测,既然铁丹富含那种金属,那么利用镪水也应能从铁丹中发现这种金属,于是,我取来一些经过除盐处理的那种铁丹加入这种溶媒之中,结果正如我所希望的那样,我发现这种液体迅速呈现一种较深的颜色,酷似某种通常的含铜溶液的颜色。

第五部分

· The Fifth Part ·

> 我们还要看到，无论是用水制得的提取物还是用酒精制得的提取物都不具备某种简单的元素本性，它们不过是由用于提取的原凝结物中的种种较松散的微粒以及一些较精细的成分组成的一些物团而已，因为它们通过蒸馏又可被分解成一些较基本的物质。

当卡尼阿德斯的谈话告一段落,(他的朋友对他说道)我用不着否认,我觉得你已经充分地证明,化学家们惯常凭借他们常用的蒸馏方法从某些结合物中得到的那些各不相同的物质并非纯一的、简单的、可在严格的意义上冠之以元素或要素之名的物质。但是,想来你听说过,有些现代炼金家,曾宣布他们能借助于进一步的、更富于技巧的纯化工作,将由结合物中分离得到的各种组分还原为元素性的简单物质,使得从一切结合物中提取出来的油(以此为例)彼此之间就像水滴之间一样,完全相同。

(卡尼阿德斯答道)如果你还记得,在我们与菲洛波努斯的谈话开始时,我曾当着众人的面向他表示,我目前只打算审察化学家们所提出的用以支持关于他们的三种基本要素的庸俗学说的证据,而不问其他。那么,你就不难发现,我本无必要回答你刚才所提出的问题,更何况你的问题不仅不会对我一直主张的那些观点构成反驳,反而是一种支持。因为,在由人们宣称可使得那些普通的炼金家从蒸馏中得到的种种所谓的要素发生这样大的一种变化的同时,已显然预设了这样一个前提,这就是在进行这类人工纯化之先,那些后来会变得更加简单的物质尚不那么简单,因而不能被视为元素;因此,即便你所提到的那些技艺家能够实现他们宣称他们能够做到的事情,我也不会因为我曾怀疑过关于三要素的那种庸俗学说而感到羞愧。就这件事本身而言,我可以坦率地向你承认,在我了解到人们在宣称他们能够做到这类事情时所依据的具体方法并对此作出审察之前,我不喜欢冒昧地否定其可能性。因此,我不会断然否定这些技艺家所断言的这样一种可能,或者说不会断然拒绝赞同他们基于其工作而提出的合理的、但可能对我的那些推测构成否定的结论。然而,请允许我将我的下述观点也一并告诉你,鉴于化学家们的

◀波义耳父亲的墓。

断言往往是下起来容易而实现难（正如实验不止一次地向我表明的那样），因此，不轻易相信他们的断言在我来说是必要的，除非他们能够拿出实验证据；而且，我绝不至于这样随便，不至于会基于一些并不比那些已然摆在我面前的原因更有力的原因而在事先指望得到某种不大可能的结果；此外，尽管这些技艺家宣称他们能促使凝结物在火作用下分解而成的种种不同的物质成为十分微细的简单物质，尽管他们还宣称他们能够借助于火将凝结物、矿物以及一切其他物体均分解成一组具有确定种数的、各不相同的物质，但迄今为止，这些事情，我只听他们说过，却不曾见过。在此，我必须指出的是，（譬如）他们不可能从金和骨胶中真正分离出像我们从酒和矾中分离出来的那些不同物质一样多的、不同的物质；（又如）金或铅的汞也不可能与鹿茸的汞一样，有着完全相同的本性；而且，在锑的硫与蒸馏所得的黄油或玫瑰油之间的区别也不可能只是某种量的区别。

然而（埃留提利乌斯说道），假若你遇上了这样一些化学家，他们允许你将土和水计入结合物的要素之列；并且乐意以精这一较为明白易懂的术语替换汞这一模棱两可的名称，从而使复合物的要素达到五个。难道你不认为，仅仅凭借结合物在火作用下分解而成的五种物质不是完全纯而不杂的同质物质这一点，否认上述那种十分有理的见解，多少有点勉为其难么？就我而言（埃留提利乌斯继续说道），我不能不认为这样做多少有些费解，倘若这种见解不正确，出现这样的结果也未免太过于侥幸了，试想，该有多少物体可在火作用下恰好分解成这五种各不相同的物质。鉴于它们与拥有那五种名称的那些物体几乎没有什么不同，故我们可顺理成章地将它们称为油、精、盐、水、土。

（卡尼阿德斯答道）你刚提出的见解不在我所要考察的那些见解之列，所以我没有必要立即就此见解作出批驳，以后也不必找时间作一番彻底的考察。因此，我只想对你谈谈我的一般看法，尽管我认为这种见解在某些方面要比那些庸俗化学家们的见解来得正当一些，但你仍不难从上一部分谈话中发现我对此见解可能持有怎样的看法,因为,我针对化学家们的那种庸俗学说提出的许多反对理由似乎用不着作过多的改动,也同样适用于反驳这种假说。须知,这一学说也像其他学说一样想当然地认为,火是真正的、适当的分解物体的工具(这一点是并不容易证明的),而利用火从某一种结合物中得到的一切各不相同的物质都是先在地存在于其中的,所以它们在分解时只是发生了一种彼此的分离而已。此外,这种见解认为火作用的种种产物均具有元素所具有的某种简单性,然而我曾揭示它们并不具有这种简单性。而且,这种学说还容易遇上三要素说曾遇上过的另一些不可克服的困难,所有这些都姑且不论,我想指出,这种五元素说(请允许我这样表达)至多只适用于大多数动植物物体,因为即便是在动植物物体当中也有一些物体(正如我曾经指出的那样),不能被认为恰好是由这五种元素所组成的,既不多、也不少。非但如此,在矿物王国中,业已被证明的、恰好不多不少可分解成这种学说所说的构成了一切结合物的这五种要素或元素的凝结物,难得找出一种来。

(卡尼阿德斯继续说道)这一事实,或许有助于你打消或减轻你基于在某些凝结物的分析过程中恰好发现出现五种物体而产生的疑虑。须知,既然我们未曾见金属和其他构造较为牢固的矿物在火作用下依照这种方式分解(成为五种元素),那么,我们便只能认为这五种物质只能从适于进行蒸馏的动植物物体中得到(这可能是因为它们的构造较为松散)。自然而然,就这些物体而言,无论我们是否设想它们是否正好含有五种元素,它们离解而成的各种成分之间通常都会发生五种不同方式的组合(scheme)(如果我可以这样讲的话)。须知,如果说这些成分,既不像金、烧过的云母以及另一些物体的成分一样全部保持固定,也不像硫石、樟脑以及另一些物体的成分一样均可在升华中升华,而是在彼此分离开来之后又相互结合成为一些新的质料组合体(schemes of matter);那么,这些动植物物体就很可能能在火的作用下(我指的是在蒸馏它们时所施加的那种强度的热作用)分解成固定的一部分和挥发性的一部分,那些挥发性成分中的绝大部分要么会以某种干的形式升上来,倘其没味道,则被化学家们称为华;倘有味道,则被称为挥发性盐;要么会以某种液体形式被蒸出来。而这种液体倘若是不可燃的、稀薄的、刺激性的,就可称之为精;再若是淡而无味的,则可谓之为黏液或水。至于其固定部分,或者说是其残渣,则通常又是由两部分微粒所组成,其一可溶于水,有味道,是由原物体的固定盐构成的(尤其是当原物体的种种含盐成分不易挥发,不易在蒸馏中逃逸的时候,则更是如此);而另一不溶于水,且没有味道,因而似可担起土这一名称。然而,尽管基于上述过程人们已很容易预见到,利用火从某一完全结合物中得到的那些各不相同的物质就其绝大部分而言均有可能被还原为刚刚提到过的那五种状态的物质,但是他们不能紧随其后就下结论说,这五种不同的物质就是一些简单而原始的物体,它们先在地存在于该凝结物中,所以火的作用只是促使它们分开。我们看不出一切结合物(诸如金,银,汞等等)均可在火作用下恰好分解成上述的那五种不同的质料组合体,非但如此,根据我们在以前谈到过的那些关于樟脑、安息香之类的一些物体的东西来看,我们甚至还看不出,一切植物物体均可发生上述分解。而且,前面提到过的种种实验也不允许我们将这些分离得到的物质视为元素性的或者说是非复合性的物质。而且,即便这些物质在坚固性上或在挥发性或固定性上或在其他任何一种表观性质上类似于想象中的那些要素,亦即其名称被用于指称它们的那些要素,这也不能为化学家们说它们就是那些要素并滥用这些要素之名以指称它们,提供一条充足理由。因为,正如我曾告诉过你的那样,尽管这两类物质在一种性质上存在着这种类似,但它们在另一些性质上却可能存在着不同,而根据这些不同赋予它们以不同的名称又可能要比根据上述类似赋予它们以相同的名称来得更加合理。的确,根据某些物体在流动性、干性、挥发性以及诸如此类的一般性质中的某一种性质上表现出一致,便毫无顾忌地下结论说这些物体必定有着相同的本性,这种判断物体本性的方法充其量只是一种相当粗糙的方法。因为上述的那些物质性质或状态中的任何一种都可以涵盖大量的物体,换句话说,都可以包容那些有着不同本性的物体。譬如,将金灰、矾灰、威尼斯云母灰与那些普通的灰加以比较,我们就会明白,尽管后者也像前者一样,既十分干也可在剧烈的火作用下保持为固定态,但它们都有着不同的本性。又如,从我们以前曾谈过的那些关于黄杨木的精的内容中,我们也可以发现,尽管这种精也像鹿茸、血液以及另一些物体的精一样,是一种挥发性的、有味道的、不可燃的液体(这种精迄今为止一直被称为精,并被视为产出它的那种树木的要素之一,正是出于此种缘故),然而,正如我对你谈过的那样,这种精可进一步分解,成为两种彼此各不相同的液体,其中至少有一种与大多数别的化学精是不同的。

如你愿意,(卡尼阿德斯继续说道)你本人还可以从我的上述谈话中又挑出另一些细节问题,并拿出一些在你看来适于用你所提到的这种假说来解释的有关例证以充实此种假说。然而,在我而言,再这样东扯西拉地争论下去是不合时宜的,因为作这样的争论并不是我现在该做的事,所以,请允许我以后再找时间就那些细节问题发表看法。

埃留提利乌斯发觉卡尼阿德斯不太愿意在前面谈到过的见解上再花费时间进行论辩,同时,他感到以后还可以另找时间要求他就此见解作较为完整的探讨,因此,他认为此时此刻不宜顺着自己的见解再往下作任何补充论述,而只是告诉他说:

我想,卡尼阿德斯,不用我提醒你,无论是三要素说的支持者,还是那些信奉元素有五种的人们,他们都试图以一两个似乎很有道理的理由代替实验来进行论证;尤其是在那些信奉后列出的那种见解的人们当中,有一些人(我曾同他们交谈,并发现他们都是一些很有学识的人)曾指出了这么一条理由,这就是说,元素必须有五种,它们各不相同,缺一不可,否则,就不可能如此这般地复合或调和出一些有着适中的坚固性和良好的耐久性的结合物来。（他们说）因为，盐是复合物中的坚固性和耐久性的起因，没有盐，其他四种元素就只能杂乱而松散地混合在一起，只能以松散的形式存在；然而，盐可被溶解成一些微小部分，可被输送到种种其他物质那里，并促使它们与之紧密结合，因此，水也是一种必要的元素。有了水，这种混合物才不至于太硬、太脆，又必须有某种含硫的或含油的要素介入其中，以使整个物团更富于韧性，接下来，还必须有某种含汞的精，凭其能动性，这种精可渗入其中，一旦它完全渗入整个物团时，就会促使前述种种组合发生一种更精妙的混合和结合。（最后）还必须向其中加一部分土，凭其干性和多孔的构造，土可以吸收一部分曾用于溶解盐的水分，且可有效地参与各种其他组分的结合，从而使整个物体必然具备适中的坚固性。

（卡尼阿德斯笑着说道）如果你不久以前曾引用过的那句谚语："聪明人，记性差"，果真没有说错的话，我看你才有资格在这些聪明人中占有一席之地。因为你已不止一次地忘记我曾对你表示过，在这次聚谈中我只须考察我的论敌们所提出的种种实验，而无须考虑他们的那些思辨性的推理。然而（卡尼阿德斯继续说道），我现在拒绝考察这种推理，并不表示我不能反驳你所提到的上述理由。因为你应能想到，但等我们都较为空闲时，我们可以在一起就上述推理作一番严肃的探讨，我相信届时我们将会发现这并不是一种无懈可击的推理。同时，我们还会看到，这样的一种论证方式似乎也常常被人们似是而非地应用于论证一些不同的假设。因为，我发现贝奎恩以及三要素说的另一些信奉者们都宣称他们能够凭借这种方式论证，欲构成结合物，则离不开他们的盐、硫、汞，但他们并不认为还有必要在其中添上水和土。

我未曾见有哪一类化学家对种种复合物的结构之间和坚固性之间的巨大区别作过充分的估计；而且，未曾见上述见解适用于解释许多复合物的坚固性和耐久性。且不用提利用火得到的那些难以破坏的物质。我曾证明它们多少带有一些复合性质，而化学家们则很不愿意承认它们是完全结合物。（不提这些，我是说）只要你能回想起我对你谈过的那些用于揭示仅仅从普通的水就可以产出一些有着极不相同的坚固性、且可在火作用下像其他的一些被认为是完全结合物的物体一样分解成一些要素的结合物（乃至于活物体）的实验，我是说，只要你能想起这一点，那么在我想来，你就不会不相信，只须以适当的方式排列一种物料的微小部分，造物主就可以设计出一些足可长期存在的、且具有各种各样的坚固性的物体，而无须利用所有的那些元素或要素，更不用说要利用某一组数目确定为五的元素或确定为三的要素中的每一元素或要素来复合这些物体了。又，我一直觉得有些奇怪的是（卡尼阿德斯继续说道），照说，化学家们不会认为，不存在像玻璃一样永久不变的天然物体；然而，正是他们告诉我们说，仅仅利用一些灰，仅仅用剧烈的火予以作用促其熔化，就可制得玻璃。所以，既然他们认为灰不过是由纯盐和简单的土组成的，不含有任何其他要素或元素，那么，他们就必须承认，即便是凭借人工技艺，只需要两种元素，如你愿意，或可说是一种要素和一种元素，就可以复合出一种几乎可说是比世间任何一种物体都要稳定的物体。既然这一点是无可否认的事实；那么，他们又怎么能够证明，在并不具备所有的那五种元素或物质性的要素的情形下，造物主就复合不出一些结合物，尤其是那些永久不变的结合物？

然而，在这个节外生枝的、与化学家们为了确立五元素说而提出的见解有关的论题上再纠缠下去，就和你过去一样并无分别，真可谓是"记性差"了。因为，围绕上述问题进行论辩，在我而言并非当务之急；换句话说，我已经花了不少时间对这类枝节问题，或者更贴切地说，对这类离题的问题，作了一遍扫视。

至此，埃留提利乌斯（卡尼阿德斯说道），在详细地论述了我说过要对你谈的前述四类思考之后，由于担心我在表述上述每一类思考时都谈了很久，因而可能致使你已然忘了它们之间的递进关系，我觉得就这些思考的要点再对你作一番简短的复述

是适当的,这就是要告诉你,鉴于:

首先,火是否像化学家们所想象的那样,是结合物真正的、万能的分析者,这很值得怀疑。

其次,在火作用下得自于某一结合物的各种各不相同的物质是否以同样的形式先在地存在于可分离出它们的原结合物中,对此,我们也有理由怀疑。

再次,纵然我们可姑且承认在火作用下从某些结合物中分离出来的各种物质一直都是这些结合物的组成成分,但这些物质的数目就一切结合物来说,并不具有一个确定的数值,因为有一些结合物可分解成多于三种的不同物质,而另一些则分解成不足三种的不同物质。

最后,利用火分离得到的那些物质就其绝大部分而言恰恰不是什么纯而不杂的、元素性的物体,而是一些新的结合物。

我是说,鉴于上述诸项内容,我希望你能允许我作下述推测,化学家们所提出的、常被用来证明他们的三种基本要素足以组成一切结合物的种种实验证据(或许,我倒是可以替他们补充一些像样的证据),都不大确切,并不足以使一个审慎的人认同他们的学说,在他们未能更好地阐述并证明这一学说之前,这一晦涩而暗淡的学说只会使那些爱思考的人们感到困惑而绝不会令他们满意,而且在他们眼中只会显得破绽百出,处处充斥着重大疑难。

又,从我们一直探讨到现在才推出的上述结论中(卡尼阿德斯继续说道),我们还不难明白我们应以怎样的态度来评价那些化学家们所采用的一般做法,应该看到,正是他们,鉴于发现有一些复合物(须知,这绝不能代表一切复合物)可被分解成,说得更确切些,可以产出两三种既不同于这些复合物在烟囱中、在火的直接灼烧下分解而成的烟油和土的、且彼此也各不相同的物质,便推崇说他们自己的学派开创了一种新哲学。于是,在他们当中,有一些人,就像赫尔孟特等人一样,自称为火术哲学家;而更多的人则不光是把哲学家的头衔加在他们学派中的那些成员头上，而且还不遗余力地试图垄断这一称号。

然而，这种哲学是多么狭隘啊，它只涉及我们在地上或者说是在地壳或地表上所发现的那些复合物中的一部分而已，须知，比之于浩瀚辽阔的宇宙，我们的地球本身也不过是一个点而已，至于宇宙中其他的那些更大的组成部分，三要素说又何尝能够为我们提供一种解释！须知，无论是关于天文学家们断言要比整个地球大 160 多倍的太阳的本性，还是关于那些为数极大的、其中无论哪一个若像太阳一样距我们一样近时都绝少可说是不比它大、不如它亮的恒星的本性，三要素说又教给我们什么呢？这种学说说什么盐、硫、汞是结合物的要素，然而，关于那种漫无边际的、可流动的、构成了天际乃至于绝大部分世界的以太物质的本性，它又能对我们说些什么呢？还有人说，帕拉塞尔苏斯不但可用他的三要素阐释逍遥学派的四元素的构成，甚至可以阐释宇宙的各部分天界的构成，然而，这种通常被归之于帕拉塞尔苏斯名下的见解，在我看来是不值一驳的，纵然当代的那些化学家们并没有想到它不过是一种毫无根据的、因而不值得他们赞同的奇想而已。

尽管我一直在审察着的这个假说只探讨了世界的一个极小的部分。但倘若它能就它所涉及的这一部分世界中的那些事物向我们提供一套满意的解释的话，我或许还能容忍。然而，即便是关于这些结合物，这种学说也不能提供任何不同于它所塞给我们的一些很不完备的说法的东西。须知，三要素说何尝能够向我们揭示，为什么磁石能作用于一根针，使之沿其两极排列却又很难使之精确地指向其两极？这一假说何尝能够教给我们，一只小鸡是怎样从一只蛋中形成的，或者，薄荷、南瓜以及我以前对你谈到过的其他植物的活性要素是怎样将水塑形成各种各样的植物的，并使每一种植物都有着特殊的、确定的形状，有着种种独特的、各不相同的性质？这一假说何尝能够告诉我们，必须用多少盐、多少硫和多少汞才能造出一只小鸡或一只南瓜？但愿我们能知道，是哪一种要素支配着那些诸如蛋清和蛋黄之类的组分,(举例说来)就是要促使蛋清和蛋黄这两种液体变到在形成一只小鸡的骨架、静脉、动脉、神经组织、腱组织、羽毛、血液以及其他部分时所必须具备的种种构造,并从蛋清和蛋黄中造出一对翅膀,而且还要以最适合于构成一只完整的小鸡的那种方式组合上述种种组成部分? 因为,如果说某一种或各种实体要素中的某种具有更微妙、更精巧的本性的成分是上述成形过程的控制者,是一切诸如此类的复杂结构的建造者,那么,我们便有理由再次发问,适于这种能建造的动因进行上述成形运作的那种混合物是三要素以何种比例、何种方式混成的? 而且,这种如此精巧、适当的混合又是在何种动因作用下完成的呢? 在回答这一问题时,化学家们如不超越他们的三要素说,则会再次碰上他们在回答前一个问题时曾碰到过的那种麻烦。如果说我可以借用我们的一位在场的朋友的观点,那我倒是很容易指出庸俗化学家们的学说的种种缺陷,并可向你揭示,就凭他们的三要素,不要说要他们解释结合物的一切深奥难解的性质,即便是要他们解释人们所熟悉的那些常见的现象,诸如解释流动性(*fluidity*)和固定性(*firmness*),解释石头、矿物和其他复合物的颜色和形状,解释植物或动物的生长,解释金或水银之对于酒或酒精的重度。我是说,要他们根据三种简单的组分之间的某种比例对上述现象(且不提许许多多的其他的难以解释的现象)作出解释,他们也不能给出令一个勤奋探求真理的人满意的解释,反之,这只能令他们对他们自己以及他们的假说产生怀疑。

然而(埃留提利乌斯插言道),这种反驳似乎只适用于反驳逍遥学派的四元素说。诚然,它几乎可用于反驳其他的任何一种主张以具有任一确定数目的物质组分解释自然现象的假说。但我想,就化学家们的三要素说的用处而言,你用不着我来告诉你,三要素说的最有力的支持者,那位有学识的塞纳特,曾指出过其崇高的用途,就是说,根据这三种最普遍、最适当的要素可导出并证明结合物的种种性质,而根据种种元素是不能较为精确地导出这些性质的。他还说过,这在我们探讨药物的种种性质和功用时，是十分清楚的事情。而且，我也知道（埃留提利乌斯继续说道），你所指的那位反对这种炼金术学说的先生可能要比你这个生性公正的人来得更为公正，他未见得会反对你承认，你们所主张的那种哲学也多多地受惠于化学家们的种种概念和发现。

（卡尼阿德斯答道）倘若你所指的那些化学家们过去曾这样谨慎或这样审慎地提出，他们关于三要素的见解不过是有利于促进人类知识的种种见解中的一种有用的观念，那么，他们倒真是该值得我们感谢而不是谴责。然而，鉴于他们所要做的事情并非是要提出一种见解以增进哲学之进步，而是要将此见解（连同另一些不那么重要的见解）作为一种新的哲学推给大众；鉴于他们极力吹捧他们自己的这种没有根据的设想，譬如，就连克尔塞坦纳斯也毫不犹豫地写道，倘若他关于三要素的、最为确凿的学说能得到广泛的认识、审察和扶植的话，那么，一切蒙蔽我们心智的乌云就会被驱散，而且，随着明晰的光辉的到来，一切困难亦将迎刃而解。这就是说，这个学派已将一些无可辩驳的原理和公理摆了出来，更有一些公正的法官判定，人们只能接受它们，毋庸争议；而且，这些原理都非常有用，因此，我们纵然不知道其所以然，也不必向种种不为人知的、隐秘的性质寻求帮助。我是说，鉴于化学家们对于他们自己的宠儿亦即上述见解作了过高的评价，我才不能不认为，有必要让他们明白他们自己的错误，有必要奉劝他们在打算向我们解释种种自然现象时，应采用一些更有效、更广泛的要素来进行解释；而不要划地自狱，不但自己抱残守缺，还（尽可能地）要求他人恪守那些狭隘的要素。须知，要化学家们根据这些要素对十分之一的自然现象，哪怕是对留基伯曾解释过的、或可用另一些要素作出合理解释的种种现象，提出解释（我指的是合理的解释），他们也难以做到。又，虽然我并非不愿意指出，我对于上述化学假说的无能所提出的指责亦同样适用于指责四元素说以及历来为人们所采纳的另一些学说。然而，由于我现在所审察的只是这一化学假说，而且只要我所指责的这种无能确实是一种真正的无能，那我就弄不懂，这一假说为什么不应该受到指责，或者说，我为什么不能反对它，难道就因为其他理论也和这种炼金术理论一样有缺陷吗？须知，要说一个真理会因其有助于推翻形形色色的谬误而再不被视为真理，我实在弄不懂其间有什么道理。

（卡尼阿德斯面带笑意地说道）谢谢你肯说我公正，如果说你在说那些恭维话的时候别无他意的话。然而，用不着煞费苦心地劝导或是反复敦促，我也会承认，化学家们的工作对热心于应用研究的人们有着很大的帮助。就事论事，纵然他们很傲慢，但我还是要感谢他们的。然而，鉴于我们不仅要考察他们的技艺的长处，也要考察他们的学说是否正确的问题，而为了弄清后一问题，我还必须转而谈谈我是在何种意义上作出上述肯定的，必须说明的是，在我承认炼金家们的工作对于自然哲学的价值时，我所指的是他们的实验的价值，而不是指他们的推理的价值。因为在我看来，他们的著作就和他们的火炉一样，在发光的同时也冒着烟雾；就是说他们要想说明一些问题，就不得不搅浑另一些问题。我并不想否认，一个人，若不懂化学，则很难成为一个老练的自然主义者。然而，更须指出的是，化学家们的所作所为就好像字母表上的那些字母一样，其间并无必然的关系，一个人，若不清楚这一点，就很难成为一个哲学家；而仅仅明白这一点，也不足以成为一个哲学家。

（卡尼阿德斯恢复了严肃的表情，说道）尽管我乐于承认三要素说并非无用的学说，并承认其倡导者们和拥护者们已使大众认识到人们以前极为普遍地、错误地接受四元素说是因为他们过于迷信，说得更确切些，是过于崇拜四元素说，而三要素说有助于打破这种崇拜心理。但是，在我看来，人们所提出的关于三要素说的作用的那些看法，却会碰上一些难以克服的困难，因此，对于你所提出的那些赞同化学家们的三要素说的见解，我还想作更加详细的探讨。

首先，就这种化学理论的那些较有学识且较为严肃的拥护者用以证明种种化学要素存在于结合物中的那种论证方式而言，我认为它远远不能起到证明的作用。即便是你的那位塞纳特也很注重此种论证方式，他告诉我们说，最有见识的哲学家们就是运用这种论证方式来证明种种最重要的问题的，为此，他还给出了一个堂皇的、富于代表性的论证：(他说)"Ubicunque pluribus eædem affectiones et qualitates insunt, per commune quoddam principium insint necesse est, sicut omnia sunt gravia propter terram, calida propter ignem. At colores, oderes, sapores, esse φλογιστ έυ, et similia alia, mineralibus, metallis, gemmis, lapidibus, plantis, animalibus insunt. Ergo per commune aliquod principium, et subjectum, insunt. At tale principium non sunt elementa. Nullam enim habent ad tales qualitates producendas potentiam. Ergo alia principia, unde fluant, inquirenda sunt."[①]

在引述这段论证时(卡尼阿德斯说道)，我沿用了作者在表述时所用的原话，这样我也就可以沿用某些拉丁术语的专门的用法，因为我一时想不出与这些术语吻合、对应的英语术语。然而，就这一论证而言，它是建立在一个不可靠的前提之上的，这一前提在我看来，既是不可证明的，亦是不正确的。因为，何以见得，凡是见到同一种性质出现于许多物体之中时，倘若其中有些物体都含有某一种物质，便可以认定所有这些物体都含有该物质呢？(须知，我们可以认为我们的这位作者是围绕物体的种种物质组分来提出他的主要理由的，这一点，从他用于阐释这种理由的、关于土和火的两个例子来看，是显而易见的事情。)须知，就拿他所提出的第一个用于支持自己的见解的例子来说，他

---

① 拉丁文，其大意是，"有着相同的特性和性质的种种物体必定共有相同的要素，譬如，一切物体具有重量皆源自于土，热起因于火。而且，颜色、气味、味道各有其相应的要素，一些同类物体诸如同类的矿物、金属、宝石、石头、植物、动物亦各有其相应的要素和物质起因。然而，这些要素却并不是什么元素，因为元素并不能引起这样的一些性质，唯有利用要素才能解释这些性质的起源。"——译者注。

何尝能够证明一切物体都具有重量是因为它们都含有土元素？
而我们知道，不仅普通的水有重量，就连较纯的蒸馏水也有重
量，而且，水银比土本身还要重得多。但我的那些论敌谁也不曾
证明其中含有任何土元素。我之所以要谈到水银这个例子，是
因为我看不出元素说的支持者们有什么好办法能够给出关于水
银的、优于化学家们的解释的解释。须知，如果问他们何以水银
可以流动，则他们会答道，水银显然也带有水的本性。诚然，按
照他们的说法，水可能是水银中的占有绝对优势的元素，然而我
们都知道，有好些物体在蒸馏中可产出重于其残渣的液体，但它
们并非是由足可流动的液体构成的。如果再问何以水银会变得
这样重，那么他们又会答道，这是因为其中含有大量的土；然而，
按照他们的说法，水银的构成成分中也必定有气和火，而这两者
却被他们断定为轻元素。于是，纵然他们能把水也说成是重元
素，又说水可填满各种孔隙以及空腔并使之混成一体，但要说水
应当大大地重于同体积的土，却是从何说起呢？回到我们的那些
炼金术士身上，须指出，化学油和固定盐，即便是经过彻底纯化
的、完全不含土质成分的，也仍然显得相当重。而且经验还曾告
诉我，那些非常重的树木，诸如可在水中下沉的愈创木，取一磅
烧成灰，提取出其中的固定盐（我发现灰中只有一小部分是碱），
其重量反而要比某些轻得多的植物所产出的固定盐的重量轻得
多，而由愈创木制得的黑色焦炭却不会像愈创木一样在水中下
沉而是浮在水上。这表明，物体所以有着不同的重量主要是因
为它们各有其独特的构造，这是不难看清的事情，譬如，金这种
最紧固、最密实的物体比之于同体积的任何一种土都要重上数
倍。我不打算考虑，根据太阳黑子的运动，根据人们所想象的位
于月球上的那些海洋在外观上的同一性，可提出那些与天体的
重力或类似于重力的性质有关的理由来进行争辩；也不打算谈
适于用塞纳特所提出的关于重力的见解解释的那些现象是如此
之少的问题。然而，为了进一步驳倒他的前提，我会问，流动性
又取决于何种化学要素呢？或许，除了两三种性质以外，流动性

就是宇宙中的那种被扩散得最远的性质了，而且，它作为一种非常普遍的性质，我们在任何一种化学要素或亚里士多德元素中所见到的任何一种性质都无法与之相比。我会问，运动，这种比可从三要素中的任何一种要素导出的任何一种性质都远为普遍的物质特性，又起源于哪一种化学要素呢？我还可以就光这种可见于燃烧着的结合物的硫、可见于活着的萤火虫的尾部、亦可见于太阳和恒星这类天体物体的性质的起源问题提出类似的质疑。又，我倒是很想知道，三要素中的哪一种要素可算是我们称之为声音的那种性质的物质起因，要知道，油落进油里，精落入精中，盐落到盐上时，只要有一定的数量，有适当的高度，都会发出噪声，若你愿意的话，你也可以如此这般地让水落进水里，让土落到土上，造出一种声音（这一反对理由可用于反驳亚里士多德主义者）。我还能举出另一些性质，这些性质也是在一些物体中所遇到的，但我想我的那些论敌们无法给其中的任何一种性质指定任何一种物质起因，并证明此种性质是其他一切具备此种物质起因的物体的属性。

　　在我作任何进一步的探讨前，我必须先请你将我们正在审察的这一前提与化学家们的另一些宗旨作一下比较。要知道，他们在实际上甘于奉行的是，可将不止一种的性质归之于同一元素，亦可从同一元素导出不止一种的性质。因为他们把味道这种性质和引起凝结的能力都归之于盐，把气味这种性质和可燃性都归之于硫；而且，他们之中有些人把颜色这种性质归之于汞，同时，他们又全都把稀散性（借用他们的说法）也归之于汞。而另一显而易见的事实是，他们乃是把挥发性当做是所有那三种要素以及水元素所共有的属性来对待的。因为化学油无疑是挥发性的，在许多凝结物的分析过程出现的若干种盐也是挥发性的，譬如，在蒸馏鹿茸、肉组织等物体时所得到的鹿茸盐、肉盐等盐类物质显然具有挥发性。而水极易变成蒸汽，人们尚未发现另有任何物体能够这样容易地变成蒸汽。至于他们称之为物体的汞要素的那一类物质，也都很容易以蒸气的形式被蒸发，以

致帕拉塞尔苏斯和另一些人根据这种易蒸发性来定义汞。所以
（我在此顺便下一个结论），化学家们关于性质及其相应的要素
的学说未见得是正确的，因为他们不但认可从同一种要素可导
出数种性质的做法，而且还不得不将同一种性质归之于他们所
说的种种要素以及另一些物体。在谈了许多与你的那位塞纳特
在并无充足证据时想当然地用到了的那一首要前提有关的内容
之后，我还想作一点补充（卡尼阿德斯继续说道），从塞纳特的做
法中，我们还应能领悟我们应该如何评价坚决拥护亚里士多德
主义学说并反对化学学说的安东尼·冈塞内斯·比利切斯
（Anthonius Guntherus Billichius）在反驳贝奎恩并论证自己的
下述论点时所采用的论证方法，他认为四元素直接参与了每一
结合物的构成过程，它们不但存在于每一结合物之中，而且在结
合物分解时又可从中得到这四种元素。非但如此，就连化学家
们惯常通过分解结合物而得到的三要素本身也无一不在显示
着，它们本身即是由四元素组成的。（卡尼阿德斯继续说道）由
于他的推理本身有点不同寻常，前些日子我曾将其抄录下来（说
着，他从衣袋里掏出一张纸来），以下是其内容。"Ordiamur,
cum Beguino, à ligno viridi, quod si concremetur, videbis in
sudore aquam, in fumo aerem, inflamma et prunis ignem, ter-
ram in cineribus；quod si Beguino placuerit ex eo colligere hu-
midum aquosum, cohibere humidum oleaginosum, extrahere ex
cineribus salem；ego ipsi in unoquoque horum seorsim quatuor
elementa ad oculum demonstrabo, eodem artificio quo in ligno
viridi ea demonstravi. Humorem aquosum admoveho igni. Ipse
aquam ebullire videbit, in vapore aerem conspiciet, ignem sen-
tiet in æstu, plus minus terræ in sedimento apparebit. Humor
porro oleaginosus aquam humiditate et fluiditate per se, accen-
sus vero ignem flamma prodit, fumo aerem, fuligine, nidore et
amurca terram. Salem denique ipse Beguinus siccum vocat et
terrestrem, qui tamen nec fusus aquam, nec caustica vi ignem

celare potest; ignis vero violentia in halitus versus nec ab aere se alienum esse demonstrat; idem de lacte, de ovis, de semine lini, de garyophyllis, de nitro, de sale marino, denique de antimonio, quod fuit de ligno viridi judicium; eadem de illorum partibus, quas Beguinus adducit, sententia, quæ de viridis ligni humore aquoso, quæ de liquore ejusdem oleoso, quæ de sale fuit. "[①]

（卡尼阿德斯收起手里的纸片，继续说道）在我看来，要驳倒这番大胆的言论倒不怎么困难，倘若他们那些证据真值得重视，值得我压缩我还未及谈到的那一部分较为重要的谈话以腾出时间来考虑的话，那么，我就会请你对他关于由燃烧着的绿枝离解而成的种种成分的谈话和我以前曾对忒弥修斯就类似的问题谈过的那些东西作作对照，找找答案；然后，我就不难向你揭示，我们的这位冈塞内斯在谈到绿枝的火焰是如何被分解成他的四元素时，显得何等软弱、何等肤浅。他竟然把蒸汽说成是气，须知蒸汽可用玻璃瓶来收集并可发生凝结，这表明蒸汽始终都不过是无数十分微小的液滴的聚集物而已。而且，他竟然根据外加热源赋予液体的热证明火是种种黏液的一种组成成分，须知没有外加热源，黏液则不会发热（这种热运动现象要么是外加的火的运动的作用结果，要么是由于大量的火原子穿过容器壁上的

---

① 拉丁文，其大意是，"就请贝奎恩和我们一同看看，燃烧一截青橄榄枝时，那冒出来的树汗是水，烟雾状的是气，火焰和炭火里的是火，灰烬里的是土。倘若贝奎恩愿意，他尽可以收集起那些潮湿的水分，从橄榄枝中炼出一种油状的液体，再从灰烬中提取出盐；我还是能用相同的办法证明这些东西无不和青枝一样含有四元素。把那种潮湿的水分置于火上，你就会看到它沸腾起来，产出雾状的蒸汽，你还感觉到热，这证明其中有火，而且，你还可见到或多或少有一些土沉积下来。其次，橄榄油本身也像水分一样具有潮湿性和流动性，点燃之后也会产生火焰、雾状的气、以及存在于烟油、雾气和残渣中的土。最后，关于从灰烬中得到的那种盐，贝奎恩本人也说它是干的，可称为土，利用相同的办法对它进行处理，也可使其变得像水一样，可以流动；也可使人感受到其中的热，从而表明其中潜藏着火；而且，在剧烈的火作用下，也可使之变成蒸汽，从而表明其中含有气。同样地，利用这种办法还能证明奶汁、羊毛、亚麻种子、丁香、硝石、海盐乃至于矿物锑都无不像青橄榄枝一样，像贝奎恩从青橄榄枝中蒸得的黏液、油液以及从其灰烬中得到的盐一样，是由四元素组成的。"——译者注。

微孔并迅速扩散于水的各个部分而引起的），一句话，我无非是说，除这些缺陷外，他的论证还另有一些缺陷，总之是不难挑出的。然而，在这类枝节问题上，我还是单刀直入直切要害的好。我所要指出的是，他想当然地认为，流动性（他极不明智地把流动性混同于湿这种性质）必然导源于水元素，据此，他认定任何一种化学油皆含有这种元素性的液体。紧接着他又说，油具有可燃性，表明它还含有火。然而他不记得高纯的酒精虽比水更易于流动，但却可完全燃烧而不留下一点水分，而且不产生某种有利于他导出有土存在这一结论的物证诸如某种油渣或烟油。所以，按照他的学说，即可以根据酒精具有很好的流动性下结论说它几乎全都是水，也可以根据它可以完全燃烧而认为它全都是隐藏起来了的火（disguised fire）。而且，我们的这位作者还试图以此种论证方式表明，树木的那种固定盐也是由所有这四种元素复合而成的。因为（他说过），这种固定盐在剧烈的火作用下可变成蒸气，这表明它本身就有着气的禀性；然而对于他是否曾经见过一种真正的固定盐（业已经过剧烈的火的煅烧而仍能保持固定的方为真正的固定盐）在火的单独作用下以发散物（exhalations）的形式向上升发，我很是怀疑；但我毫不怀疑，倘若他能促其升发并曾用常用的容器收集过这类发散物的话，那么，他应已发现，这些发散物也像那些普通的盐的蒸气一样有着盐的本性而非气的本性。我们的这位作者还想当然地认为，盐的可熔性必然导源于水，其实，这种可熔性不过是热作用的结果而无须牵扯到水，热以各种不同的方式作用于物体的种种微小成分，并使之运动，以致金（金是最重、最固定的物体，照说应是最标准的土质物体）在强火作用下也会熔化，这显然只会驱走而不会增加其中的水组分，倘若金含有这种组分的话。反之，由于冰的那些微小成分缺乏足够的热运动，它就不具有流动性，而表现为固态；又，尽管他还曾假定一些物体所具有的侵蚀性（mordicant quality）必然导源于某种火组分。然而，我已不想强调，种种轻的、可燃的成分亦即最适于归入火元素一类的种种成分在先前用强火将物体烧成灰时就很可能已被赶走。既然不强调这一点，就表示我也不会强调，矾油在用于淬火时就像某种苛性物体（a caustick doth）一样，会灼痛不小心碰上它的人们的肉体组织以及误尝到它的人们的舌头，我所要说的是根据某些固定盐具有苛性作用证明火存在于它们之中的做法是靠不住的，除非能够先行证明，被归之于盐的一切性质皆必定取决于各种元素的性质；倘若我有时间的话，我倒不难证明，要证明这一点，并不是件容易的事。又，且不提我们的这位作者竟然既把某种类似于他所能制得的任何一种可视为元素的物质的匀质物体归做水，又把它归做火，尽管它既不像水，可流动且没有味道，也不像火，既轻且具有挥发性。我想指出的是，他在有关固定盐的分析中似乎忘记了土这种元素而只是宣布说，盐可被当做是土。然而，就在前几行里，他却把灰当做是土，因此，我不懂他该如何才能使其各部分论述保持一致，或者说使他的某些论述与其学说彼此之间不发生矛盾。须知，既然在灰的含盐成分和没有味道的成分之间存在着显著的不同，那我就不懂这两类在这些重要性质上极不相同的物质怎么都可以说是同一种元素成分，而就土元素的本性而言，土，特别是在火法分析中得到的土，应当是匀质的，因为，在他看来火法分析已然将此种元素同其他元素杂质分开，尽管大多数亚里士多德主义者都承认这些杂质普遍地存在于通常所得到的土中并使之变得不纯。我们已看到，鉴于在分别用气和火这两个术语来指称的物体之间有着那么一点点不同，逍遥学派人士便认为气和火是两个不同的元素。由此可见，我们也不难看到，灰的含盐成分有着强烈的味道，且易溶于水；而另一成分则没有味道且不溶于同样的液体。不用提其一是不透明的，而另一多少有些透光性，也不用提它们在另一些特性上的不同。我的意思是说，只要我们能明白前面提的那些东西，我们就很难认为这两种物质都是元素土。人们经常提出异议说盐的味道只不过是由煅烧和灼烧所引起的，对此，我过去已作过圆满的答复。譬如，忒弥修斯就曾提出过这一异议，当时,我就曾反驳他说,尽管没有味道的土可在附加剂的作用下变成盐,但这并不等于说,土可在火单独作用下发生这种转变。因为我们知道,在我们精炼金和银时,我们施加于其上的剧烈的火作用并不会使它们带有一丝盐的味道。我认为,菲洛波努斯倒曾正确地指出,有一些凝结物的灰即便含有盐,也非常少。譬如,精炼人员因为料到骨灰是不含盐的,才决定用它们做材料来制作灰皿和灰吹盘,而这些器皿应当是不含盐的,因而在剧烈的火作用下也不会发生玻璃化,而且,我曾将一只仅用骨灰和清水制成的灰吹盘置于剧烈的火上灼烧,并用带有两只大风箱的鼓风机进行鼓风,此后,我特意细心地尝过它的味道,结果发现火丝毫也没有起到这种作用,而只能使之变得更加无味。

但是(卡尼阿德斯说道),既然你我都不喜欢反复唠叨,所以在此我不打算就忒弥修斯的异议再提出任何新的反驳,我倒是想请你注意,尽管我们的那位作者很有学识并声称他要凭其娴熟的化学技术从整体上改造这门技艺,但当他开始履行他充满自信的诺言时,却只是向我们给出了一套模糊的说辞以论证绿树枝可直接分解成为那四种元素,只是徒然说了一些彼此很不一致的东西。譬如,在他开始谈到我曾对你引述过的那一段话时,他把树汗(按照他的说法)当做是水,把烟雾当做是气,把那两种发光的物质当做是火,把灰烬当做是土;然而数行之后,他又从这些物质中的每一种物质中,甚至从灰的一种独特的成分中(正如我刚才所述的那样),揭示出四元素的存在。所以,要么说前一次分析必定不足以证明那几种元素的存在,因为这种燃烧着的凝结物并未被还原成一些元素性的物体,而只是变成了无一不是由那四种元素复合而成的一些复合物而已;要么就说,他试图根据那些性质导出所有那四种元素无不存在于固定盐以及凝结物分解而成的每一种物质当中这一结论的做法,不过是一种很靠不住的论证方式。尤其是要看到,从树木中提取出来的碱,照说至少也可以说是如同一切逍遥学派人士所能揭示给我们看的任何一种物体一样,是一种均一的物体,所以,倘若这种碱具有种种不同的性质必定表明其中存在着种种不同的元素的话，那么，无论采用他们所知道的哪种应用火来分析物体的方式，以证明无论哪一种物体是一种真正的元素的一种成分，在他们而言都将是不大可能的事情。谈到这里，我不禁想到，我现在不过是在探讨一个偏离了主题的偶然问题，其目的不过是要揭示，在我们的这场论争中，逍遥学派人士也像化学家们一样老是将某种有待于他们去证明的东西当做是理所当然的事情，因此，我也该转回原题，转回我第一点反驳的结束之处，进而告诉你，在塞纳特的论证之中我所注意到的不可靠的疑点并非仅此一处。须知，当他根据他所提到过的那些性质诸如颜色、气味之类的性质并非元素的属性，推说这些性质必定是种种化学要素的属性之时，他显然是把这一难以证明的结论看成了理所当然的东西。这一点，原本是可以在此阐明的，但我还是决定放到不久以后就会有的一个更好的机会去谈。到现在为止我们已讨论了许多内容，这些东西或许已足以驳倒化学家们的下述假定，而这一假定照他们的说法是，几乎每一种性质都必定有着某种 $\delta\epsilon\kappa\tau\iota\kappa\acute{o}\upsilon\ \pi\rho\acute{\omega}\tau o\upsilon$①，亦即某种固有的受体（receptacle）。这就是说，每一种性质皆可说是其受体的属性，也就是说，每一种性质皆有其独特的、固有的物质起因；因此，一种可见于种种不同的物体的性质就是这些物体的共同属性。须知，这一基本假定一旦被推倒，那么，在此基础上建立起来的一切见解则必将不攻自破。

然而，我还是要进一步指出，（我已发现）化学家们无论用三要素中的哪一种要素都远远不能阐明他们所说的那些起因于该要素的性质以及那些可由该要素导出的、为结合物所具有的性质。诚然，这些性质是不能用四元素来说明的，但是，不能因此便认为，它们是可以用化学上的三要素来说明的。化学家们似乎未能认清这一点，事实上，大多数论辩者在进行论辩时都常常犯这种错误，仿佛在他们所论争的难点上只可能有两种见解，因

---

① 希腊文，意指"物质始因"。——译者注。

此，倘若他们的论敌的见解是错误的，那就是说他们自己的见解则必定是正确的；然而，有许多问题，特别是哲学上的一些问题，可能容许有多种不同的假说，以致基于其中一者为假而下结论说另一者为真的做法将成为一种十分轻率的、不可靠的做法（除非在争论中只有两种截然对立的见解）。在我们所面临的这一特殊的情形下，完全不必认为，结合物的种种性质只能用炼金术学说或亚里士多德主义者们的假说来解释，非此即彼。因为另有一些更有说服力的方法可用于这些性质的解释，而从物体的微小成分的运动、形状和配置导出这些性质则是一种尤为有力的方法。至于这种方法，我倒是很想在此说清楚，只怕说来话长，不大合乎时宜。

在此，我承认化学家们指责四元素说不足以解释复合物的种种性质是有根有据的。驳倒一种有缺陷的学说，哪怕这些缺陷十分明显，人们只要不闭着眼睛就可以发现它们，也值得称赞，化学家们也不应当被排除在这些值得赞扬的人们之外，因为他们曾拒斥了一种庸俗的谬论。然而，如果你认为我的意思是指，我们的这些炼金术哲学家们像那些逍遥学派人士一样，用不着求助于比三要素来得更有力、更普遍的一些要素以阐释他们所熟悉的种种物体的种种性质，那就是对我的误解。欲说清这一点，用不着搬出一大堆例子，（因为我希望能等到一个更适当的机会时再完成这项任务），在此，就让我们仅仅谈谈颜色这种性质，看看他们在谈及这一十分浅显且为他们所熟悉的性质时所谈到的那些内容，你就不难想到，对于那些较为深奥难解、因而被他们和逍遥学派人士称之为隐秘性质的性质，我们从三要素说中所能指望到的有益的训导更是何其之少。因为，就颜色而论，他们自己也不能取得完全一致的看法，而且我从未见到有谁能够利用这三种要素之中的任何一种要素，对颜色作出明晰的解释。庸俗化学家们惯于把各种颜色归之于汞，帕拉塞尔苏斯在许多不同的地方将它们归之于盐，而塞纳特则在列述了他们的这些不同的见解之后，对这两者都表示了异议，要将其归之于硫。然而,对于颜色怎样源自于这些要素中的某一种要素的问题,甚至,对于它们怎么可能源自于这些要素的某一种要素的问题,我想你也很难数出一个人来,说他已对此作出了明晰的阐释。如果波义耳先生允许我对你谈谈他所收集的关于颜色的种种实验,我深信你将会承认,种种物体所以表现出种种颜色,并非是因为这种或那种要素在它们之中占有优势,而是取决于它们的结构,尤其是取决于其表层成分的配置,由于这种缘故,射到眼睛的光才会有种种变化,并以种种不同的方式给视觉器官造成种种不同的印象。在此我可以谈谈由三棱镜(此系通常的称谓)所呈现出的那一串悦目的颜色,试问,在制作三棱状的玻璃物体时增加或减少盐或者是硫或汞,又会发生什么不同现象呢?众所周知,玻璃物体不具有这种形状,则不会产生三棱镜所能产生的那些颜色。但是,由于有人可能会提出异议,说这些颜色不是物体的真正颜色,而是视在颜色(apparent colours)。而我们又不能再浪费时间讨论这种区别,所以我想提出两个有关金属物体之真正的、永久的颜色的例子以反驳化学家们。我认为,无须用任何外在物体作附加剂,在火单独作用下,在玻璃容器中的水银也可丧失其原有的银色,而变成一种红色物体;而且,无须任何附加剂,从这种红色物体又可得到一种汞,就像先前一样,有着明亮的金属光泽①。所以,在此实验中,我能够轻而易举造成一种永久色,并破坏一种永久色(正如我们已经看到的那样),而无须增加或减少汞或盐或硫的含量。又,如果你取一块洁净的淬硬钢片,置于蜡焰上方的某一近距离处,只要不触到火焰,用不了太长时间,你就会发现,在这块金属的表面,在受作用的中心点周围,会接二连三地出现不同的颜色,先是黄色,然后是红色,最后是蓝色。所以说,同样是铁,同样是一个地方,非

---

① 这里涉及的化学过程应是,汞受热与空气中的氧(容器可能未密封,或是较大的容器)作用生成红色的氧化汞,而氧化汞受热(500℃)亦可分解成汞与氧气,这是一个可逆的化学过程,当时并不知道氧及其作用。——译者注。

但可以使之生出一种新的颜色来,还可以在短短一小时之内或者说是一小时左右,使之变换出几种颜色;而且,其中任何一种颜色在将钢片从火上移走之后都会被保留下来成为永久色,可持续数年之久,所以,无论化学家们喜欢说颜色起因于哪一种要素,设想这种颜色的生成和变化起因于三要素的任何一种要素的增减总归是不合理的。这样讲,尤其是因为,如你将前次实验所得的铁片烧红,再迅速淬火,则铁片又会再次变硬并丧失其颜色;而且,无论是利用烛焰,还是利用其他很方便的热源,又会像前次一样,接二连三地出现同样的一些颜色①。对于另一些性质,化学家们用他们的那些要素,恐怕也很难给出比他们所给出的关于颜色的解释要略胜一筹的解释,尽管这在我来说并不像他们那样困难,但我已没有任何必要再谈这类枝节问题。接下来还是谈你那位塞纳特,他曾列出了一系列问题要那些平庸的逍遥学派人士根据他们的四元素来进行解释,然而恐怕其中有一半的问题就连他本人(尽管他是我很注重的一位作者)也颇为头痛,难以用三要素解释。假设盐和硫真是一种可作为此种或彼种性质的独特起因的要素,那么,关于这种性质,他所能教给我们的那些东西也不外乎就是他所教过我们的那些东西,不外乎是说某种性质起源于某种要素而已。因为他并没有在我们可以容忍的范围内教给我们一些足以令一个喜欢探求真理的人感到满意的东西。为什么在我知道把这种性质归之于这样一个要素或元素的同时,我对于这种性质的起因,对其产生方式和作用方式仍然一无所知呢?倘若我仅仅知道某些结合物很重是因为它们是由很重的土构成的,但我并不知道土何以重的理由,那么,对于重性质,我所知道的比之于常人又多多少呢?倘若一个化学家在向一个哲学家谈起通便药物的本性时,仅仅告诉他说那些药物的通便效能应归之于它们所含的盐,那就是说,他几乎

---

① 铁在空气中可生成多种氧化物和化合物,黄色的可能是铁锈,红色的是三氧化二铁,蓝色的可能是四氧化三铁。——译者注。

什么也没有教给他。须知,即便不考虑下述理由,亦即,既然许多植物的种种通便成分是用水对这些植物进行浸泡而提取出来的,它们大多只是一些业已发生了复合的盐(我的意思是说,其中的盐是与油、精以及土混在一起的,譬如酒石以及出自植物王国的另一些物体就可以产生这些物质)。既然水银加不加金作为附加剂都可被沉淀为某种粉末,这种粉末通常有着很强的通便作用,而化学家们迄今仍未能证明金或者是汞含有任何盐分,从而谈不上说金或汞具有任何通便作用,因此,我本无必要一退再退,承认通便作用是出自于盐。舍此不论,我所要强调的是,既然我们未曾见有哪种元素性的盐具有通便作用,哪怕是微弱的通便作用,因此(以大黄为例),当我发现作为大黄的盐要素的大黄盐并不具有通便作用时,我就实在弄不懂这些化学家说正是大黄盐使大黄具有通便作用有什么意义了。而且,当我并不知道这种通便药物在人体中通常是怎样发生作用时,这样讲又有什么意义呢?总之,正如知道一个人的住处是一回事,而与他相熟识又是另一回事一样;知道某种性质的主要的物质起因是一码事,而对此种性质本身形成一种正确的见解与知识又是另一码事。我之所以要说化学学说有缺陷,其间的道理就在于此,同样地,我所以认为亚里士多德学说以及另一些理论均不足以揭示种种性质的起源问题,也正是基于同样的道理。因为我倾向于认为,如果人们仅从是否存在着这样那样的质料组分及它们之间的比例出发推演种种自然现象,并把这些组分或元素当做是处于某种静止状态下的一些物体,那么,他们将永远不能解释那些自然现象。事实上,事物的种种属性,乃至于种种自然现象,就其绝大部分而言,都似乎是取决于物体的种种微小部分的运动和配置。须知,正是凭借运动,物体的一个部分才能对另一个部分发生作用。另外,物体的结构虽然承受来自其运动着的各个部分的冲击,但在大多数情形下正是结构调节着运动或冲击,结果这两者共同作用共同导致了许许多多的自然现象的发生,此即是一切自然主义者共同遵循的第一宗旨。

（埃留提利乌斯说道）尽管如此，但我仍然认为，你在回答我站在三要素说的角度向你提出的那些问题时还留下了一部分问题，没有回答。因为你所谈到的一切都不足以阻止人们认为下述见解是一项有用的发现，这就是说，既然有的凝结物的医学效用是起因于其中的盐，有的是起因于其中的硫，有的起因于其中的汞。我们就应当将那种要素从其余的要素中分离出来，这样，我们就一定可以找出原凝结物中的那种有用成分。

（卡尼阿德斯答道）我从未否认三要素的见解可能有着某种用处，但是（他笑着说道）根据你所谈到的这种用途来看，似乎即便它有用也只是对药剂师们有用而已，对哲学家们却未必管用，因为哲学家所要探求的东西是关于原因的知识，而药剂师们则满足于能够制出一些有用的东西。让我告诉你吧，埃留提利乌斯，即便是就三要素见解的这种用途而言，也不能盖棺定论，照行不误。

其理由如下，第一，我们并不能一见到我们很容易利用水或酒精提取出某种单一的成分，它只具有通便作用或某种其他效用，便立即将这种单一的成分归结为原凝结物的盐或硫。因为，利用上述液体从某一物体中提取出来的东西大多是其复合成分，而不是其元素成分，除非原凝结物业已经火作用而发生了分解。正如我先前曾谈到过的那样，水不仅能够溶解纯盐，而且能够溶解酒石的晶体、阿拉伯树胶、没药树脂以及另一些复合物。同样地，酒精不仅能够溶解种种凝结物的纯硫成分，而且能够溶解各种各样的树脂，诸如安息香、球根牵牛的胶、紫胶以及被认为是完全结合物的另一些物体。我们还要看到，无论是用水制得的提取物还是用酒精制得的提取物都不具备某种简单的元素本性，它们不过是由用于提取的原凝结物中的种种较松散的微粒以及一些较精细的成分组成的一些物团而已，因为它们通过蒸馏又可被分解成一些较基本的物质。

第二，我们还应该注意到，在提取时即便曾用火作过化学分解，我们也不能由此即把原凝结物中的那种有用成分归做其盐要素或硫要素。因为这种名义上的盐或硫仍不过是某种结合物而已，尽管在此结合物中占据主导地位的性质是盐性质或硫性质。要知道，倘若在化学分解过程中分离得到的种种物质真是纯而不杂的简单物体，都具有地道的元素本性，那么，其中无论哪种物质比之于另一种物质都不会被赋予更丰富的特殊性能，而且，同一类物质之间也应当不存在什么性质上的不同，就像水与水之间一样。在此，我想补充一点，化学家们，甚至包括一些著名的化学家在内，他们都太过于喜欢纯化他们利用火从结合物中得到的那些物质中的一些物质，对此，我不但不赞赏，反而要加以指责。须知，虽然物体的这类组分经过彻底的纯化之后或许更能令我们的理智感到满意，但是那些未经纯化的化学产品对我们的生活往往更为有用，这些化学产品的效用与它们仍保留有分离成它们的原物体的哪些成分大有关系，要不就是得自于这些分离成分之间的某种新的结合。然而，倘若它们都仅仅只是一些元素性的物质，那么它们的用途反而会很小，而且，被归于硫、盐或诸如此类的其他名称之下的同一类物质照说都应完全相同。

趁此机会（埃留提利乌斯），我想顺便指出一点，就复合物在火作用下的人工分解而言，这与其说是火将复合物分解成了想象中的那些要素，倒不如说这是在扩充着人造物的范围。因为火能够促使被分解物体离解而成的种种成分发生新的结合，从而造出一些新的复合物。须知，采用这种方法可使结合物的数目大为增长，而且这些新的产物大都具有有用的性质，其中有一些性质并非取决于产出这些产物的原物体，而是取决于它们所获得的结构。

然而，我所要谈的主要理由还在于下述的第三方面，这就是说，既然存在着若干种凝结物，其种种功能无不起因于化学家们称之为凝结物的硫、盐和汞的那些各不相同的物质中的这种或那种物质。因此，通过分解原凝结物，将那种有用的要素同其余的要素分开或从中除去其余的要素，即可制得其功能成分，也就存在着另一些凝结物，其最为有用的那些性能并非起因于其中的盐或硫或汞，而直接取决于整个凝结物的形式，或者说（如果你要这样说的话）起因于整个凝结物的结构。因此，人们为了从这类物体中提取其功能成分而将它们置于剧烈的火作用之下，则是一种极端错误的做法，这只会破坏掉他们所想要得到的东西。

记得赫尔孟特本人曾在某处承认，火既然可改善一些事物并增强它们的功效，也就能破坏另一些事物并引起它们变质。在另一处，他又富于见识地指出，造物主所造就的某种原朴的物体，比之于利用火从中分离得到的任何一种东西，往往有着更为显著的疗效。而且，你大可不必怀疑，当他说到事物的功效时，是否是指它们在医学上的效用。因为他曾在某处坦率地承认，（他说）"Credo simplicia in sua simplicitate esse sufficientia pro sanatione omnium morborum."[1]而且巴尔迪斯（Barthius）在评述贝奎恩的见解时，也曾毫不迟疑地承认，（他说）"Valde absurdum est ex omnibus rebus extracta facere，salia，quintas essentias；præsertim ex substantiis per se plane vel subtilibus vel homogeneis，quales sunt uniones，corallia，moscus，ambra，etc."[2]接着，他又不无适当地告诉我们说，有些东西，在未经处理时的效用更为显著，也更适于我们人体，而一旦经化学家用火处理之后，则反而不如未处理时［同时，他还担保说那位著名的普拉特斯（Platerus）也曾直率地对他的读者们作过同样的劝告］。这位作者还说，譬如我们知道，胡椒，就是这样的，吞几粒胡椒比服用大量的胡椒油能够更有效地减轻胃部不适。

关于硝石（卡尼阿德斯继续说道），我们的一位在场的朋友

---

① 拉丁文，大意是，"我相信原朴的物体正是凭其原朴的特性才能起到治愈许多疾病的作用。"——译者注。

② 拉丁文，大意是，"从那些均整、统一的物体中，特别是从那些以极为精巧或十分均整、统一的方式结合而成的物体诸如红珊瑚、麝香、琥珀之类的复合物中，提取其精华是非常荒谬的，这就如同要从盐中提取出第五原质一样荒谬。"——译者注。

曾经发现，它在火作用下分解而成的种种物质中没有一种仍保留有原凝结物所具有的味道，或镇静作用，或任何其他性能；而且这些物质中的每一种物质都获得了我们在硝石那里见不到的新的性质。而萤火虫有一种引人注目的特性，就是其尾部被截下后仍能发光，但只能持续这样短的时间，以致好奇的人们也毫不犹疑地公开嘲笑巴蒂斯特·波特（Baptista Porta）以及另一些人，这些人可能是受化学家们的某些臆测的愚弄，竟冒昧地建议人们蒸馏萤火虫尾部以得到一种水，并宣称利用这种办法可得到一种可在黑暗中发光的液体。就上述内容我只想再补充一个例子，是关于琥珀的。我们知道，琥珀在仍保持为一种完整的物体时，有着一种电性能，可吸住羽毛，稻草屑以及诸如此类的一些物体。但我从未在琥珀的盐、精、油中见到过这种性能，而且，记得有一次我通过使其分离而成的种种元素重新结合得到了一种物体，但我也未发现它具有此种性能，因为所有这些东西无一具有那种完整的凝结物所具有的那种结构。然而，化学家们却大着胆子从凝结物的那些组成要素之间的这种或那种比例导出这样或那样的性质。而就富含这种或那种组分的同一类凝结物而言，与其说其中的某一凝结物能够起到这样的或那样的一些作用纯粹是因为其中含有或富含这种或那种组分，倒不如说是因为这种组分与其他组分在依照某种独特的方式结合成该凝结物时而形成的那种独特的结构，纵然这种组分占有这样一种比例而非另一种比例或许更有利于形成这样一种物体的形式。正如在一个时钟里，指针之所以能在钟面上运转，钟铃之所以能被敲响，乃至于机械装置里的其他各种运动之所以能够进行，皆并非是因为齿轮是由黄铜或铁，或部分是由黄铜部分是由铁制成的，也并非是因为摆锤是由铅制成的，而是取决于其各个部件的体积、形状、大小以及它们之间的适应性。若在一部相同的时钟装置中替之以用银或铅或木做成的齿轮和用石头或黏土做成的摆锤，也能够起到种种同样的作用。尽管我们并不否认，在制作齿轮时，黄铜和钢较之于铅或木，是较为合适的材料。埃留提利乌斯，为了让你更清楚地看到，一物体之所以可失去一些性质，亦可获得另一些性质（尽管这些性质均被人们认作是它们寄居于其中的那些凝结物的固有属性），常常正是由于该物体的种种微小成分可组成种种不同的结构，而并非总是取决于该物体的那些要素中的任何一种要素的存与失或是增与减的问题。我想就我过去为此目的所作的那些谈话，根据我自己的经验再补充一个重要的例子。亦即，无须采用任何附加剂，而只以各种不同的方式来运用火，就可以使铅丧失其本来的颜色，有时变成灰白色，有时变成淡黄色，有时呈红色，还有时呈紫晶色。然而，在经历这些以及另一些可能的颜色变化之后，又可以使之重新恢复其原有的铅色，成为有光泽的物体。铅虽然是一种软金属，但却可被变得像玻璃一样脆，继之又可以被变成可延展的软金属，如同先前一样。此外，还是关于铅，我在显微镜下发现，它称得上是世界上最不透光的物体之一，然而，它却可被变成一种良好的透明玻璃，此后，又可以使之再次回复到一种不透光的状态，而且，上述所有变化，均是在未附加任何外在物体而仅只以不同的方式将其置于火作用下时发生的。

（卡尼阿德斯说道）在麻烦你不厌其烦地听了如此之久之后，现在该是尽快地给它划一个句号以告慰你的时候了。为了兑现这一诺言，我将从过去我所作过的一切谈话中推出唯一一个命题以作为其必然的结论。（此即是，是否存在着一组具有任何确定数目的元素？ 或者，如你愿意，你可以换成这样一种说法，是否一切复合物都是由具有同一数目的一组元素组分或物质性的要素组成？ 迄今为止这仍然是一个值得怀疑的问题。）

对于从前述的全部谈话中所导出的这一唯一的结论，我不必再补充任何新的论证，而只想点明我过去的论证中的要点，至于细节问题，则请你自己去查看我过去已经表述过的那些东西。

首先，从我们已经谈到的众多的内容来看，我们不难看到，无论是那些平庸的逍遥学派人士，还是那些庸俗化学家们，他们惯常用于证明一切结合物恰恰是由那四种元素或那三种实体要素组成的种种实验,并不能证明他们所要证明的东西。至于亚里士多德主义者们立足于理性而提出的、用于支持他们的假说的另一些普通的理由(化学家们惯常是基于实验来进行论证的),则是他们基于一些不恰当的或靠不住的前提提出来的,因此,任何人都有权而且也不难驳斥这些前提,至于那些人之所以要把这些前提当做是理所当然的东西而加以宣扬,则是因为所有这些前提实际上都像从这些前提中推出的结论一样是无法证明的,而且其中还有些前提显然毫无依据,不堪一击。因此,在这些前提面前,唯有太过于温和的论争者才肯作出让步,唯有榆木脑袋才甘心屈服。

其次,我们可以设想,如果说炼金家们的那两位鼻祖,帕拉塞尔苏斯和赫尔孟特,曾表述过多次的那个断言,亦即用万能溶媒可将一切结合物分解成为除火以外的那些要素,是正确的;那么,我们必须先行决定采用这两种分析方法中的哪一种方法(是采用万能溶媒还是采用火来进行分析)来确定元素的数目。然后我们才能够确定元素有多少种。

与此同时,我们还应该看到,最后,我们可以肯定,物体在万能溶媒作用下分解而成的种种各不相同的物质,在本性上不同于这些物体惯常在火作用下分解而成的那些物质,而且,利用万能溶媒从一些物体得到的物质在数目上可能多于从另一些物体中得到的物质。因为他①曾告诉我们,他能够将各种石类完全变成一种物质,盐,而从一块煤中却得到两种不同的液体。这样看来,我们似乎只好接受火法分析。然而纵然如此,我们也未能发现,一切结合物在火作用下分解而成的元素和要素有着相同的数目,因为一些凝结物能够比另一些凝结物产出更多种类的元素和要素,而且,还因为常有此种或彼种物体,它在一种方式的火作用下所产出的那些各不相同的物质在数目上要多于它在另一种方式的火作用下所产出的那些物质。要是有人能够就像我

① 指赫尔孟特。——译者注。

能够从矾或各种葡萄汁中分出许多各不相同的物质一样，从金或汞或莫斯科玻璃中分出许多各不相同的物质，我或许会满怀感激地倾听他们的教诲，以他们作我的先生。须知，正如一种语言的每一个单词无不是由数目相同的一组字母组成未见得就合乎语言的本性一样，说一切由元素组成的物体都是由数目相同的一组元素复合而成，也未见得合乎我们的这个正因为多姿多彩才显得完美无缺的大千世界的本色。

第六部分

· The Sixth Part ·

所以，不必提我们从未见过火能够从金和另一些物体中分离出任何不同物质，即便是就化学家们借助于火从物体中得到的那些均一的微小成分而言，它们虽有元素之名，但并非是元素而是复合物，而化学家们一向乐于将元素之名冠于它们头上，只不过是因为它们在稠性或其他一些显而易见的性质上似与元素颇为类似而已。

前一文的一个反论性附录

　　卡尼阿德斯在把他觉得有必要提出来用于反驳化学家们惯常用之于支持其三要素说的证据的理由流利地表达完毕之后，停下来看了看大家的反应，看他们是否同意自此时起开始讨论这次聚谈的后续内容。而埃留提利乌斯发现大家都觉得没有任何理由耽误时间，应立即就前述谈话作进一步的探讨，于是对他的朋友说道（其时，卡尼阿德斯也注意到了这种情形），卡尼阿德斯，你已经就元素是否有确定数目的问题表达了你的质疑，真是痛快淋漓。所以，我很想尽早听到你对元素到底是否存在的问题的质疑，鉴于你已看到，我们所剩下的时间大概也够你去考察那个反论的，相信你不会令人失望地拒绝我的这一请求，因为你业已预作铺垫，推出了许多的与此相关的东西，现在你只须将你是怎样使用这些材料以及你从中推出了哪些东西告诉大家了。

　　卡尼阿德斯分辩说他已经连篇累牍地费去了大量时间，因而时间非但不宽松反而很紧，可能不够用，而且说他自己还没有作好充分的准备以维护这个一反常规的见解，但这些表白终归于徒劳，只得同意了埃留提利乌斯的提议。他这样说道，埃留提利乌斯，既然你指定我就这个关于元素的反论作一番即席（*ex tempore*）谈话，（那我就恭敬不如从命了）恕我直言相问，假设赫尔孟特和帕拉塞尔苏斯的那些万能溶媒实验（请恕我采用了这样的指称）是正确的话，我们是否一定得承认那些元素或那三种

◀伊顿公学的一间教室。

基本要素,而不管经验是否对此提供了证明呢？在我看来,这样质疑虽似异想天开,但实际上却不无道理。

一如既往,为避免不必要的麻烦,我并不打算分别同亚里士多德主义者们和化学家们争论,而我之所以要反对后者,是因为他们关于各种元素的学说所以更受现代人的欢迎,只是由于他们自我标榜其学说是以经验为基础的。而且,以公正、宽容的态度对待他们,我允许他们将土和水也当做要素。我愈是这样答应,我的谈话就愈能切中找不出任何可能的理由证明火和气是元素的逍遥学派人士的宗旨,须知,在一些有识之士看来,火比气还更像是一种虚幻的事物,绝非元素,而气则不能作为一种元素参与结合物的构成,它只能寄居于结合物的孔隙之中,换句话说,因为它很轻且具流动性,所以世间一切物体,无论是不是复合物,其全部孔隙,即便是其大小容不下其他任何较大的物质的孔隙,皆充盈着气。

而且,为避免误解,我必须事先声明,我现在所谈的元素,如同那些谈吐最为明确的化学家们所谈的要素,是指某些原始的、简单的物体,或者说是完全没有混杂的物体,它们由于既不能由其他任何物体混成,也不能由它们自身相互混成,所以它们只能是我们所说的完全结合物的组分,它们直接复合成完全结合物,而完全结合物最终也将分解成它们。然而,在所有的那些被说成是元素的物体当中,是否总可以找出一种这样的物体,则是我现在所要怀疑的事情。

我想,你大概猜得出我这样争辩的意思,也想得到我总不至于笨到如此地步,竟然否认土、水、水银和硫这些物体的存在,我是将土和水视为整个世界的一些组成部分,更确切地说,是地球的组成部分,但并非视为一切结合物的组成部分。而且,虽然我不会武断地否认从某种矿物甚至是从某种金属中得到某种可流动的汞或可燃性物质的可能性,但我也绝不至于一退再退,承认在上述情形下得到的可流动的汞或可燃性物质即是元素,这一点,以后我会找机会详细地予以说明的。

如要用短短的一句话来归结我所要谈的全部理由,那我只能这样告诉你,任何一个命题,无论它如何著名,如何重要,只要它尚未为毋庸置疑的证据证明为真,那么,从哲学上讲,我就有充足的理由去怀疑它。如同往常一样,如果我能揭示,人们用于说明元素存在的那些理由并不能令那些勤于思考的人们满意,那我就敢于认为我的怀疑是一种合理的怀疑。

人们想到元素的存在,可能出自于这样的一些考虑,简单地划分一下,不外乎有两类。其一是说,造物主在构成那些被看做是结合物的物体时必须使用元素作为砌块。另一是说,结合物的分解表明造物主早已将元素复合成了结合物。

关于前一类考虑,有两三件事情我必须说明。

首先,我想提请你回到我在不久前对你谈过的那些利用水来进行的关于南瓜、薄荷以及其他植物的生长实验。因为根据这些实验来看,水显然可被嬗变成其他各种元素,从中还可看出,没有必要将化学家们称之为盐、硫或精的那些物质中每一种物质都认为是原始的、不可造的物体。而且,造物主可构成某种植物(纵然植物属完全结合物)而无须用到那些被预先定为她用以构成植物的各种元素。又,如果你肯承认我曾提过的出自于德·罗切斯先生的叙述的真实性,那你就得承认,从水中不仅可以造出植物,而且还可以造出动物和矿物。无论如何,我们有把握作出这样一个结论,我从实验中获得的那些植物,既然在其他的各个方面都与其他的那些同名植物相似,那么,它们一旦腐败,也会像其他的那些类似的植物一样,长出蠕虫或其他虫子;所以,借助于种种不同的活性要素,可将水成功地嬗变成植物和动物。而且,倘若考虑到成人甚至是在吃奶的婴孩,都常常因结石而感到疼痛;再就是有些兽类,也可能因其肾和膀胱中存有大而沉重的结石而备受折磨(尽管赫尔孟特曾据其经验得到了一种相反的看法[①]),这些兽类虽只以草和其他植物为食,但草和其

---

① 赫尔孟特据其对酒石的研究认为,食物不会引起结石症。——译者注。

他植物却恰恰可能是水的演变物，这样看来，即便是某些具矿物特性的凝结物，亦并非绝不可能从水中形成。

鉴于一植物可用普通的水来培养，即意味着该植物可能是由普通的水组成的；我们还可进一步想到，无论是植物还是动物（即便是由某种子成分开始生长的），皆可能是由复合物组成的，因为自然并没有将任何纯元素性的东西赋予植物和动物，由它们去进行复合，借以促进它们生长。显而易见的是，人就是由复合物组成的，因人处于婴孩期时，仅以奶汁为食，后来则靠肉、鱼、酒以及其他的一些完全结合物来维持生命。同样地，羊也是由复合物组成的，譬如在我们英国的某些丘陵和平原地区里，羊都长得很肥，它们除了吃草之外，当然也没有少饮水。就北非猿的情形来看，问题就变得更为清楚了，北非猿以苹果、梨及其他水果的果肉为食，因而体形长得尤为硕大。我们还曾发现，粪汁中富含某种结合盐，因而能促使小麦和其他作物迅速生长，而单单用水则不能达到这种速度。我还曾从一位熟悉这些作物的人那里得知，为了使小麦能够及早生根而在种有小麦的土地上过多地施肥，则常常结出带有粪味的小麦。让我们再看看一种果树嫁接于另一种果树的上半部分主干上的情形。譬如，在山楂树上嫁接梨枝时，液态养料在自下而上的输送过程中会受到根和树皮的作用，或者说会受到这两者的作用，因此，被输送上来的液汁已经历了一些变化，变成了一种新的结合物。事实上亦可能如此，我们发现，不同的树种的液汁具有种种独特的性质，如桦木汁就有着特定的药用价值，赫尔孟特曾极力推荐这种桦木汁，我以为他说得不错，也时常饮用。因此，嫁接于山楂树干上的梨枝，是不能得到其他任何养料的，它能够生长并结出果实，所靠的都只能是由树干所提供的树汁。于是，如考虑到食用植物的动物能从植物中截获很多养料（如上所述），我们就很容易作出这样一个假定，亦即这种以植物为食的动物的血液虽说是一种有着精妙构成的液体并含有种种不同的微粒，但这些微粒所以能构成血液是因为它们都依照某种规定的形式作规整排列，所以，这种血液可能是一种奇异的再复合物，因为其中的许多成分业已经过了再复合作用。于是，即便是就造物主赋予植物和动物之中的一切混合物而言，她在造就她的这些创造物时也无须先在手头准备好一些纯净的元素。

与植物和动物有关的情形，就谈到这里为止，而与矿物甚至是金属有关的情形，我想我大概也可以谈出一些门道来，只是我们如要通过做实验来搞个水落石出，却不像先前那么容易。因为矿物的生长与增殖通常都要经历相当长的时间，况且绝大部分都是在地底深处进行的，我们无法看到，所以，在此我只得用观察代替实验了。

（尽管有些人并不承认）石子不是整块整块地而是逐渐形成的，今天仍有某些石子是这样形成的，有许多例子足可证明这一点，在我看来，最好的例子莫过于法国的那个著名的风景点，古蒂埃尔斯溶洞（Les Caves Goutieres），在那里，人们恰好可以看到，水不断地从溶洞顶部滴落到地面并立即凝成形状如同水滴的细小的石珠，它们逐滴逐滴地或三三两两地落到一起就形成了石子。我们有的朋友还到那里作过仔细察看，并带回一些这样的石头，作了礼物送给我。我还记得，曾为我们忠实地记下了其个人航海经历的范·林索登（Van Linschoten）以及另一位优秀的作者，都曾告诉我们，在位于印度东部的钻石矿区（这是他们对这一地区的称呼），他们在挖掘时还未及很深，就找到并取出了钻石；而且在短短的几年中，他们在同一地点又不断地找到了在那以后出产的一些新的钻石。从这两份记录来看，尤其是根据前者来看，似乎可以认为，自然在造石之时并不一定要依靠若干种元素性的物体。至于金属，则有不少忠实的作者告诉我们，它们并非是在太初一起被造出来的，而是一直都在生长，所以有些以前不是矿物或金属的东西后来变成了矿物或金属。关于这一点，化学专家都不难提出许多证据。然而，他们固然可能有着较高的权威，但我仍宁愿向你转述一些更值得信赖的作者们的见解。［如，喜好探求的法洛皮奥（P. Fallopius）写道］"Sulphuris mineram quæ nutrix est caloris subterranei fabri seu archæi fontium et mineralium，infra terram citissimè renasci testantur historiæ metallicæ. Sunt enim loca è quibus si hoc anno sulphur effossum fuerit；intermissa fossione per quadriennium redeunt fossores et omnia sulphure, ut antea, rursus inveniunt plena. "①而普林尼（Plinly）写道，"In Italiæ insula Ilva, gigni ferri metallum. Strabo multo expressius；effossum ibi metallum semper regenerari. Nam si effossio spatio centum annorum intermittebatur，et iterum illuc revertebantur, fossores reperisse maximam copiam ferri regeneratam. "②对这件秩事，法洛皮奥曾证实说，由于这片岛屿出产铁，因而为当时的佛罗伦萨公爵带来了不少收益；更重要的是，博学的切萨皮诺（Cesalpinus）也曾提到这件事，其说法正与我们的意见相贴近。（他说）"Vena ferri copiosissima est in Italia；ob eam nobilitata Ilva Tyrrheni maris insula incredibili copia etiam nostris temporibus eam gignens：nam terra quæ eruitur, dum vena offoditur tota, procedente tempore in venam convertitur. "③这段话的最后一句非常重要，因为我们可从中得出这样一个结论，土，在潜藏于其中的金属成形要素的长时期的作用下，可变成某种金属。而且，阿格里科拉本人甚至要比将他视为论敌的那些化学家们走得更远。他告诉我们说，在德国的一个名叫萨迦（Saga）的小镇上，他们在田里挖了两英尺深时便掘出了铁；而且他还补充道，10 年

---

① 拉丁文，其大意是，"矿史表明，硫矿石，正如古代工匠所认为的那样，很容易在地热作用下从地下再生出来，并可沿地下矿渠流动。因为有些地方，在当年采出了硫石之后，但隔四年不采，采矿工人们便又可回到原处采矿，因为那里又像先前一样充满了硫石。"——译者注。

② 拉丁文，意为"意大利厄尔巴（Ilva）岛上盛产铁矿。斯特拉波（Strabo）曾明确指出，在那里采走了这种金属矿后，常常能再生出这种矿物，因为在停止采掘 100 年后，矿工们又会在原处发现大量的铁矿。"——译者注。

③ 拉丁文，意为"意大利有很多铁矿，埃特鲁里亚的厄尔巴岛历来即以盛产铁矿而出名，至今那里仍出产大量的铁矿石，因为那块地方的铁矿屡采不尽，挖走了之后又会随着时间的推移而再生。"——译者注。

后他们又在同一挖掘点再次掘出了此期间内生出的铁,正如人们在厄尔巴一样,总能够掘到同样的金属。铅的情形也同样如此,且不提盖仑所记述的那些东西,他甚至认为铅制品如果被长期保存于空气稠密的地窖或货仓里,其体积和重量也都会增大,因为他发现那些可拼成原件的铅片的重量和体积都有所增大。不提这些记述,我的意思是说,我想提曾被某位勤奋的作者引以为据的薄伽丘·塞塔都斯(Boccacius Certaldus)在他谈及铅的生长时曾说过的这样一段话。(他说)"Fessularum mons in Hetruria, Florentiæ civitati imminens, lapides plumbarios habet; qui si excidantur, brevi temporis spatio, novis incrementis instaurantur; ut(annexes my author)tradit Boccacius Certaldus, qui id compertissimum esse scribit. Nihil hoc novi est; sed de eodem Plinius, lib. 34. *Hist. Natur.* cap. 17. dudum prodidit, inquiens, mirum in his solis plumbi metallis, quod derelicta fertilius reviviscunt. In plumbariis secundo lapide ab amberga dictis ad asylum recrementa congesta in cumulos, exposita solibus pluviisque paucis annis, reddunt suum metallum cum fænore."[①](卡尼阿德斯说道)就以上所言,我还可以举出我所掌握的与金和银的增殖有关的许多事例以作补充。鉴于时间的缘故,我只想提到两三人的记述。第一条记述,你们可以查到,它是医学教授吉尔哈德斯(Gerhardus)所作的记录,其内容如下(他说):"In valle Joachimica argentum graminis modo et more è lapidibus mineræ velut è radice excrevisse digiti longitudine, testis est Dr. Schreterus, qui ejusmodi venas aspectu jucundas et admirabiles

---

① 拉丁文,其大意为,"在费苏拉(Fessularum)山与佛罗伦萨城接壤处,Hetruria,盛产铅矿,开采之后,时隔不久又会再生出许多矿石复其旧观;(我的这位作者还补充说)关于这件事,塞塔都斯描述得很明白,但并不能给人以新鲜感,因为普林尼早已在他的《自然史》第37卷第17章中对此作过描述,他说,令人惊奇的是,上述铅矿石中的那些被扔掉的低品矿可通过再生而成富集矿,而且,将矿渣搬到一处堆起来,任其经受日晒雨淋,不数年又会变成矿石,可带来双倍的利润。——译者注。

domi suæ aliis sæpe monstravit et donavit. Item aqua cærulea inventa est Annebergæ, ubi argentum erat adhuc in primo ente, quæ coagulata redacta est in calcem fixi et boni agrenti."[①]

其他两条记述,不是在拉丁文作者那里找到的,然而它们非但就其本身价值而言就非常值得一提,而且也正好适宜在这里谈。

其一见于约翰斯·瓦利尔斯(Johannes Valehius)对 *Kleine Baur* 一书所作的注释中,在那里,这位勤奋的化学家曾多次述及,在距斯特拉斯堡(Strasburg)八英里或者是八里格的一个叫做马里亚克(Mariakirch)的矿区(如果我可以用这个英文词指德文中的 *Bergstat* 一词的话),曾有一位工人来此找当地负责介绍就业的教职人员谋求工作;而后者则告诉他暂时还没有最合适于他的工作可做,不过他告诉他,在替他找到这样的工作之前,他可以先到附近的矿井里干活以免失业,当时,这个矿井并不怎么引人注目。在干了几星期后,这位工人时来运转,他在井道壁上的石块上击打时发现了一道裂缝,(在裂缝之后又有一个洞穴)于是他决定凿开石壁看个究竟,他刚刚凿开石壁,随即发现有一大块石头或者说是块状物直立于裂口正中,看起来像个披甲的战士;然而它却是由纯银组成,上面没有任何矿纹,或者说不含其他任何附属成分,它优哉游哉地立在那里,底下除有着一些像是烧过的东西之外别无他物;而且这团块状物的重量在 1000 马克(Mark)之上,这就是说,按照德式度量制,这块纯银重达 500 磅。照上述内容以及我们的作者所给出的其他细节所述,附近的地下洞窑里的那些高级的金属精(含硫的和含汞的)是在地热作用下沿着许多小裂缝流进那个洞穴,并在这个密闭的石穴里聚集起来。此后,它们又随着时间的流逝逐渐变成了

---

① 拉丁文,意为"在约阿西密卡山谷的一些矿石上长有指头那么长的银簇,就像青草从根上长出来一样,施赖特纳斯博士可为此事作证,他保存着一些这样的矿石,有时他从家里拿出来给人观赏,有时还向别人赠送这种矿石。又,在安尼伯尔格有一种蓝色的水,水中含有细微的银粒,蒸干水分,即可使银凝固析出,成为固定的、高品位的银子。"——译者注。

前面提到过的那种贵金属块状物。

另一德文记述出自于约翰斯·阿格里科拉（Johannes Agricola）[不是乔治·阿格里科拉（Georgius Agricola）]之手，他不仅是一位大旅行家，而且还是一个勤勉的化学家。他在对柏比尔斯（Poppius）所写的一本关于锑的著作进行评注时写道，他在匈牙利（Hungarian）的一些矿区的矿井深处曾发现常有一股股热蒸气升到这些深井里来[他说这种蒸气不是那种被德国人称为瓦斯（Shwadt）的有毒气体，而后者是一种地道的毒气，常常使矿工窒息身亡]，这种蒸气可自行吸附在墙壁上。两天后再去看时，他又发现它们全都被固定下来，而且还闪闪发光。因此他收集了一些，用曲颈瓶进行蒸馏，结果从中得到了一种很精致的精。他还补充说过，那里的矿工曾告诉他，这种蒸气或湿气（英国人也沿用德国人的说法，采用了这种称谓）最终会变成一种金属，非金则银。

这些记述可能会有助于对金属的本性的阐释，有助于对金属的固定性、可延展性以及其他显著特性的阐释，但我在肯定这一点时是基于不同于原作者的理由的理由。在此，我不妨从这些观察中立即导出结论，这就是说，下述断言，亦即每当矿物乃至于金属在地底深处开始生长之时，造物主都必须先在手头准备好用于复合出这些矿物或金属的盐、硫和汞，是不大可能成立的；因为最后两条记述似乎更多的是在支持亚里士多德的见解而非化学家们的见解，前者认为金属可从某些岩石（halitus）或蒸气中生长出来，即便不死抠这一点而就前面提到的那些观察而言，也似乎表明，在矿土或那些金属蒸气（这些蒸气可浸透于矿土中）中确实很有可能含有某些活性成分或某些可起到同样效用的东西。在这些活性成分的塑造下，周围的物质纵属土质且为数甚巨，也可以在一段时间里被塑造成此种或彼种金属矿。如同净水在薄荷、南瓜以及其他植物的活性要素的作用下被造成对应于这些种子的植物（正如我以前所述）。从那些提取硝的工人们的具体实践来看，也无疑表明土质物质发生这种转变绝非绝无可能之事，那些工人都一致认为，无论是在英国还是在其他国家，含有硝石的土虽经水浸润而被提走了其中所有真正的、可溶解的盐分，但再过些年后却又可从中产出硝石。因此他们之中有些较为出色而老练的人物将处理过的土又堆起来作为提取硝的永久性的矿土。所以，这可能表明，潜藏于这种土中的、相应于硝石的活性要素能够逐渐将其周围的物质转变成一种含硝的物体。无论如何，我并不认为这种土能够（犹如他们所说）从空气中吸收某种挥发性的硝。要说这些土堆最靠里面的那些与空气相隔的部分是从空气中获取它们后来所含的全部的硝成分也太不可能了，这样讲并不仅仅是基于它们接触不到空气的原因，还有其他理由，只是我现在没有时间来谈这些理由了。

我记得有位很讲信誉且熟悉制矾工艺的人曾对我讲过，他曾注意到一种隔风隔雨存于室内的含有矾盐的矿物（矾矿通常都是这样存放的）可在不太长的时间里自行转变成矾盐，非但其外部或表面会发生转变，就连其内部和核心部分也同样如此。

我还记得，我曾见过这样一种白铁矿，如将其成批成批地埋于地下，则它们可在短短的几小时内自行开始转变，成为矾盐，这个实验是在我的寓所里做的，因此，我们没有必要怀疑刚才转述的事情的真实性。回到我们所谈的硝石。既然造物主可从一几乎没有气味的土中造出硝石，而硝石虽可在火作用下分解成一种非常难闻的、刺激性的酸液和一种强烈的含碱盐，但这种能够孕育出硝石的土看起来并非是由这两种物质复合而成的。那么，我们便没有必要认为，造物主必须用先在的盐、硫、汞来构成一切金属和其他矿物，纵然利用火有可能从金属和矿物中得到盐、硫、汞这些物体。在我们现在的争论中，对于像这样的一种颇有分量的见解应给予充分的考虑，而两位德国化学家所记述的事情本身也并不与此矛盾，因为矿物之中的热作用极为和缓、有限，要说这种程度的热能够将盐、硫、汞即便是雾形式的盐、硫、汞带到这样高的高度毕竟不大可能，对此也很难给出有力的证明。而我们倒是在蒸馏中发现，盐且不说，即便是就汞而言，如要在密闭容器中将其升到一英尺高的高度也需要施以相当强的热度。如果有人反对说，雷电劈击过后常可闻到一股焦臭味，因此，这似乎表明含硫蒸气无须超强的热度也可以升得很高。对此，我可以这样答复，这就是，银的硫虽然不大像金的硫那样完全消融于其整体之中，但相对于其他物体而言，化学家们还是将其认做是一种固定的硫。

我想我已经就金属起源的问题向你提供了某些线索（卡尼阿德斯继续说道），否则，我从这些观察出发而作的任何推论都算是白忙一场了；但你也不必要求我在争论中一定要做到正确无误，要我从这些观察中推出无可争议的结论，因为就造物主是用哪些组分复合出金属和矿物的问题而论，我的论敌们亦即亚里士多德主义者们和庸俗化学家们恐怕并不会比我懂得更多的先验知识。须知，他们用以证明上述物体是由盐、硫、汞三要素组成的证据是取之于后验的东西；也就是说，他们的证据是在于矿物在分析中分解成了刚提到过的那几种不同的物质。因此，我们应对他们的这一证据进行审察，就让我们看看基于物体受火作用而分解可提出哪些有利于元素说的东西。你应该记得，这是我以前在向你论证我的论敌们所提出的种种证据都是片面的时所谈过的第二个要点。

还是先谈谈论及矿物时不可不谈的那些东西，亦即从考虑火怎样分解矿物开始谈起。

第一点，我在此之前已曾有所述及，虽然化学家们宣称他们从某些物体中提取了盐，从另一些中得到了汞，又从另一些中得到了硫；但他们却从未告诉我们运用其中的何种方法能够从一切种类的矿物中毫无例外地分离出任何一种要素，无论是盐，还是硫或汞。因此，应该允许我作出这样一个结论，在这些元素中，没有哪种可作为一切物体的某种普适组分，倒是有些元素并不能成其为这样一种组分。

第二点，如果说从各种种类的矿物中均可得到硫或者是汞，那么,这种硫或汞也不过只是某种复合物,绝非元素性的物体,这一点,我业已在其他场合对你说过。毫无疑问,就水银而论,无论是普通的,还是从矿物中提取的,任何一个曾对与水银有关的那些奇妙的操作加以留心的人都不至于粗心地认为,水银与存在于植物和动物之中的、化学家们一直喜欢称之为植物和动物的汞的那种无定形的、可挥发的物质具有完全相同的性质。所以,当我们借助于火从某种金属或矿物中得到了汞时,我们即便不能假定这种汞是因火作用于凝结物而产生的,因而它并非先在地存在于其中,那我们至少也可以假定这种水银本身就是一种完整的物体,有着自己的种类(纵然其异质化程度或许低于大多数第二结合物),且可与其他用以构成金属或矿物的物质通过微小组分而发生混合和凝结。譬如,在天然朱砂中,水银和硫彼此已极为匀致地混在一起,而在其他品种的含水银和硫的矿物质(不管是哪一种)中,这两者均构成了一种完全不同于它们本身的红色物体,从这种红色物体中又可轻易地得到一部分水银和一部分硫。又如,在造物主将银和铅极为细致地相混而构成的那些矿物中,要将银与铅分开虽然很困难,但亦并非是不可能的;再就是在天然矾盐中,虽然金属微粒与含盐微粒之间的结合极为紧密,以致我们可将整个凝结物看做是盐,但凭借技巧和工艺还是可以将它们分开的。

在此,我想进一步指出,我从未发现从金或银(暂时不列上其他金属)中能够分离出我们通常所说的那种土或水,因此,我可以给出以下结论以反驳我的论敌们的论点,这就是,土和水这两者绝非所有的那些被当做是完全结合物的物体所共有的组分,这一点,但愿你能够时时铭记。

当然,有人可能会反对说,我们从金或银中何以分不出任何水汽的原因是在于,当金或银在搅拌下熔化时,必须用剧烈的火力才能使其熔化,正是这种强火赶走了其中可以挥发的全部水汽;而且这种强火还可以在玻璃物质中起到同样的作用。对此我将作以下答复,记得我在不久前曾读到过博学的约瑟夫·阿科斯塔（Josephus Acosta）根据他自己的观察而作的下述记述：（他说）在美洲（他曾在那里长期居住）出产一种银，印第安人叫做 *papas*，而且他们时常发现银块底部周围有着一些极为精纯的小型块状物，这种情形常见于金，但却罕见于银；他还告诉我们说，他们在上述银块上除发现长有那些小型块状物之外，还发现了一些他们称之为金瘤的东西，这种金瘤体型虽很小，但他们发现整个金瘤都不含任何其他金属杂质，因而无须用火来进行熔化或精炼。

我记得有一位技艺很高亦很讲信誉的人曾告诉我，当他在匈牙利的一些矿区生活时，他曾有幸见到当地出产的一种矿物质，其上生有一些金块，长度、大小差不多有手指那么大，这些金块也一直长在那块矿石之上，就像树干和树枝一直长在树上一样。

我自己也曾见过一块白色的矿石，这块矿石被一位见多识广的王子当成是罕有之物，在这块看似某种晶石的矿石上到处都长有一颗颗纯金粒（对此我深信不疑，因为实验表明它们是纯金），其中有一些看起来有豌豆那么大。

阿科斯塔的关于那些小块小块的天然纯金的描述，固然很值得重视，但这比之于他后来的那些补述则可谓是微不足道的了，我们最近曾听他提起，他时常见到一些重达数磅的天然纯金块。对此我要补充的是，我自己曾见过一块矿物，是在不久以前出土的，在这块矿物的石质部分就像树一样地长有一些金属团块，虽然这些团块不是金而是另一种金属（这可能会使矿物学家感到大惑不解），但这种金属似乎非常纯或者说其中未混有任何异质杂质，而且其中有不少块团有手指那么大，倘若说不会比手指更大的话。至此，即便你们允许，我也绝不能在这类观察上唠唠叨叨地拖下去了。

因此，（卡尼阿德斯说道）我们转过来谈谈关于植物分析的一些考虑，虽然我的实验并没有给我以任何理由怀疑利用火可从绝大多数植物中得到五种不同的物质，但在我看来，要证明这

些物质在我们前面所阐释的元素意义上值得称为元素却绝不是
那么容易的事。

在开始探讨具体问题之前,我想重申以下主要见解兼前提,
亦即,这些被称为元素或要素的、各不相同的物质之间的差别不
同于金属、植物和动物之间的那种差别,或者说不同于在各种种
子作用下产生的、具有独特的增殖能力的、宇宙间的种种创造物
之间的那种差别。这些创造物虽形形色色,但都不外乎是物质
或质料的组合物而已,只是在坚固性(譬如流动的汞以及金属汞
受铅蒸气作用即行凝固的性质)以及为数极少的其他性质诸如
味道、气味、可燃性或缺性上存在着差异。所以,在既可促使物
体的微小组分分离、此后又可以以某种新的方式来连接它们的
火和具有这种功能的其他作用剂作用下有可能引起它们在机构
上的变化,因此,同一团质料既可获得、也可失去那些足以令人
们将其命名为盐或硫或土的性质。倘若要我将我对上述问题的
认识对你和盘托出,就免不了要对你谈起我对于那些地道的有
形事物的要素所作的一些推测(我现在还只能把这些东西当做
是推测)。尽管有不少认识我的人(或许,埃留提利乌斯也是其
中之一),鉴于我不满意那些庸俗的学说,无论是逍遥学派的,还
是帕拉塞尔苏斯学派的,便认为我恪守着伊壁鸠鲁的假说(就像
另一些人误以为我是一个赫尔孟特主义者一样),然而,如果你
知道我对于那些信奉伊壁鸠鲁学说的作者一直是这样地缺乏了
解,而且对于伊壁鸠鲁的绝大部分著作也从未有好奇心去读,那
么你就会因此而改变原有的看法;更何况我将会在你面前摆出
我以前对物体的要素的某些看法,你一听便知分晓,尽管这还不
是我现在的见解。然而,如上所述,要一一阐明我对物体的要素
的全部看法需作一番长谈,为时间所不允。

这样讲是因为,我将会告诉你,如果我们认为世界这团宏大
的物体与它当初被创造出来时没有什么区别,那么,基于现在的
这个世界是一个有结构的世界,我们就必须在那些被指定给事
物的要素之外再增加点什么,而我一向都在想,这样做或许并无

不适之处,至于这种东西,我们不妨十分方便地将其叫做某种建构要素或动因。我是以此来表示事物的最最明智的创造者对于普遍质料微小部分之运动的、形形色色的决定作用和那种灵巧的引导作用,这种建构要素或动因对于世界从太初时的一片混沌变成了这个有秩序的、美丽的世界来说,尤其是对于动植物类的物体以及那些具增殖能力的各种事物的种子的构造来说,都是必不可少的。坦白地说,我完全不能想象,从质料出发,仅仅令其运动而再不去管它,怎么能够出现像人体和完善的动物体这样巧妙的构造物?又怎么能够出现像生物的种子那样构造更为巧妙的物质系统?

我还会告诉你,我是在何种背景下并且是在何种意义上料想这个世界的全部要素按其现在的样子来说有以下三个;亦即质料、运动和静止。我之所以要说,按世界现在的样子来说,是因为这个宇宙的现行结构,尤其是事物的种子以及事物既定的发展趋势是我们讨论问题的必要条件和前提,在此基础上才可能以我们的三要素来理解多种多样的事物,否则,要阐明这些事物,纵有此可能,也十分困难。

此外,我会概括地说明(因为我并不想吹嘘说自己能够详细地论述此问题)我为何从智力角度设想颜色、气味、味道、流动性、坚固性以及其他的一些可赖以对不同的物质进行区分和命名的性质可由这三种要素导出。同时说明在伊壁鸠鲁的三要素中(用不着我说你也知道,这三个要素是大小、形状和重量)竟有两个本身即是从质料和运动中导出的。因为运动在以各种各样的方式对质料起着扰乱作用,甚至还起着分散作用,从而必然在质料的各个部分之间引起分离;而这些相互分离的部分每一个都必然获得某种大小,而且还总会具有某种形状。至于亚里士多德的缺性(*privation*),我也不打算列入我们的要素之中,这一方面是因为缺性只是一个前提或 *terminus à quo*,[①]并非是一种

---

① 拉丁文,系指"出发点"。——译者注。

真正的要素，就像赛马起跑桩（the starting-post）绝不是什么马腿一样；另一方面则是出于其他的一些原因，我现在实难停下来谈这些原因。

我还会解释我为何、如何将静止列为事物的一个要素，尽管它作为事物的一种要素不像运动那样重要；这一方面是因为静止作为一种要素至少可说是古来有之，它既不取决于运动，也不取决于物质的任何其他特性；另一方面是因为，静止可使处于静止的物体继续处于静止状态，直到受外力作用而改变这种静止状态，而且，静止还可使静止物体在遇有物体撞击时能减缓撞击体的运动或是促其完全停止运动（同时前者接受了后者的运动的一部分或是全部），从而促使后者发生了某些变化，换句话说，这些变化是来自于静止对运动亦即对造物主用以创造出这个世界中现存的一切变化和性质的、主要的而且是首要的工具的某种转换或修正作用。

在谈了这么多之后，我还会向你解释，虽然在我看来质料、运动和静止是这个世界的普遍要素，但我又何以认为可将有形物体的要素减至两个也并无不适，这两个要素亦即质料与一些特性之总和或集合或总汇（以此概括另外两个要素及其效应），这些特性包括动或静（因为有些物体很难说是在运动，也很难说是静止的）、大小、形状、构造以及一切取决于微小组分的性质，它们是物体得以命名的依据，得助于这些性质，我们才能说物质属于这一类或那一类，并判明一物体与其他物体之间的区别进而将此物体说成是某种特定的事物（譬如，集黄色性质、固定性、一定的重量和可延展性于一身的一团质料，即被当做是贵金属的一种，并被冠之以黄金之名），如你愿意的话，你也可以采用结构（*structure*），或构造（texture）（尽管这样做对于我们理解物体特别是流体的组成部分的运动来说会带来不便），或是其他更直观的称谓来指称上述性质集合或总和。你如要在保留这一不规范的术语的同时，又将其称为事物的形式（*forme*），说事物的名称乃随其形式而定，那么，假若这个词被解释成我所说的那种意思,而非经院学派所说的实体形式(*substantial forme*)的话,我就不会加以反对,而实体形式一词对于许多明智的人们来说是完全不可理解的。

但是,(卡尼阿德斯说道)如果你还记得,是一个怀疑家在对你谈话,而且我现在的任务也绝非是要像提出怀疑那样来作出断言,那么,我希望你把我所提出的那些东西看成是一种对我过去所作的关于事物的要素的推测的叙述,而不要看成是对我现在对这些要素的看法的一种绝对的断言。尤其要注意的是,这些谈话无疑存在着许多破绽,或许你会认为,我本可不必这样将它提出来而不给出理由和解释,从而使它们显得不那么放肆。但我实在没有时间对你提出那些可提出来用作阐明和支持这些概念的证据;而我现在对你谈起这些东西的用意如下,一是要就我的谈话线索与思路对你作一下说明;一是想对你表明,我不仅没有(像你所怀疑的那样)——采纳伊壁鸠鲁的那些要素,而且在某些重要问题上也不同意他的见解,就像我在另一些问题上不同意亚里士多德和化学家们的见解一样。更重要的是,我还想对你表明我所以要在下述问题上对赫尔孟特也持有异议的理由,他把一切事物,甚至连同各种疾病都归结为那些特定的种子的作用结果;而在我看来,除了植物和动物(或许还包括某些金属和矿物)所具有的特殊结构是在活性要素作用下形成的之外,自然里还存在着许多其他事物,它们虽各不相同,且可冠之以不同的名称,但却不过是由相同的质料以不同的构造构成的,而这些构造无涉于那些特定的种子,是在热、冷、人工混合和组合以及造物主凭其一贯的意愿而加以运用的、而人类则时常在按照自己的意图来改变质料的形式时凭其能力和技艺而加以运用的另一些作用物的作用下形成的。这一点,无论是在天然产物中还是在人工产物中都可以找到例证。有关天然产物的例证我可以举出许多来;但为了揭示在没有添加新组分的前提下,构造若稍有变化,就可能会导致种种名称各异的事物,并使它们看起来就像是不同的事物。

　　我想邀你伴我一同去观察云、雨、冰雹、雪、霜以及冰，它们都无非是水而已，只是其微小部分在大小以及距离上各有不同，在运动和静止的问题上各有差异。而在人工产物中，我们不妨（略过酒石的种种晶体）留心一下玻璃、星锑以及铅糖，尤其值得注意的是铅糖，它虽是由铅这种没有味道的金属和醋中的酸味成分组成的，但却有着比通常的糖还要甜的甜味，以及其他的一些在它的两种组分中都无法找到的性质，所以，铅糖被公认为一种凝结构，因为它有着自己的构造。

　　以上述思考结论为前提，我想，要说服你相信火既可以在一团质料中引起某些新的构造，也可以破坏其旧的构造，可能要容易一些。

　　因此，我希望你还没有忘记我先前用以反驳三要素说的那些理由。亦即，虽然火看似可将植物和动物分解成盐、硫、汞，但这些盐、硫、汞仍然是一些复合物，并不是简单的、元素性的物质，而且（正如南瓜实验所揭示的那样）这三种要素皆可用水造出。再说一遍，但愿你记得这些东西以及我以前基于同样的目的而表述的其他事情，在此，我只想补充一点，亦即，如果我们不怀疑赫尔孟特在此方面的叙述的真实性，那么，我们便不难想到，在这位化学家对此类凝结物施行分解而得到的第一批异质物质当中，没有哪一种是原凝结物所固有的（我并不认为，这些异质物质是先在地存在着的，而后又聚在一起组成了植物或动物）。须知，由此类凝结物得到的那种不可燃的精，在此是不值一提的，因为赫尔孟特说这种精只不过是黏液和盐的一种混合物而已；而植物或动物的油（或称硫）按照他的说法可借助于浸滤所得的盐而被变成肥皂，这种肥皂用白垩的某种残渣进行反复蒸馏即变成无味的水。至于那些似可从某些结合物中分离出来的盐物质，赫尔孟特的那些实验也同样给我们以理由认为，这种物质可能是火作用的产物，通过调动或改变这种物质的微粒，火能够给它带来某种盐性质。

　　譬如，我知道一种方法（他说他在前面曾出于另一种目的提到过这种方法），这种方法可将一切石头转变成纯粹的盐而不产生任何微量的硫或汞，且可使盐的重量等同于用以产生这种盐的石头的重量。在此问题上，倘若我敢于对你讲出我所能讲出的一切，你就可能不会对原作者的上述断言产生丝毫怀疑。顺便提一下，你也可以从中得到结论说，化学家们通常利用火从复合物中得到的那些被他们称为硫和汞的东西，在许多情形下都很可能是火的作用产物。因为你如果利用赫尔孟特所利用的那些作用剂对一组相同的物体作过分析的话，就会发现它们既不产生硫也不产生汞。至于说这些物体在火作用下以含硫物体和含汞物体的形式对我们给出的那些成分，在按照赫尔孟特的方法来进行分析时，也都是以盐的形式出现在我们的眼前的。

但是（埃留提利乌斯说道），虽然你已对这三种要素提出了一些相当有说服力的反对理由，但我仍不明白你如何能够避免承认，土和水纵不是矿物凝结物的基本组分，但却是一切动物和植物的基本组分。因为你无论把哪一种动植物送去蒸馏，都必然从中分离到了一种黏液或水成分和一种残渣或土。

我愿意承认（卡尼阿德斯答道），要否认水和土（尤其是前者）是结合物的元素，绝不像要否认盐、硫、汞三要素那样容易，然而，未必每一件困难的事情都是不可能的事情。

我认为，就水而论，其最主要的性质，亦即相当于人们在给任何一种有形物质命名时所依据的那些性质的性质，在于它是可流动的或液态的，在于它是没有味道和气味的。说到这些味觉性质，我想，在那些经分离得到的、化学家们称之为黏液的物质当中，你从未见到过哪一种黏液是完全没有味道和气味的。倘若你提出异议说，鉴于黏液是可以流动的，因而有理由设想这种物体是元素水，而不是什么别的东西，只是其中混有微量的、来自同一凝结物的盐成分或硫成分而已，而这些成分是在我们将水与种种其他成分分开时被夹杂在水中的。对此，我会答道，化学家若能把握流动性和坚实性的实质的话，就不会认为上述看似有理的反对意见真的那么有说服力了。正如我曾在前面谈到过的那样，要使一物体获得流动性，只须将其离解成一些足够小的部分，并促使这些部分处于某种相互运动之中亦即使它们可以以各种方式沿彼此的表面滑动即可，而无须再做其他任何事情。所以，纵是一种非常干燥、不含水或其他液体的凝结物，也可以在火或其他作用剂的作用下发生上述分解，以致其大部分成分被转变成液体。关于这类事实，我可以给出一个例子，而这个例子曾被现在在场的一位朋友当做他自己的一个最有助于说明盐的本性的实验而加以运用。取海盐在火作用下熔化以赶走其中的水分，然后你再于强火下用烧焦了的黏土或其他东西诸如你随意取来的某种经过干燥处理的残渣对其进行干馏，就可以促使很大一部分盐呈现出液体形式，这就是说，你向化学家们演示了盐变成液体的过程，不由得他们不信。这种液体有很大一部分仍然是真正的海盐，它们在火的作用下成为微粒，这些微粒极其微小，且具有适当的形状，因而易于呈现出液体的形式。为了让某些心智敏慧的人们满意，这位朋友还曾当着我的面将适量的尿精（或者是尿盐或尿的黏液）注入这种盐中，蒸去其中的多余成分亦即潮气之后，便得到了另一种凝结物，其味道、气味以及易升华性都类似于通常的硇砂，你应知硇砂可由未经精制的粗海盐与尿盐或尿精结合而成，而尿盐或尿精则是两种极为类似的物质。为了进一步揭示海盐的微粒和尿中所含的盐微粒在此凝结物中仍保持着它们的若干性质，他将这种凝结物与适量的酒石盐混合，然后进行蒸馏，旋即又可得到先前所用的那种液态的尿精，而海盐则被留在酒石盐中。因此，确实存在着这样一种可能，亦即干的物体在火作用下可能变成液体而不分离成元素，这就是说，这种物体只是以某种特定的方式发生离解和碎化，从而促使其成分变到一个新的状态。倘若还有人仍要提出异议说，即使结合物的黏液有某种微弱的味道，我们也只能将这种黏液认为是水，因为这样一种微弱的味道可由黏液中所含有的微乎其微的盐分引起。对此我可以作以下答复，就食盐和若干种其他物体而言，它们每一种即使是在我们彻底蒸馏掉了其中的潮气之后仍能于密闭的容器之中产出颇有分量的某种液体，在这种液体中虽然存有大量的盐微粒（如前所述），然而除此之外也存有大量的黏液，加入适当的物体使盐微粒与之凝结即可得到这些黏液。譬如，我刚才曾告诉你，我们的朋友就是用尿精来促使食盐的精成分发生凝结的，而且，我也曾从矾油（尽管它是从一种含盐物体中提取出来的一种相当重的液体）中数次分离出了一种盐，所用的办法就是在其中加入适量汞然后使之处于沸腾状态，最后对所得的沉淀进行水洗，得到新凝结成的盐。关键的问题在于如何看待我们在蒸馏上述物体时所得到的大量的含水物质，我以为，充其量我们只能认为，由于火对于凝结物中的物料可起到多种作用，而上述物料的一些微粒在这些作用之下会变到这样一种形状和大小，这种形状和大小恰恰适于构成这样一种液体，而这种液体，化学家们通常称为黏液或水。至于我是如何猜测可能发生上述变化的问题，则没有必要再谈，而且现在也不宜花相当长的时间去谈这个问题。但是，我希望你能和我一道回忆起我以前所告诉你的那些关于水银变成水的实验。可以说这种由水银变成的水的味道很淡，并不比化学家们称之为黏液的那些液体的味道更浓，这就是说，这一实验似乎表明，即便是某种金属物体，在火的作用下也有很大一部分会变成水，至于植物和动物，则更不用说了。然而，在我与之进行争论的那些人中，谁也无法从金、银或若干种其他凝结物中分出任何类似于水的物质。鉴于此，我希望你们允许我在此给出一个与他们的结论恰恰相反的结论，亦即，水本身并不是结合物普遍的、先在的组分。

然而，那些和我一起假定赫尔孟特对于其万能溶媒的奇妙功效的描述正确无误的化学家们，倒是有资格以赫尔孟特对这些功效的权威性的描述来压我，他们可以说赫尔孟特能够将一切被说成是结合物的物体嬗变成没有味道的纯水。对此，我将提出，赫尔孟特的断言恰恰对那些庸俗化学家们的主张构成了强有力的驳斥（因此，我过去曾毫无犹疑地引用这些断言以反驳

那些庸俗化学家们），因为这些断言是要表明通常所说的事物的
要素或组分并不是恒久不变的和不可破坏的，表明它们可以被
进一步还原成完全不同于它们自身的、没有味道的黏液；但在我
们得以对这种液体作出考察之前，我认为还是应以怀疑的态度
来对待它是否与纯水没有任何不同的问题。因为我发现赫尔孟
特说这种黏液是纯水的根据在于这种黏液没有味道，除此之外，
他并未给出任何其他理由。鉴于味觉是物质的一种涉及我们的
舌头、腭以及其他味觉器官的特性或属性，可以认为，倘若一物
体的微小部分有着这样的一种大小和形状，或是太小，或是太
细，或是外形不当，因而就不能刺激味觉器官的神经或网膜组织
以给人以某种感觉，而另一些不同于水的物体则可能适于以种
种不同的方式作用于味觉器官，使人感觉到某些味道，这说明味
觉性质远远谈不上是物质的某种基本性质。就染成了红色或任
何其他颜色的丝线而论，当许多股丝线织成锦缎之后，其颜色就
十分醒目，然而如只取很少的几根来看的话，颜色就显得很淡。
如果你只取出一根丝线的话，就连颜色也分不清，所以极为纤细
的物体不能给视觉神经造成足够的刺激以引起人的感觉。我们
还曾发现，那种最好的橄榄油也几乎没有味道，至于这种天然油
与水之间有多大的差别，不说你也知道。而我曾对你谈过，据陆
里的记载，他曾见到汞被嬗变成某种液体，如果说这种液体有味
道的话，通常也很淡；可是，这种液体即便是对于矿物也可以起
到一些非常特殊的作用。水银也是如此，虽然构成水银的微粒
很小，可以渗入那些最紧密、最密实的物体诸如金的孔穴之中，
但（你也知道）它本身却完全没有味道。而且，我们的赫尔孟特
也曾数次告诉我们，清水在混进了少量的水银之后虽然察觉不
出它有着任何味道或来自水银的其他可感觉的性质，但它却有
能力杀死人体中的蛔虫，可见他常常赞美这种药物不是没有道
理的。我还记得，有一位因其貌美而闻名于宫廷的贵妇人曾对
我承认，在她曾见过的所有美容品中，这种没有味道的液体是最
好的。

　　至此，我一直在谈论那些水或那些液体，请允许我将这些谈话归结为以下两点考虑：第一点，由于我们惯常饮用酒、啤酒、果酒或其他烈性饮料，致使我们通常将那些液体中的数种液体当成是没有味道的黏液，而未能注意到（和未曾察觉出）它们各自独特的味道。无须借重自然主义者们关于猿的断言，他们说猿的味觉要比人的味觉敏锐（要说其他几种动物倒是有这种可能），即便是在人中间，也有些只习惯饮水的人（我就曾这样训练自己）亦能极为敏锐地识别出不同的水在味道上的某种显著差别，而这几种水在一个不习惯饮水的人品尝之下全都是一个样，都没有味道。以上就是我的两点考虑中的第一点。而另一点是，一物体在火作用下分解而成的那些微粒，同样亦可能在火作用下发生形状变化，或者说它们可以通过彼此联结而成为具有某种特殊大小和形状因而不适于给舌头造成可感觉得到的刺激的微小物团。请随我一同考虑下列事实，你就不会认为上述变化是不可能的了，非但酸味的醋精在尽可能多地溶进珊瑚之后，会与之发生凝结而成为一种虽可像盐一样溶于水但尝起来绝不像醋那样酸的物质；而且（更重要的是）在制备普通的升汞的过程中，虽然那些含有水银的酸味盐也有很强的酸味，以致其吸水潮解后甚至能腐蚀某些金属；但这种升汞与没有味道的纯水银经过两三次升华之后，则形成了（你所知道的）那种人工凝结物，而化学家们将其称为甘汞（*mercurius dulcis*）。说它是甘汞，不是说它是甜的，而是因为升汞在与汞微粒结合之后丧失了其原有的酸性，以致由此制得的整个混合物被判定为没有味道的物体。

　　于是，（卡尼阿德斯继续说道）鉴于我已对你给出了我为何拒绝承认水元素是结合物的一个不变组分的理由，我想，再要对你给出我为何还要否认土的理由，也就容易了。

　　首先，我怀疑化学家将许多物质列在土的名目之下，是因为它们像土一样，又干又重，而且是固定的，但这些性质都远远谈不上是基本的性质。如果你还记得我以前关于化学家们所说的物体的固定土、尤其是关于从矾盐的残渣中提取出铜的谈话。又，如果你允许我补述由约翰斯·阿格里科拉所做的关于硫石的贱土的一个非正式但很有价值的实验，你就不会认为上述质疑有什么不妥的地方。我们的这位作者（在他对柏比尔斯的著作所作的注释中）告诉我们，1621 年，他在用硫石制备硫油时，曾将剩下的渣滓回炉用中等强度的火灼烧 14 天；此后他将其密封于一个风炉之中，再用强火加热 6 小时，他原打算将这种渣滓烧成纯白色，结果却从中制得某种不同于这种渣滓的物质。当他打破炉封，他发现这种渣滓已所剩无几，而且呈灰色而非白色；但在这种渣滓之下却出现了一层纯红色金属，当时，这令他大吃一惊，他不知道这种金属是由什么东西造成的，因为可以确信，由于硫石在燃烧前只是用亚麻油进行过溶解处理，故除了硫石的渣滓之外，再不会有其他任何东西能进入炉封，他发现这种金属像铅一样重且可以延展；他请来金工，果然发现这种金属能够制成金属丝，于是他确认这种金属是由精铜构成，这块铜颜色极佳，因此被布拉格的一位犹太人高价收购。他还说过，他是从一磅重的灰或残渣中制得这块重 12 洛特（*loth*）（即六盎司）的铜块的。这个故事或许会促使我们猜想，既然这种残渣在火作用下保持了那么长的时间之后才发现它变成了不同于贱土的其他物体，那么，还有一些惯常被当成是物体的土质残渣的、经蒸馏或煅烧而得到的、而且一旦蒸馏或煅烧结束就被抛弃的物渣，如置于火下经受长时间的煅烧之后，也有可能变成不同于元素土的东西。我曾注意到，庸俗化学家们对于宣布某些物体为无用的渣滓总是怀有某种莫名其妙的冲动，譬如，他们那样频繁地把铜绿的残渣丢掉，而这种东西却绝不是什么名副其实的残渣，它们可以在强火和适当的添加物的作用下在几个小时之内变成铜，而我也曾常常用一种助熔粉来再生那种金属，在两三分钟之内便从中得到了铜。对此，我要补充的是，我曾出于某种实验上的考虑，将威尼斯云母置于足以熔化玻璃的热作用之下，在灼烧完毕之后，我发现它能够耐受这种高温，而保留下来的物体变得较脆且有些褪色，但大小仍与以前差不多，而且看上去它像是云母而不像是纯粹的土。我还记得，一天，有一位为人诚实、因精于冶矿技艺而闻名的矿物学家请求我替他去找一位收藏家弄取一种美洲矿土，因为他认为这位收藏家是不会拒绝我的。我问他为何非要弄到这种矿土不可，他坦诚地告诉我，这位绅士曾将这种土带给一些公认的名家，但他们想尽办法也无法使其熔化或升华。他（叙述者）也曾弄了一点这种土；后来当他用一种特殊的助熔剂使其熔化时，竟从中分离出了金，约有原重的 1/3。所以，匆忙地断定某些物质是毫无用处的土可能会铸成大错。

其次，可以设想，正如物体在火作用下发生分解时，某些分解出来的成分可由于受到热作用而以种种不同的方式发生极为紧密的结合，以致形成一些相当重因而难以为火所驱动的微粒。这些微粒的聚集物通常被人称为灰或土；而另一些试剂也可以另外的一些不同的方式将凝结物分解成一些微小成分而不产生任何残渣或者说是干而重的物体。譬如，你或许记得，赫尔孟特就曾告诉我们，他曾用他那种奇妙的溶媒将一块煤分解成重量与那块煤的重量相等的两种液态的、挥发性的物体，而不留下任何干的或固定的残余物质。

我确实看不出有什么理由非要说一切可将物体分成一些具有不同性质的物质成分的作用剂，都必须以同一种方式来对物体发生作用，还必须恰好将它们分成物体在火作用下所分解成的那些成分，使得这两组成分无论是在性质上还是在数目上都完全相同。须知，物体的微小成分的大小、形状以及它们的运动适性和不适性，也像某些化学元素一样，可以使得由这些微粒所构成的液体或其他物质之间出现千差万别。何以见得在用机械工具对物体进行较粗糙的分割时常可见到的那种现象在上述情形下就不可能发生呢？我们知道，用某些工具可将木头分成具有各种形状、大小和其他性质的一些部分。有些较长较窄，诸如木刺；还有些较厚较不平整，诸如木片；但这些都还看得到一定的大小；用锉类和锯类工具可将木头弄成粉末；这种粉末就像其他一切粉尘一样,是一种较密实的部分;而用另一些工具则可将木头分成一些长而宽、薄而软的部分,譬如刨子将木刨成刨花。随着所用工具的不同也会在这类产物之间导致各种不同,譬如刨子刨出的刨花在某些方面就不同于镗具所镗出的那些薄而软的薄木片,而这些刨花和薄木片又不同于用其他工具所得到的那些东西。我已在别处对你谈过一些适于说明这种意图的化学例子。在此我想作下述补充。就由硫和酒石盐熔化、结合而成的混合物而言,以纯酒精浸润之,其作用是将含硫成分与含碱成分分开,因为纯酒精可以溶解硫而留下含碱物质。而酒对于这种混合物的作用则在于将此混合物离解成一些由结合在一起的含碱成分和含硫成分所构成的微粒。倘若有人反对说,这不过是一种人工凝结物而已,我将答道,无论如何,这个例子即便不能证明也会有助于阐明我所提出的那些见解,况且我们从矾、朱砂乃至于硫黄的存在中不难察知,造物主她也在地底深处制造着一些再复合物。火可将新鲜牛奶分成五种不同的物质,而凝乳剂和酸液则将其分成一种凝结物和一种细匀的乳精。而且,搅动反倒可促其分离成为奶油和酪乳,而奶油和酪乳之中的任何一种又可以变成不同于牛奶的另一些物质。但我并不打算借重这个例子来进行论证。我说不借重上述例子,也就是说,我也不会借重与此同类的例子,因为人们可能提出的下述反对意见,亦即上述的那些无须借助于火即可使之发生离解的凝结物,又可进一步在火作用下被分解成三种基本要素,而我又不可能用几句话来答复。然而,我倒想指出,酒精可使樟脑离解,并使其成分自动转为一种液体,而镪水也可使樟脑离解成其微小组分,并使之进入运动状态,继之,又可使它们聚集起来,终而使其构造发生变化,呈现出一种油的形式。我还知道一种非复合的液体,要说它是含盐的液体,任何一位颇有见地的化学家都绝不会同意,但用这种液体的确能够(我曾经试过)从珊瑚(许多颇有见识的作者都认为这种凝结物是一种固定性的凝结物)中得到一种较高级的酊剂而无须用到硝石或其他盐物质,而且还可以通过蒸馏蒸出这种酊剂。要不是有某些原因妨碍的话，我现在倒是可以向你告知我自己制备的一种溶媒，利用这种溶媒可使得某些在火作用下完全保持固定的矿物的各种成分逐步发生离解。所以，下述内容似乎并无什么不可思议之处，利用我们所发现的某些作用剂或操作方法，可以将此种或彼种凝结物，只要不是完全固定的物体，分解成一些非常微小、彼此之间很容易粘在一起的成分，以致它们之中没有哪种成分能够在强火作用下保持为固定态而留下来，且不适于蒸馏；因此，没有哪种成分可被看做是土。而回到赫尔孟特，正是这位作者在某些地方为我提供了另一条理由以驳斥那种认为土就是我的论敌们所说的一种元素的说法。因为他曾在某些地方断言说他能够将结合物的全部土质成分转变成没有味道的水；因此，即便是按照菲洛波努斯曾加以讲述的那种出自亚里士多德本人的元素概念，我们也可以驳倒那种认为土就是亚里士多德主义者们所说的一种元素的见解，而你应当记得菲洛波努斯讲述亚里士多德的这一元素概念是在不久前他为了支持化学家们的见解而与忒弥修斯进行争辩之时。因此，我们可以认为，既然一物体在用火除去其中的非固定成分之后，因其被赋予了下述两种性质亦即没有味道的性质和固定性（就酒石盐而论，虽然它是固定性，但化学家们并不认为它是土，因为它有着很强的味道）而通常被视为土，那么，如有某一物体的残渣在某些天然试剂的作用下丧失了这两种性质中的任何一种性质，或者说如有一部分物质获得了它们原本并不具有的这两种性质，化学家们就很难确定凝结物所分解出的哪一种成分才是土，也很难证明他们所说的土是一种原始的、简单的和不可破坏的物体。而庸俗化学家当中的某些较为灵巧的人也曾在某些例子中宣称他们能够通过反复的回流蒸馏和其他适当的操作，使得某种凝结物的可蒸馏的成分带同凝结物中的残渣一起被蒸出来，呈液体状态，你当然相信，这种既可流动亦可挥发的状态下的物质，是不能被当做是土的。毫无疑问，以一种巧妙的、非常规的方式处理凝结物，可能会引起某些巧妙的、非同寻常想象的效果。从另一方面讲,土很可能是可增殖的,起码有些原本不像是纯土的物体经过转变之后是可以被当做土的,如果说赫尔孟特的确曾经凭其技艺实现过他在许多地方都曾谈过的那些事情的话;这尤其是指,他在这些地方曾经说过,他知道一些方法可使分离出来的硫全部固定下来成为土质粉末,也可使硝石整块变成土,如果他的确完成过这两件事的话。他曾在别处说过,只须利用硫燃烧时那种刺激性的气体即可完成后一种转变。在另一个地方他也提到过完成这一转变的一种方法,我不能向你详述这一方法,因为我准备用来做这个实验的材料不慎被一位助手错当废物丢掉了。

最后提出的这些理由可由我经常提到的那个关于薄荷的水生长实验作进一步证实。也可用隆德莱修斯(Rondeletius)对动物仅靠水来维持生长的情形所作的观察来进行证实,记得我对你谈到从水中得到的那些产物时并未提及这一观察。这位作者在其关于鱼类的颇有启发性的书中肯定地说,他妻子曾在鱼缸里放了一条鱼,从未给过食物,但这条鱼存活了三年。在此期间这条鱼不断地长大,直到最后它再也不能在其生存空间里游动为止,因为它长得太长以致鱼缸再也容纳不下,尽管这个鱼缸的容积并不算小。鉴于没有任何恰当的理由怀疑以下见解,这条鱼若进行蒸馏则会得一组各不相同的物质,而这组物质应类似于用其他动物来进行蒸馏时所得到的那一组各不相同的物质。又鉴于我在蒸馏在水中培植出来的薄荷时得到为数不少的焦炭;我认为可由此得到结论说,土本身就可能是由水产生的,如你愿意的话你也可以说,水可被嬗变成土。因此,即便能够证明,土在一切可在火作用下得到土的植物和动物中是一种固有成分,也未必就是说,土,是作为一种先在的元素汇同其他要素而构成了那些植物和动物。因此我们才得以从这些物体中分离出土。

在你谈完了这一切之后(埃留提利乌斯说道),我仍有一个问题要讨教一下,这个问题相当重要,而且提出它的恰恰是你本人，卡尼阿德斯。在此，（埃留提利乌斯笑着说道）我必须大胆地问一下，你是否能够像回答你的论敌们的那些问题一样顺利地回答你自己的问题，而这个问题是指（他继续说道）你以前所作的某项让步而言的，你一定记得，在那项让步中，你提醒大家注意，尽管化学家们利用火和他们的致腐作用剂能够做到毁坏黄金，但舍此不论，金却可作为一种组分存在于许多各不相同的混合物中并保持其本性，这样，你自己便为你的论敌证明元素性的物体可能存在提供了一个例子。

我不妨告诉你（卡尼阿德斯答道），当时我提出这个例子，主要是为了向你揭示，设想造物主造出了元素是如何如何可能的，而不是证明她真的造出了任何元素。你当然知道，通往现实的某种可能性的推论（*a posse ad esse* the inference）未必就能够实现。（卡尼阿德斯继续说道）如要更直接地答复这项从金中导出的反对意见，我就必须告诉你，尽管我很清楚有一些比较严肃的化学家就像抱怨那些江湖术士或骗子一样地抱怨那些庸俗化学家，说他们过去所做的一切试图毁坏黄金的工作都纯属徒劳；但我的确知道一种溶媒（系我们的朋友所制，他打算不久以后就通知那些明智的学者），这种溶媒具有极好的渗透性，我虽不敢说自己十分谨慎且技艺不凡，但通过一些精心设计的实验却可以确认，凭借这种溶媒，我真正成功地毁坏了甚至是精炼过的黄金，并将其变成具有其他颜色和性质的金属体。若不是顾忌到某些正当的理由，我倒会在此对你描述我亲自做过的另外的一两个实验以说明，利用诸如此类的溶媒可从那些被某些较为审慎的而且经验较为丰富的炼金术士们断定为不能在火作用下分解的物体中分出一些成分并留下一些成分。这些例子都并不表明（我希望你记住这一点），金或宝石可以被分解成盐、硫、汞三要素，而只是表明它们可被变成一些新的凝结物。当然，使用不同的试剂来分解同一物体，会促使物体依照极为不同的分解过程分解。譬如，当较纯的矾溶解在普通的水中时，水会使这种矿物质消融，并使之离解成为其微粒，这些微粒看似与水的微粒共同构成了仅有的同一种液体；但它们每一个都仍然保持着其自身的性质和构造，仍然是矾，是复合物。然而，若把这种矾置于强火作用之下，它不仅会像以前那样发生离解成为一些极小成分，而且会变成一些异质物质，而在水中尚能保持为整体的那种矾微粒，则因其原有构造遭到破坏而无不离解或分解成一些具有不同性质的新粒子。然而在此还是谈谈我已对你给出过的一个更贴切的例子。这就要转回我曾就毁坏黄金的工作对你谈过的那些东西上来谈，正是这一实验促使我向你指出，即便可能存在着含盐的、含硫的、含土的这三种物质成分，即便其中每一种成分的组分都十分微小，而且在一起结合得十分牢固（打个比方，这就像水银碎珠一旦相互接触便立即合拢成整体一样），以致火和化学家常用的那些作用剂都不能充分地渗入其间以将这些组分分开。然而，这未必就是说，上述永久物体就是元素性的物体；因为在自然中很可能找得到这样的一些作用剂，其组分可能有着这样一种大小和形状，恰好能够与这些看似元素微粒的某些组分发生牢固结合而留下其余的组分，这样，就可用这些作用剂取出上述微粒的前一类组分，所以，借助于使上述微粒的各种组分发生分离的办法，可破坏上述微粒的构造。倘若有人说，按此思路，我们至少可以通过观察那些被认为是纯物质的微粒可被分解成哪些成分以弄清物质的元素成分；对此我将答道，我们未必能够进行这样的一种观察。因为，倘若作用剂的粒子的确能够与被分解物体的粒子发生紧密的结合，那它们必然在一起构成了一些新的物体，与此同时，原物体则遭到了破坏；而且，根据这一假说，这种紧密结合完全可以被看做是发生于新生物体的组分之间的结合，正是这种紧密结合使得我们很难指望它们再次分解时恰好依照下述方式来进行，这种方式是指利用某些物质的微小组分促使它们离解成为原先的两种成分，并使之与这两种组分中的那些得自于先前的附加剂的成分发生极其紧密的结合。反之，一个微粒，假设是一个元素微粒，在某些强有力的试剂的作用下即便能免遭分解而只是变到了某种新的构造,也可能因此而在性质上发生变化。正如我以前曾告诉过你的那样,同样的一团物质在火的作用下或许会变成某种脆而透明的形式,也或许会变成不透明的和可延展的物体。

如果你在考虑单纯的结构变化,无论是人为的还是造物主使然的(更确切地说,无论人是否介入,这种结构变化均属造物主使然),要达到何种程度方能在同一团质料中导致新性质产生。在我们已知的那些无机物体中,根据性质集合而非根据想象出来的任何实体形式来对其进行命名和分类的物体究竟有多少种;那么,我想说的是,除这些事情以外,如果你还考虑过,构成物体的那些微粒在形状、大小、运动、位置以及在它们之间的联系方式上的任何一种变化,都可以引起其结构的变化,那么,我便可以请你和我一道想想下述说法是否合理,亦即,我们并无多大的必要说造物主必须先在手头准备好元素,然后再用元素去造成我们称为结合物的那些物体。还有,在那些无须用到任何异乎寻常的技艺即可从同一物体中得到的许多各不相同的物质中,要将那些应该被看做是原物体所固有的元素组分与其余的组分分辨开来,也绝不像化学家们和另一些人历来所想象的那么容易;而要确定原物体是由那些基本而简单的物体聚集在一起构成的,则更是难上加难。如要举例说明这一点,我只想就我已在前几个例子中有所述及的那些内容补充下面的这么一个例子。

你(埃留提利乌斯)大概还记得,我以前曾对你谈过,除薄荷和南瓜以外,我还曾用水生产过另一些性质极不相同的植物。因此,我料想你不会认为下述设想有什么不妥,当一节较细的葡萄枝插入土中并在那里生根之后,它同样可通过根部从土所吸收的水分中获取养料,而这些水分是在太阳热或大气压力下渗入土的孔隙中的。而且,如果你曾在春天里的某段气候宜人的时节见过葡萄藤上某一适当的地方被弄破后渗出好些水来的情形;并发现,尽管这种液体在通过葡萄藤的过程中已经历了许多改变或变化而变得不同于普通的水,但这种被医生们称为生命之水（*aqua vitis*）的液体仍只有着很淡很淡的味道或气味，你就很容易相信上述设想。于是，假设这种液体在它刚进入葡萄藤的根部时还是普通的水，让我们考虑一下，此后我们又从中得到多少种不同的物质；而要弄清这一点，就不得不重复我以前曾述及的有关内容。首先，这种液体经这种植物吸收并经数个部分的消化之后会变成藤木、藤皮、藤髓、葡萄叶这类东西；该液体还可以进一步干化而形成幼葡萄，这些幼葡萄不久即可长成酸葡萄，而酸葡萄可产出酸葡萄汁，亦即一种在许多性质上都极不同于用葡萄酿成的酒和其他液体的液体。这些酸葡萄在太阳热作用下逐渐成熟，成为可口的葡萄；而这种葡萄，在太阳下晒干后进行蒸馏，则产出一种脂肪油和一种不同于酒精的、焦臭的、渗透性的精；这些干葡萄或葡萄干，在加入适量的水后煮沸，又得一种甜味的液体，这种液体立即用于蒸馏则产出一种油和一种精，很像葡萄干直接蒸馏时的那些产物；如将熟葡萄榨成汁后再放置发酵，则它先是变成一种甜而浑浊的液体，而后又变成不那么甜但却较为清亮的液体，再将其用于普通的蒸馏则不再得到油而只得到一种精，这种精虽像油一样可以燃烧，但却极不同于油，它没有油腻感，且可迅速与水混溶。我还曾在未添加任何附加剂的情况下从一种名酒中分别得到了一种盐结晶和一种液体（我即将对你述及这种简单的蒸馏方法），这种盐结晶数量可观，很纯且具有奇特的晶形，而这种液体的量则更大，且甜如蜂蜜；而且，这两种产物是不能从发酵的葡萄汁中而只能从真正的烈酒中得到。而发酵的葡萄汁除产出葡萄酒外，还有一部分变成了液状浑浊物或沉积物，另一部分则变成那种通常称之为酒石的硬壳或干的渣滓；这种酒石在火作用下很容易被分解成五种不同的物质；其中四种没有酸味，而另一种也不像酒石那样酸。上述发酵的葡萄汁再经过一段时间，尤其是在保存不当的情形下，则会形成那种非常酸的液体，亦即醋；这种液体在火作用下又会对你给出一种精和一种结晶盐，与从酒石中提取出的那种精和那种盐极不相同。如果你把经过了除水处理的醋精倒在酒石盐上,就会引起冲突或沸腾,就好像这两种物体在性质上完全相反一样;而且你常常可在这种醋里发现有一部分物质变成了无数浮游生物,这种现象,我们的一位朋友在数年以前就作过观察,并在他的一篇论文中告诉我们不用显微镜如何清楚地进行观察的办法。

水,经葡萄藤吸收后,在这种植物的成形作用下,以及在外在作用物或外在作用源的作用下,可形成上述的那些分属不同的物质形式或在许多方面受到不同限制的物体,且未曾见有任何外来组分参与其中,此外,还可形成若干种物体,但我有意未曾在前面提及;如果说允许我们在上述的那些水嬗变产物中再增加其他的一些物质的话,那么我们还可以进一步扩大这类物体的种数;尽管这里提到的第二类产物中的与葡萄酒有关的那些成分似乎很难从那些同它们混在一起的、更加固定的物体中截获任何成分,而只能因同这种物体混在一起而获得这样一种趋势,以致当在火作用下引起它们裂解时,它们会在形状或大小上发生变化或同时发生变化,并依照某种新的方式联结起来。于是,正如我以前曾告诉过你的那样,我曾经用锑的一种残渣和其他的一些物体作为附加剂,从粗酒石中大量地得到一种挥发性的结晶盐,其气味和其他性质都极不同于通常的酒石盐。

可是(埃留提利乌斯打断了他的谈话,并说道),在你往下谈之前,如果你能不吝赐教,更详细地对我们谈谈你是怎样制备这种挥发性的盐的就好了,因为(你知道)有很多化学家为了使酒石盐得以挥发曾徒劳地试过多得难以想象的办法,以致几位有造诣的炼金家认为,要从酒石中制得任何具有盐形式或具有他们之中的某些人所说的干形式(*in forma sicca*)的挥发物,似乎是不可能的。(卡尼阿德斯答道)我丝毫没有意思要说我所提到的那种盐就是帕拉塞尔苏斯和赫尔孟特曾谈到过的那种盐,*sal tartari volatile*[①],他们还断定它有着许多重要用途。因为我所

---

① 拉丁文,意为"挥发性的酒石盐"。——译者注。

谈的那种盐远不具有他们所说的那些效能，这种盐的味道、气味以及其他的一些显著的性质似乎反倒与鹿茸盐和在蒸馏动物的某些器官时所提取出来的另一些挥发性盐没有太大的区别（虽然在它们之间的确有一些区别）。我们现在尚未能用充足的实验确认这种盐是一种纯酒石盐，未混有来自实验所用硝石或锑的任何杂质。但是，这种盐看起来更像是从酒石中而非从其他任何组分里产生的，而且这个实验就其本身而言亦绝非是无足轻重的，反倒很有启发力（因为它揭示了从那些被认为是不能产生挥发性盐而只能或主要是产生酸味盐的物体中产生出某种挥发性盐而非酸味盐的一种新方法），因此，在我的其他朋友能够试用我现在所用的这种方法（因我以前曾用过其他方法）制备这种挥发性盐之前，我想先行向你告知这种方法，以令你满意。

　　取同等质量的优质矿锑、硝石、酒石以及相当于这三者中的任何一个的重量的一半的生石灰，将其碾成粉末并混匀；此后，你要准备一个陶制长颈瓶或曲颈瓶，这个瓶子要置于炉子的明火之上，你还要在瓶顶留一个大小适当的开口，你能够从那里加入上述混合物并可立即再塞住开口；给这个容器配上一个大容积接收器后，用火加热，直到通体变得红热，这时，你再在投料口加入上述的备用混合物，每次大约加半匙；然后迅速塞住投料口，而雾气则通向接收器并在那里冷凝成一种液体，这种液体呈纯金黄色，精馏，则会促使其颜色加深。在这种精中大量地含有我曾告诉过你的那种盐，利用我在这类情形下常用的下述方法就很容易将这种盐的一部分分离出来，而这种方法是将这种液体装进装有长而窄的颈管的玻璃容器或烧瓶中进行精馏。将上述带有长颈的烧瓶微微斜置于砂浴之中，就会有一种精纯的盐升华上来，像我曾对你谈过的那样，我发现这种盐与从动物中得到的那些挥发性盐颇为类似，因为它就像那些盐一样带有一点咸味，因而不是酸味盐，它遇到硝石的精或矾油时会发出吱吱声响，它可使溶在醋精里的珊瑚沉淀下来，可使紫罗兰的蓝色浆汁立刻变绿，可使升汞溶液立即变成乳白色，总之，关于这种盐的许多操作都类似于我曾经见过的关于与这种盐相类似的那些盐的一些操作,而且它极易挥发,因此,我将其称为 *sal tartari fugitivus*①,以示区别。至于它在医学上有哪些功效,我一直没有机会对此做一下试验,但我趋向于认为,这种盐是不会没有用处的。此外,有一位非常机敏的朋友曾告诉我,他曾用一种与我们这种盐并无多大区别的制备物来对付结石,很有疗效。还有一位很有经验的德国化学家,他以为我尚不知道制备这种盐的种种方法,于是告诉我,在他本国的一个大城市里,曾有一位著名的化学家对这种盐极为看重,以致他不久前设法从地方长官那里弄到了这样一项特权,亦即只有他或在他的允许下才可以出售某种精,而这种精几乎是按照我所用的方法制备出来的,他只是减去了其中一样成分,亦即生石灰。好了(卡尼阿德斯),我也该接上以前被你的好奇心打断了的那些谈话往下谈了。

在法国,将薄铜盘埋在葡萄经葡萄榨机榨走葡萄汁后而剩下的榨渣(法国人通常这样称呼这种东西)或葡萄皮中是一种习惯做法,借助于这种方法,可使那些榨渣中含盐较多的成分对铜盘发生缓慢的作用,并与铜结合成为一种蓝绿色的物质,在英国,我们将其称为铜绿。我之所以要提起这种物质,是因为我在将其置于明火上进行蒸馏时发现,正如我所期望的那样,这种盐因与这种金属成分相结合而发生了重要变化,以致所蒸得的液体,即便未经过精馏,也闻得到一股几乎像镪水气味一样强烈的气味,这种气味远远超过了我曾经制得的最精最纯的醋精的气味。因此,我认为这种精是由葡萄皮中的盐经由与铜形成共混合物的方式(尽管它们以后又可以在火作用下分离开来并发生嬗变)变化而成,因为我发现后者又以某种橘黄色或淡红色的粉末形式出现在曲颈瓶的底部,还因为铜有着一种惰性以致它受到这种不太强的热作用时是不可能从密闭容器中被蒸出来的。在蒸馏铜绿的过程中还有一点也很值得重视(至少在蒸馏我所

---

① 拉丁文,意为"易挥发的酒石盐"。——译者注。

用的那种铜绿时应该注意），这就是说，我从未发现它能够产出任何一种油来（除非你可以将精馏时所分离出的一种黑色的软泥当做是油），尽管酒石和醋（尤其是指前者）在蒸馏中都可以产出适量的油来。如果你将醋精倒在烧铅之上，这种液体中的酸味盐将会由于与这种没有味道的金属成分形成共混合物而在数小时内获得一种比糖还要甜的味道；而且，上述盐成分在强火作用下进行蒸馏又可以同和它们一道构成了物体的铅分离开来，在留下在某些性质上已与原先有所不同的金属物质的同时，它们自己有一部分会以油状物或油的形式，一部分会以黏液的形式，而更大的部分则会以某种稀薄的精的形式被蒸上来，这种精除有着我在此不打算细说的几种新性质外，还有着一种极不同于醋精气味的强烈气味，以及一种既极不同于醋精的酸味亦极不同于铅糖的甜味的刺激性味道。

简而言之，物体之间的差别可能仅仅取决于其共同的质料在组合形式上的差别；而事物的种子、火以及其他作用剂则能够改变一物体的种种微小部分（无论是通过使它们破裂成具有种种不同形状的种种更小的组分的方式，还是通过使这些碎片同未破裂的微粒相互结合或使这些微粒自身相互结合的方式），同样还是这些作用剂，可通过改变一物体的种种构成微粒的形状和大小，通过从这些微粒中排除一些微粒，通过使另一些微粒与这些微粒相混合，以及通过以某些新的方式来联结这些微粒，而赋予整个物团以某种关乎于其微小部分的新构造，并由此使得整个物团可被冠之以一个新的、独特的名称。所以，随着质料的各种微小部分以此种或彼种确定的方式相互分离或相互作用或相互结合，便产生了某种具有此种或彼种名称的物体，而另有某种物体则恰恰因此而遭破坏或毁坏。

化学家们借助于火得到的那些物体从来就不过是些没有生命的物体，因为化学家们的技艺的这类产物彼此之间的区别只限于极少数的一些性质上，因此我们很容易看到，借助于火以及我们所能够运用的其他作用剂，我们能够轻而易举地促使质料发生一些重大变化,诸如我们在将那些化学产物中的一种变为另一种时必须完成的那些变化。因为同一团质料无须通过与任何外部物体发生复合,起码它无须通过与元素发生复合,就可以被赋予形形色色的形式,从而可被(成功地)转变成许许多多的不同物体。又因为质料纵然披有多种不同的形式,但从根本上讲都不过是水而已,而且它在历经如此之多的转变过程中,从未被还原成其他的那些被说成是结合物的要素和元素的物质中的任何一种,这当然要把剧烈的火除开在外,火本身并不能将物体分解成绝对简单或绝对基本的物质,而只是将其变成一些新的复合物;所以,我要说,既然是这样的话,那我就实在看不出有什么理由非要相信存在着这样的一些原始而简单的物体,说造物主正是用这些物体作为先在的元素才得以复合出一切其他物体。我实在看不出我们为什么不能设想,造物主只须以各种方式对那些被认为是结合物的物体的微小部分施行改造作用,即可以令这些物体相互造成它们自己,而无须将质料化作那些所谓的简单物质或匀质物质。我实在看不出为什么偏要匆匆地认定下述见解是不合理的,而这一见解是说,当一物体在火作用下分解成为人们所想象的那些简单组分时,那些物质并不是真正的、名副其实的元素,而是,可以这样说吧,是火作用的偶然产物,须知,火,在促使一物体分解成微小部分之后,如果这些微小部分是被封闭在密闭容器里的话,通常都会促使它们以不同于以前的方式而自相结合,从而使它们成为一些具有不同的稠性的物体,而原物体结构和周围环境也使得那些被分开了的粒子适于形成这些物体。正如经验揭示给我们的那样(而且,我不仅曾提出这一点,还已经对此作出了证明),存在着某些凝结物,它们在火作用下分解而成的微小部分适于以我们所说的油、盐、精之类的物质形式而存在;与此同时,也存在着另一些物体,尤以绝大部分矿物为代表,由于它们的微粒有着不同于前一类凝结物的大小和形状或者说是以另一类方式设计成的,从而使得这些微粒受火作用时将不会产出稠性各不相同的一些物体,而只是产出在结构上各不相同的另一些物体。所以,不必提我们从未见过火能够从金和另一些物体中分离出任何不同物质,即便是就化学家们借助丁火从物体中得到的那些均一的微小成分而言,它们虽有元素之名,但并非是元素而是复合物,而化学家们一向乐于将元素之名冠于它们头上,只不过是因为它们在稠性或其他一些显而易见的性质上似与元素颇为类似而已。

结　论

· Conclusion ·

　　我所要声明的是，正如我过去的谈话只能使你认定我对逍遥学派人士和化学家们关于元素和要素的种种学说无不感到不满一样，现在我仍然未能发现自己有任何必要承认，他人所作的探索并不会比我本人的研究更令我感到不满，这样一种表白，对于一名怀疑主义者来说，才应当不是什么丢脸的事情。

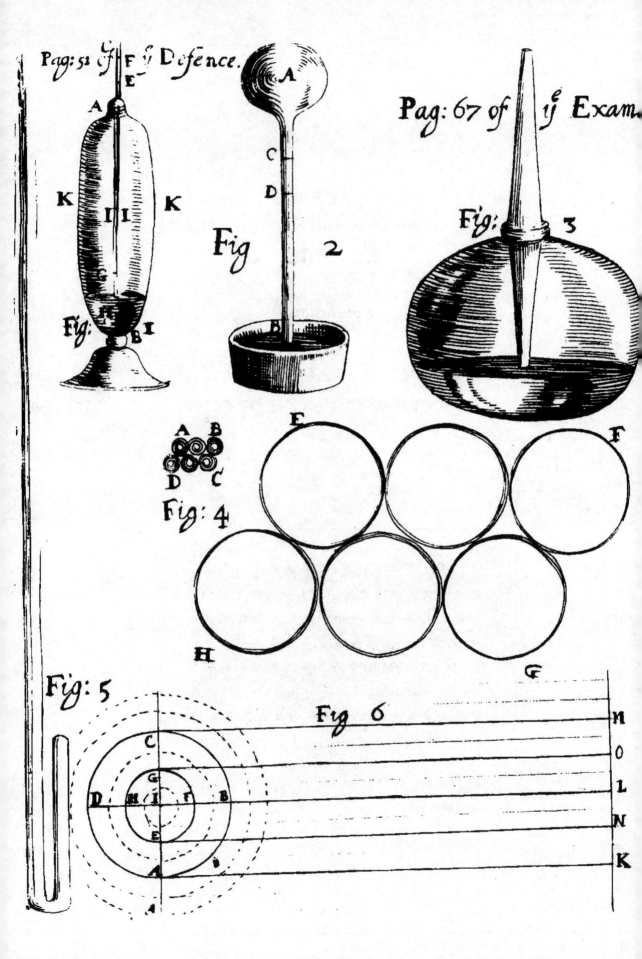

Fig: 1

Fig 2

Fig: 3

Fig: 4

Fig: 5

Fig 6

卡尼阿德斯最后的话音尚未落地,便听到有一阵杂音从其余的与会者那边传来,他觉得这是在提醒他,已该是他结束或终止其谈话的时候了。于是他告诉他的朋友说,至此,埃留提利乌斯,我希望你已经看到,倘若赫尔孟特的那些实验是正确的话,那么,我们如考虑那种否认一切在前面已诠释过的那种意义上的元素的见解能否成为一个完整的学说,便毫无荒谬可言。这样讲是因为,我的论辩中有几处曾作过这样一个假定,亦即假定那种用于分析物体的万用溶媒有着奇异的效能,而种种极为不可思议和极为惊人的效应均被归之于这种效能,因此,我想说,虽然我不是不相信可能存在着这样的一种溶媒,但我更相信 ἀυτοψία①,这对于一个要确认这种溶媒的存在的人来说似乎是必不可少的东西。因此,如果说这种液体有些不可思议,那么我会让你去判断,这会在何种程度上削弱我的那些依据于这种万用溶媒的有关操作而进行的论辩,我只是希望你不要毫无区别地对待我所提出的这一拒斥一切元素的反论与我前一部分的谈话。这样讲是因为,我希望你不介意我这样说,化学家们通常用以证明一切物体不是由三要素构成就是由五要素构成的种种证据,尚远不如我用以证明并不存在有确定数目的、在一切结合物中总是可以见到的要素或元素的证据有说服力。我想,我不需要告诉你,这些针对化学学说的反论本来可以被搞得更完善一些的。但由于我从未将好奇心限制在化学实验之上,所以以一个年轻人、一个缺乏经验的化学家的身份去面对我别无选择的这项极其重要而艰巨的任务,未免会缺乏充足的实验知识储备。舍此不论,坦白地说,我所以不敢使用我所知道的一些最好的实

---

① 希腊文,意为"实际经验"。——译者注。

◀ 波义耳用于阐述其著名的"波义耳定律"用到的实验仪器等。

验来进行论辩，是因为我终究不敢将它们公之于众。然而，无论
如何，我想我不妨认为，迄今为止我所谈到的那些东西将会促使
你想到，化学家们一直沉迷在发现实验的乐趣之中而不关心这
些实验背后的原因，或者说他们一向醉心于要素的指定而不问
其他，并认为由此即可对实验作出最好的解释。当然，当我在帕
拉塞尔苏斯的著作中发现这位作者每每使得读者感到迷惑和厌
倦的那些梦呓般的、莫名其妙的描述从一些极为优秀的、虽然他
很少详加叙述但我一般都相信他确实掌握了的实验中被构想出
来的时候，我不禁要想，化学家们在他们探求真理的历程中，的
确与所罗门的塔希施船队（Solomon's Tarshish fleet）里的那些
航行者们有着不无类似之处，这些人在结束漫长而枯燥的航行
之后，不仅将金、银和象牙带回了家，也把猿和孔雀带回了家。
因为有些炼金术哲学家（我不是指全部）的著作在赠与我们以一
些可靠而有价值的实验的同时也塞进了一些理论，而这些理论，
就像孔雀的羽毛一样，华而不实，毫无用处；或者说它们类似于
猿类，即便看起来似乎有些头脑，也难免因不乏荒唐之处而流于
愚昧，细想之下，在人眼中就变得十分可笑。

　　卡尼阿德斯这样结束了他反对被人们普遍接受的元素学说
的谈话之后，埃留提利乌斯判断在他们分手之前，已没有多少时
间对他细说了，于是，他匆匆对他说道，我承认，卡尼阿德斯，你
已经谈出了许多东西以支持你的反论，比我所预想的还要多。
尽管你提到的某些实验不是什么秘密，我也不是不知道，但你已
在里面补进了你自己的许多东西，除此之外，你以这样一种方式
来组合它们，将它们用于这样的一些目的，并从中导出这样一些
推论，为我一向所未闻。

　　然而，虽然我可能会因此而倾向于认为，要是菲洛波努斯听
了你的谈话，他可能很难从各个方面驳倒你所提出的证据以维
护你所要反对的化学假说。但话又说回来，无论如何，你的那些
反对理由似乎在很大程度上证明着他们想要证明的东西，尽管
他们并不是这样证明的；而且，应该承认，你称为庸俗化学家的

那些人所做的许多实验也起到了某种证明作用。

因此，倘若他们暂且承认，你的论辩已使以下三条命题成为可能成立的东西。

第一条，结合物在火作用下分解而成的那些各不相同的物质并不具有某种纯粹和某种基本的本性，而这主要是因为，它们仍然保持着凝结物才有的许多特性，以致它们看起来仍有些像复合物，而且常常会使得自于一凝结物的要素不同于得自于另一凝结物的、具相同名称的要素。

第二条，这些各不相同的物质的数目既并非恰好为三，因为就绝大多数植物体和动物体而言，土和黏液也出现在它们的组分之中；也不具有任何确定值，因为（通常被用做分析工具的）火并不恰恰总是将一切复合物，无论是矿物，还是其他被认为是完全结合物的物体，分解成数目相同的组分。

最后一条，有一些性质不能用这些要素中的任何一种来妥善地加以归结，不能只当它们是该物质内在的和固有的性质；而另一些性质，虽说它们看起来似是一切结合物所共有的那些要素或元素当中的某个要素或元素的主要性质和最普通的性质，但从该要素或元素中却无法推出这些性质，因此，对于上述这两类性质，必须采用另一些更基本的要素来进行解释。

我是说，倘若那些化学家们（埃留提利乌斯继续说道）这样落落大方地对你作出了这三项让步，那么我希望你也能站在你这方面大度而公正地对待他们，暂且承认他们提出的另外三条命题，亦即：

第一条，有一些矿物，也可能是全部的矿物，可被分解成三种成分：一种含盐，一种含硫，一种含汞。而且几乎是所有的植物和动物凝结物，即便不能在火单独作用下，也能在一位熟练的技艺家使用火作为其主要工具的情形下，被分成五种不同物质，亦即盐、精、油、黏液和土；而在这五种物质中，前三种由于能够比后两种起到多得多的作用而应被视为三种积极的要素，并终因这些突出的作用而被称为结合物的三要素。

第二条，虽然这些要素并非地地道道的非混合物，但这并不妨碍人们把它们当做是复合物的元素，并且冠之以那些与它们极为类似，而且在它们之中分别占有绝对优势的物质的名称，而这样讲，主要是由于这些元素在火作用下没有一个像分解成它们的原凝结物一样分解成四种或五种不同物质。

最后一条，一结合物的某些性质，尤其是其医药上的效用，在绝大多数情况下都是发端于物体的某一要素之中，因此将此要素同其他要素分离开来，即可从中有效地找出这些效用。

因为（埃留提利乌斯继续说道）在我看来，无论是你，还是那些化学家们，都无疑会同意，最可靠的方法在于通过具体的实验弄清具体的物体是由哪些各不相同的成分组成的，弄清通过哪些方法（是用明火还是用暗火）可对这些物体实行最好的和最方便的分离，因为就物体的分析工作而言，既不要过分地依靠单独的火作用，也不要作无效的努力，非要将这些物体分成数目比造物主用以造成它们的元素数目还要多的元素不可，或者说非要彻底地除去所分得的要素中的附属物不可，使它们别无屏障，因为这样一来，它们固然成了要素之要素，但也几乎派不上任何用场。

相信你能接受我所提出的这些东西（埃留提利乌斯补充道），这不光是因为，我知道你更看重公正坦率的名声而非要人说你有过人的机智，因此，在人们清楚地向你证明了某一真理时，你先前对这一真理所作的预想绝不会对接受它构成妨碍；还因为在现在这种时候，你撤回某些反论也不会令你丢脸，因为你的谈话的性质和起因并未规定你谈你自己的见解，只是要你扮演化学家们的一个论敌而已。所以（他含着微笑这样结束道），你现在承认我所提出的东西，可能会在你一向善于怀疑真理的名声之上，再为你平添一份热爱真理的美誉。

对于这些巧妙的恭维话，卡尼阿德斯立即加以制止。（他说）在我有机会将我自己对于我一直在表述着的种种争辩的见解告诉你之前，你恐怕不能指望我公开我自己对于我刚才所采

用的论点的看法。因此,现在我只能这样告诉你,虽然非但一位
敏锐的自然主义者能够,就连我本人也能够对我的某些争辩举
出一些看似有理的反例,但还有一些争辩却是不那么容易反驳
的,它们至少可迫使我的论敌修改和改良他们的假说。我觉得
无须我提醒你,我所提出的反对四元素和三要素的理由与其说
是要反对这些学说本身(这两种学说,尤其是后者,可能能够通
过我曾提到过的那些支持这些学说的作者的工作而得以以前所
未有的姿态发展下去),不如说是要反对那些通常被作为根据以
证明这些学说的分析实验的不精确性和不确定性。

因此,只有在有人能在理性和实验的基础上清楚地向我论
证这两种被审察的见解中的任何一种,或其他任何元素理论时,
你才有必要而且有理由要求我不要因偏爱自己的那些未定形的
怀疑性见解而不愿用这些毋庸置疑的真理来修正它们。而且
(卡尼阿德斯面带微笑结束道),我所要声明的是,正如我过去的
谈话只能使你认定我对逍遥学派人士和化学家们关于元素和要
素的种种学说无不感到不满一样,现在我仍然未能发现自己有
任何必要承认,他人所作的探索并不会比我本人的研究更令我
感到不满,这样一种表白,对于一名怀疑主义者来说,才应当不
是什么丢脸的事情。

科学元典丛书